XIANDAI DIANTI JISHU XILIE GUIHUA JIAOCAI

现代电梯技术系列规划教材

高等院校、电梯企业及特种设备安全监督检
验研究院等单位合作编写
国内第一套系统的电梯技术教材

电梯电气原理与设计

（第二版）

苏州大学出版社

图书在版编目(CIP)数据

电梯电气原理与设计 / 顾德仁主编. —2 版. —苏州：苏州大学出版社，2019.11(2025.7 重印)
现代电梯技术系列规划教材
ISBN 978-7-5672-3035-4

Ⅰ.①电… Ⅱ.①顾… Ⅲ.①电梯—电气设备—高等学校—教材 Ⅳ.①TU857

中国版本图书馆 CIP 数据核字(2019)第 260298 号

内容提要

本书是编者多年来从事电梯和电梯控制系统设计、制造、安装、改造、维修实践及技术培训工作的经验总结。

本书系统地介绍了电梯控制系统及其部件的构造和工作原理，结合电梯行业相关标准的要求论述了电梯控制系统的设计原理和方法，详细分析了主流的电梯一体化控制系统及永磁同步驱动技术的应用，并对自动扶梯(人行道)、家用电梯、液压电梯、杂物电梯以及最新的电梯、自动扶梯(人行道)的节能技术进行了介绍与分析。

本书可供大专院校电梯工程专业方向作教材使用，也可作为自动化、应用电子技术、电气工程、机械设计及制造等专业的选修教材，还可供从事电梯设计、制造、安装、维修改造、检验等的工程技术人员和有关管理及销售人员参考。

电梯电气原理与设计(第二版)
顾德仁 主编
责任编辑 王 亮

苏州大学出版社出版发行
(地址：苏州市十梓街 1 号 邮编：215006)
广东虎彩云印刷有限公司印装
(地址：东莞市虎门镇黄村社区厚虎路20号C幢一楼 邮编：523898)

开本 787 mm×1 092 mm 1/16 印张 16 字数 400 千
2019 年 11 月第 2 版 2025 年 7 月第 7 次印刷
ISBN 978-7-5672-3035-4 定价：49.00 元

苏州大学版图书若有印装错误，本社负责调换
苏州大学出版社营销部 电话：0512－67481020
苏州大学出版社网址 http://www.sudapress.com
苏州大学出版社邮箱 sdcbs@suda.edu.cn

序　言

电梯经过150多年的发展，在技术上日趋成熟，特别是随着微型计算机控制技术在电梯上的广泛应用，安全、可靠、高效、高速、智能化控制的电梯作为运输设备，已成为城市交通的重要组成部分，为人们的社会活动提供了便捷、迅速、优质的服务。

如今，电梯不仅是代步的工具，也是人类物质文明的标志。随着我国现代化建设规模的不断拓展，中国已成为世界上最大的电梯市场，整个电梯行业的发展蒸蒸日上，具有极其广阔的前景。我国现有各种电梯约200万台，并且以每年生产各类电梯30万台左右的速度向前发展，目前，我国电梯的产量已占世界产量的1/2。

我国目前虽然已是电梯生产大国，但还不是电梯生产强国，在高速电梯、特种电梯及其关键技术上与国外先进技术还有一定的差距，同时如此大的电梯生产规模对高素质的电梯设计、制造、安装和维修人员的需求日益增加，培养、培训大量高素质电梯专业人员成为日益迫切的要求。在这种形势下，2010年经教育主管部门批准，我国第一个"电梯工程"本科专业方向在常熟理工学院正式开办。

为了满足专业教材建设的需要，同时也为了满足从事电梯设计、制造、安装和维修人员学习进修的需要，常熟理工学院、广东特检院、苏州特检院、苏州大学出版社等组织电梯行业内专家编写了"现代电梯技术系列规划教材"，包括《电梯技术》《电梯电气原理与设计》《电梯制造技术》《电梯及其部件检验检测技术》《特种电梯与升降设备》《电梯安装施工管理与建筑工程基础》《电梯故障诊断与维修》《电梯法律法规与安全标准》《电梯选型设计》《电梯专业英语》等。

该系列教材以国家电梯标准和建筑设计标准为准绳，内容全面、系统、先进、实用、规范。在先进性方面，介绍了国内外电梯研究的最新成果，如可靠性设计技术、智能控制技术、先进制造技术等；在系统性方面，按照电梯设计、制造、安装施工、检测、电梯法律法规与安全标准、故障诊断与维修、特种电梯、电梯选型设计、电梯专业英语等内容系统编写；在实用性方面，通过应用实例说明理论和方法的应用。

我们相信"现代电梯技术系列规划教材"的出版，将对我国电梯人才的培养以及我国电梯工业的发展产生积极的推动作用。

中国电梯协会副秘书长

前　言

缘由

至2012年底的统计数据，国内年生产电梯超过50万台，在用电梯突破250万台，全球超过60%的电梯都在中国制造和生产。美国奥的斯(OTIS)、瑞士迅达(Schindler)、芬兰通力(KONE)、德国蒂森(ThyssenKrupp)、日本三菱(Mitsubishi)和日立(Hitachi)等知名的跨国电梯公司均已在国内设立生产制造基地，同时在国内建有一个或多个研发(工程)中心，作为其全球研发战略布局的重要组成部分。国内注册备案的电梯整机制造企业近500家，专业的电梯配件生产企业达数千家，还有遍布全国各地、为数众多的电梯安装维修保养公司。与之不相适应的是，电梯行业专业技术人才极为匮乏。

电梯行业的健康可持续发展，人才是关键。培养和培训相关人才，一方面，要在高校中与时俱进地开设一些贴近社会和企业需求的课程、加强教学，这是人才的源头；另一方面，有一定实际工作经验的技术人员也需要不断加强新技术的更新和培训。电梯行业内的技术人员多是从自动化、应用电子技术、机电一体化、机械制造等专业选取，对企业来说，这样的人才录用和培养模式，要使一名普通毕业生能基本胜任岗位工作，一般需要两到三年的时间。用人单位承担着繁重的工程应用再教育的任务，这也严重制约了行业的发展。

2005年，我在OTIS旗下的快速电梯担任培训经理近一年，负责公司的现场技术和安全培训工作，因工作需要编写了《电梯机械原理》《电梯电气原理》《电梯调试与检验技术》等内部培训教材；2007年1月，创办了苏州远志科技有限公司，专注于为电梯控制及电扶梯改造和节能改造领域提供完备的一体化解决方案。陆续在《中国电梯》《微计算机信息》《电气时代》《变频器世界》等专业期刊上发表了20余篇论文，涉及电梯控制系统设计、电梯与自动扶梯节能、电梯专业技术人才培养等内容。2009年年底，常熟理工学院试点开设了机械工程及自动化(电梯工程)专业，并于2010年被正式纳入全国普通高等学校第二批录取本科院校招生计划，这是国内高校开设的第一个本科层次的电梯工程专业。我受聘讲授电梯控制技术、电梯结构与原理等课程。在多年的电梯及电梯控制系统设计和电梯技术人员培训、培养及管理工作实践中，我接触了大量的电梯工程技术人员和电梯企业管理人员，深切地了解他们的渴望和需求。

教材构思

《电梯电气原理与设计》以变频调速技术的应用为主线，极力体现永磁变频驱动技术、将电梯逻辑控制与驱动控制有机结合的电梯一体化控制技术、电扶梯节能技术等新技术。紧密结合现行的GB 7588—2003《电梯制造与安装安全规范》、GB 16899—2011《自动扶梯及自动人行道制造与安装安全规范》、GB 21240—2007《液压电梯制造与安装安全规范》、GB/T 21739—2008《家用电梯制造与安装规范》、GB/T 7024—2008《电梯、自动扶梯、自动人行道术语》、GB/T20900—2007《电梯、自动扶梯和自动人行道风险评价和降低的方法》等标准的最新要求，并参考了GB 24803.1—2009《电梯安全要求　第1部分：电梯基本安全要求》、GB 24804—2009《提高在用电梯安全性的规范》以

求 第1部分：电梯基本安全要求》、GB 24804—2009《提高在用电梯安全性的规范》以及电磁兼容性(EMC)等标准条文。

考虑《电梯电气原理与设计》是一门综合性极强的学科，为充分反映近年国内外电梯控制的最新技术动态，在编写时尽量引用2007年以来尤其是最近两年的文献资料。具体表现在：

1. 结合最新的电梯行业国家标准，包括在2010—2011年征求意见稿的一些标准条款；

2. 介绍了最新的永磁同步变频技术在电梯行业的应用；

3. 按分布位置介绍电梯电气部件的同时介绍了各部件主流产品的特点；

4. 结合国家标准要求，对电梯控制系统进行设计计算；

5. 介绍了引领电梯控制系统潮流的一体化控制系统的设计；

6. 介绍了最新的电梯群控控制技术与最新的物联网监控系统的设计；

7. 介绍了最新的电梯、自动扶梯节能技术的应用。

本书既是编者多年工作经验的总结，也是集体智慧的结晶。全书共分10章，第1章由赵根林编写，第2章由顾春艳编写，第3章至第7章由顾德仁编写，第8章由陆晓春编写，第9章第1节由谭林峰编写，第2节由林范玉编写，第3节由曹明编写，第10章由钱斌编写；赵剑春、王婷整理了部分图稿、插图；全书由顾德仁负责统稿，承蒙常熟理工学院徐惠钢教授担任主审。

致谢

在本书的编写过程中，得到了苏州大学芮延年教授的关心和指导。感谢常熟理工学院薛永白、钱斌、汪逸新、卢达、荣大龙、潘启勇等老师对我的帮助，他们将我带入工程设计的殿堂。

感谢苏州默纳克控制技术有限公司邵海波高级工程师、迅达(中国)电梯有限公司顾家骐高级工程师，他们对我在电梯行业的职业发展给予了大力提携与多方指点。感谢常熟理工学院电梯工程专业的同学们，他们在日常教学过程中与我的互动为本书增添了许多素材。

感谢苏州大学出版社的薛华强主任和王亮编辑，正是由于他们高效、努力的工作，才使得本书能够及时与大家见面。

在本书编写过程中参阅和利用了国内外大量文献资料，限于篇幅未能一一列出，在此谨向原作者们致以诚挚的谢意！

由于编著者水平有限以及时间仓促等众多客观条件的限制，书中难免有不妥和错误之处，敬请读者谅解，并真诚地欢迎读者提出宝贵的意见和建议。

联系邮箱：drggy@163.com；“电梯人生”博客地址：http://drggy.blog.163.com。

顾德仁

目录 Contents

第 1 章

电梯基础知识

本章重点：主要介绍电梯的发展史和电梯控制技术的发展史，以及电梯的基本结构和分类。使读者对电梯及电梯控制有一个总体的概念，为后续内容的学习奠定初步基础。

1.1　电梯发展史

1.1.1　世界电梯发展史

电梯是现代多层及高层建筑物中不可缺少的垂直运输设备。早在公元前 1100 年前后，我国古代的周朝时期就出现了提水用的辘轳，这是一种由木制（或竹制）的支架、卷筒、曲柄和绳索组成的简单卷扬机。公元前 236 年，希腊数学家阿基米德设计制作了由绞车和滑轮组构成的起重装置，用绞盘和杠杆把拉升绳缠绕在绕线柱上。这些就是电梯的雏形，如图 1-1。

图 1-1　早期的升降装置

公元 1765 年，瓦特发明了蒸汽机后，英国于 1835 年在一家工厂里安装使用了一台由蒸汽机拖动的升降机。1845 年，英国人阿姆斯特朗制作了第一台水压式升降机，这是现代液压电梯的雏形。

由于早期升降机大都采用卷筒提升、棉麻绳牵引，断绳坠落事故时有发生，因而电梯的发展受到了安全性的考验。

1852 年，美国人伊莱沙・格雷夫斯・奥的斯（Elisha Graves Otis，1811—1861，如图 1-2）发明了世界上第一台安全升降机，如图 1-3。他试着把防倒转棘轮的齿安装在井道每一侧的导轨上，然后把四轮马车的弹簧安装在提升平台的上面，用拉升绳拴紧，这样如果缆绳断裂，拉力就会立刻从弹簧上释放出来，作用到棘轮齿上，从而防止平台的下落。

图 1-2　伊莱沙・格雷夫斯・奥的斯

1853 年 9 月 20 日，奥的斯在纽约杨克斯一家破产公司的场地上开办自己的电梯生产车间，奥的斯电梯公司由此诞生，如图 1-4。

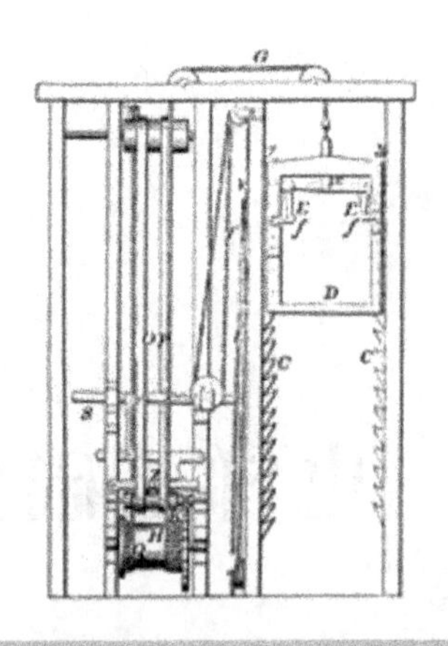

图 1-3　世界上第一台安全升降机的原理图

图 1-4　电梯制造业在纽约杨克斯诞生

1854 年，在纽约水晶宫举行的博览会上，奥的斯第一次向公众展示了他的发明。自此，搭乘电梯不再被认为是“冒险者的游戏”。

1857 年 3 月 23 日，奥的斯公司为地处纽约百老汇和布洛姆大街的 E. V. Haughwout 公司一座专营法国瓷器和玻璃器皿的商店(如图1-5)安装了世界上第一台客运升降机，升降机由建筑物内的蒸汽动力站通过轴和皮带驱动。

图 1-5　安装奥的斯公司第一台客运升降机的纽约 E. V. Haughout 公司的一座商店

1874 年，罗伯特 · 辛德勒在瑞士创建迅达公司。

1878 年，奥的斯公司在纽约百老汇大街 155 号安装了第一台水压式乘客升降机，提升高度达 34 m。

现代电梯兴盛的根本在于采用电力作为动力的来源。1831 年法拉第发明了直流发电机。1880 年德国最早出现了用电力拖动的升降机，从此一种称为电梯的通用垂直运输机械诞生了。尽管这台电梯从当今的角度来看是相当粗糙和简单的，但它是电梯发展史上的一个里程碑。

图 1-6　奥的斯公司第一台电力驱动升降机

1889 年，世界上第一个超高建筑电梯安装项目在法国巴黎完成。奥的斯公司在高度为 324 m 的埃菲尔铁塔中成功安装了升降电梯。按照铁塔底角的斜度及曲率，电梯在部分行程中须在倾斜的导轨上运行。同年 12 月，奥的斯公司在纽约第玛瑞斯特大楼成功安装了一台直接连接式升降机。这是世界上第一台由直流电动机提供动力的电力驱动升降机，如图 1-6，名副其实的电梯从此诞生了。

1891 年，纽约企业家杰西 · 雷诺(Jesse Wilfred Reno)在美国科尼岛码头设计制造出世界上第一部自动扶梯，当时被称为“倾斜升降机”。这种自动扶梯采用输送带原理，一条分节的坡道以 20°至 30°坡度移动。扶梯的起止点都有齿长 40 cm 的梳状铲，与脚踏板上的凹齿啮合。乘客站在倾斜移动的节片上，不必举足，便能上、下扶梯。

1898 年，美国设计者查尔斯・西伯格(Charles David Seeberger)买下了一项扶梯专利，并与奥的斯公司携手改进制作。

1899 年 7 月 9 日，第一台奥的斯—西伯格梯阶式扶梯(梯级是水平的，踏板用硬木制成，有活动扶手和梳齿板)试制成功，这是世界上第一台真正的扶梯。

1900 年，奥的斯—西伯格梯阶式扶梯在法国巴黎国际博览会上展出并取得巨大成功。在这届博览会上，由杰西・雷诺(Jesse Wilfred Reno)设计的扶梯同样引人注目。在接下来的 10 年里，奥的斯—西伯格和雷诺是世界上仅有的扶梯生产竞争者。

同年，西伯格把拉丁文中“scala(楼梯)”一词与“elevator(电梯)”一词的字母结合起来创造的“escalator(如今称为自动扶梯)”一词注册为产品商标。

虽然曳引式的驱动结构早在 1853 年已在英国出现，但当时卷筒式驱动的缺点还未被人们充分认识，因而早期电梯以卷筒强制驱动的型式居多。随着技术的发展，卷筒驱动的缺点日益明显，如耗用功率大、行程短、安全性差等。1903 年，奥的斯电梯公司将卷筒驱动的电梯改为曳引驱动，为今天的长行程电梯奠定了基础。从此，在电梯的驱动方式上，曳引驱动占据了主导地位。曳引驱动使传动机构体积大大减小，而且还使电梯曳引机在结构设计时有效地提高了通用性和安全性。

从 20 世纪初开始，交流感应电动机进一步完善和发展，开始应用于电梯拖动系统，使电梯拖动系统简化，同时促进了电梯的普及。直至今日，世界上绝大多数电梯能采用交流电动机来拖动。

1903 年，奥的斯公司在纽约安装了世界上第一台直流无齿轮曳引电梯。

1931 年，奥的斯公司在纽约安装了世界上第一台双层轿厢电梯。双层轿厢电梯增加了额定载重量，节省了井道空间，提高了输送能力。

1974 年，奥的斯公司在荷兰阿姆斯特丹国际机场安装了 200 m 长的自动人行道，这是当时欧洲最长的一条自动人行道。

1975 年，奥的斯电梯现身当时世界最高独立式建筑——加拿大多伦多 CN 电视塔，如图 1-7。这座总高度达 553.34 m 的电视塔内安装了 4 台奥的斯公司特制的玻璃围壁观光电梯。

图 1-7　多伦多 CN 电视塔

1976 年 7 月，日本富士达公司开发出速度为 10.00 m/s 的直流无齿轮曳引电梯。

1977 年，日本三菱电机公司开发出可控硅—伦纳德无齿轮曳引电梯。

1985 年，三菱电机公司研制出曲线运行的螺旋型自动扶梯，如图 1-8，并成功投入生产。螺旋型自动扶梯可以节省建筑空间，具有装饰艺术效果。

图 1-8　三菱电机公司螺旋型自动扶梯

1989 年，奥的斯公司在日本发布了无机房线性电机驱动的电梯。

1991 年，三菱电机公司开发出带有中间水平段的提升高度较大的自动扶梯。这种多坡度型自动扶梯在提升高度较大时可降低乘客对高度的恐惧感，并能与大楼楼梯结构协调配置。

1992 年 12 月，奥的斯公司在日本东京附近的 Narita 机场安装了穿梭人员运输系统，如图 1-9。穿梭轿厢悬浮于一个气垫上，运行速度可达 9.00 m/s，运行过程平滑、无声。后来，奥的斯公司又在奥地利、南非以及美国等其他一些国家和地区安装了该系统。

图 1-9　奥的斯公司水平穿梭人员运输系统

1993 年，三菱电机公司在日本横滨 Landmark 大厦(如图 1-10)安装了速度为 12.50 m/s 的超高速乘客电梯，这是当时世界上速度最快的乘客电梯。

1993 年，据《日立评论》报道，日本日立制作所开发出可以乘运大型轮椅的自动扶梯，这种扶梯的几个相邻梯级可以联动形成支持轮椅的平台。

1996 年 3 月，芬兰通力电梯公司发布无机房电梯系统，如图 1-11，电机固定在机房顶部侧面的导轨上，由钢丝绳传动牵引轿厢。整套系统采用永磁同步电机变压变频驱动。

图 1-10　日本横滨 Landmark 大厦

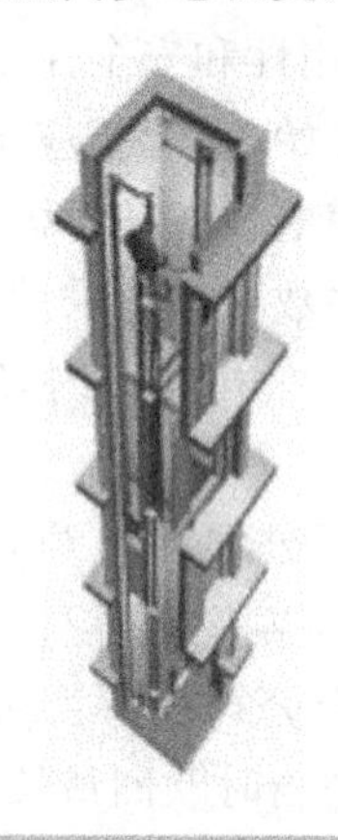

图 1-11　芬兰通力电梯公司发布的无机房电梯系统

1996 年，奥的斯公司推出 Odyssey™，如图 1-12，这是一个集垂直运输与水平运输于一体的复合运输系统。该系统采用直线电机驱动，在一个井道内设置多台轿厢，轿厢在计算机导航系统控制下，能够在轨道网络内交换各自运行路线。

1996 年，三菱电机公司开发出采用永磁电机无齿轮曳引机和双盘式制动系统的双层轿厢高速电梯，并安装于上海的 Mori 大厦。

1997 年 4 月，迅达电梯公司在慕尼黑展示了无机房电梯，该电梯无需曳引绳和承载井道，自驱动轿厢在自支撑的铝制导轨上垂直运行。

图 1-12　奥的斯公司推出的 Odyssey™

20 世纪 90 年代末，富士达公司开发出变速式自动人行道，

图 1-13 富士达公司开发的变速式自动人行道

如图 1-13。这种自动人行道以分段速度运行，乘客从低速段进入，然后进入高速平稳运行段，再后进入低速段离开。这样提高了乘客上下自动人行道时的安全性，缩短了长行程时的乘梯时间。

2000 年 5 月，迅达电梯公司发布 Eurolift 无机房电梯，如图 1-14。它采用高强度无钢丝绳芯的合成纤维曳引绳牵引轿厢。每根曳引绳由大约 30 万股细纤维组成，是传统钢丝绳质量的四分之一。绳中嵌入石墨纤维导体，能够监控曳引绳的轻微磨损等变化。

2000 年，奥的斯公司开发出 Gen2 无机房电梯，如图 1-15。它采用扁平的钢丝绳加固胶带牵引轿厢。钢丝绳加固胶带(外面包裹聚氨酯材料)柔性好。无齿轮曳引机呈细长形，体积小、易安装，耗能仅为传统齿轮传动机器的一半。该电梯运行不需润滑油，因此更具环保特性，是业界公认的“绿色电梯”。

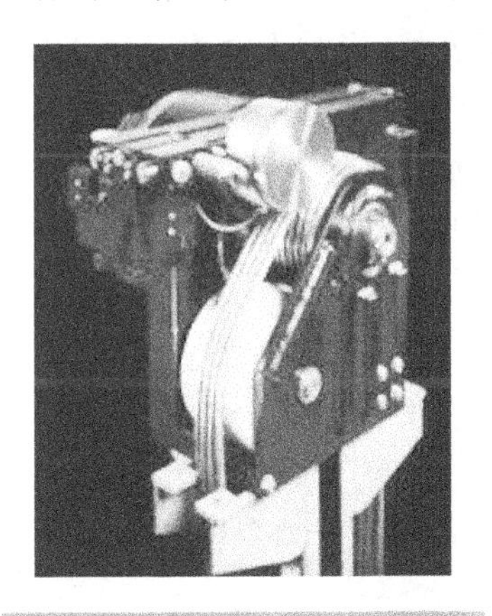
图 1-14 Eurolift 无机房电梯

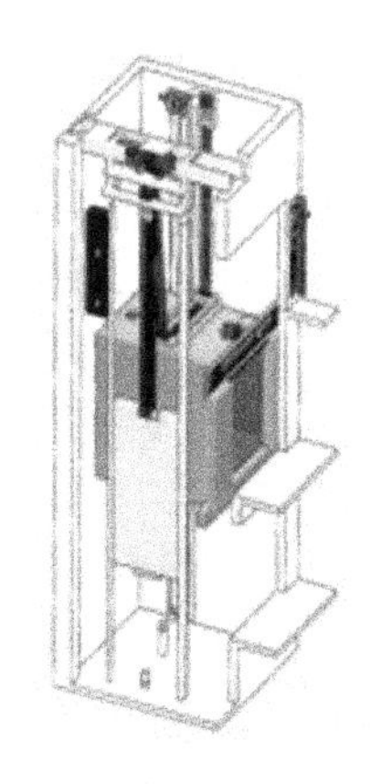
图 1-15 Gen2 无机房电梯

2002 年 4 月 17—20 日，三菱电机公司在第 5 届中国国际电梯展览会上展出了倾斜段高速运行的自动扶梯模型，其倾斜段的速度是出入口水平段速度的 1.5 倍。该扶梯不仅能够缩短乘客的乘梯时间，同时也提高了乘客上下扶梯时的安全性与平稳性。

2003 年 2 月，奥的斯公司发布新型的 NextStep™ 自动扶梯。它采用了革新的 Guarded™ 踏板设计，梯级踏板与围裙板成为协调运行的单一模块；它还采用了其他一些提高自动扶梯安全性的新技术。

2004 年，台北国际金融中心大厦安装了速度为 1 010 m/min(16.8 m/s)的超高速电梯。该电梯由日本东芝电梯公司生产，提升高度达到 388 m。

2010 年 4 月，日本日立公司设计的超高速电梯安装在日本高 213 m 的 G1 Tower 大厦中，其速度达到 1 080 m/min(18 m/s)。

1.1.2 中国电梯发展史

1900 年，美国奥的斯电梯公司通过代理商 Tullock&Co. 获得在中国的第一份电梯合同——为上海提供 2 台电梯。从此，世界电梯历史上翻开了中国的一页。

1907 年，奥的斯公司在上海的汇中饭店(今和平饭店南楼，英文名 Peace Palace Hotel，如图 1-16)安装了 2 台电梯。这 2 台电梯被认为是我国最早使用的电梯。汇中饭店建造于 1906 年，系 6 层砖木混合结构。

1915 年，位于北京市王府井南口的北京饭店安装了 3 台奥的斯交流单速电梯，其中客梯 2 部，7 层 7 站，杂物梯 1 部，8 层 8 站(含地下 1 层)。

1921 年，北京协和医院安装了 1 台奥的斯电梯。这是电梯首次出现在我国的医院中。同年，国际烟草托拉斯集团英美烟草公司在天津建立的大英烟公司天津工厂(1953 年改名为天津卷烟厂)厂房竣工。厂房内安装了 6 台奥的斯公司手柄操纵的货梯。

1924 年，天津利顺德大饭店(英文名 Astor Hotel)在改扩建工程中安装了 1 台奥的斯手柄开关操纵的乘客电梯。其额定载重量 630 kg，交流 220 V 供电，速度 1.00 m/s，5 层 5 站，木制轿厢，手动栅栏门。

1931 年，瑞士迅达公司在上海的怡和洋行(Jardine Engineering Corp.)设立代理行，开展在中国的电梯销售、安装及维修业务。

1935 年，位于上海南京路与西藏路交口的大新公司(当时上海南京路上四大公司——先施、永安、新新、大新公司之一，今上海第一百货商店，高 9 层)安装了 2 台奥的斯轮带式单人自动扶梯，如图 1-17。这 2 台自动扶梯安装在铺面商场至 2 楼、2 楼至 3 楼之间，面对南京路大门。这 2 台自动扶梯被认为是我国最早使用的自动扶梯。

图 1-16　上海汇中饭店——中国第一座安装电梯的建筑

图 1-17　大新公司——我国最早安装自动扶梯的建筑

截至 1949 年，上海各大楼共安装了进口电梯约 1 100 台，其中美国生产的最多，为 500 多台；其次是瑞士生产的 100 多台；还有英国、日本、意大利、法国、德国、丹麦等国生产的。其中丹麦生产的 1 台交流双速电梯额定载重量 8 吨，为上海解放前最大额定载重量的电梯。

新中国成立以后的 1950 年代，我国先后在上海、天津、沈阳建立了三家电梯生产厂。到了 1960 年代，又在西安、广州、北京等地先后建立了电梯厂。至 1972 年，全国有电梯定点生产厂家 8 家，年产电梯近 2 000 台。1979 年，新中国成立以来 30 年间，全国生产安装电梯约 1 万台。这些电梯主要是直流电梯和交流双速电梯。国内电梯生产企业约 10 家。

1980 年 7 月 4 日，中国建筑机械总公司、瑞士迅达股份有限公司、香港怡和迅达(远东)股份有限公司 3 方合资组建中国迅达电梯有限公司。这是我国改革开放以来机械行业第一家合资企业。该合资企业包括上海电梯厂和北京电梯厂。中国电梯行业掀起了引进外资的热潮。

1982 年 4 月，天津市电梯厂、天津直流电机厂、天津蜗轮减速机厂组建成立天津市电梯公司。9 月 30 日，该公司电梯试验塔竣工，塔高 114.7 m，其中试验井道 5 个。这是我国最早建立的电梯试验塔，如图 1-18。

1983 年，上海市房屋设备厂为上海游泳馆制造出国内第一台用于 10m 跳台的低压控制防湿、防腐电梯，如图 1-19。同年，上海市房屋设备厂为辽宁北台钢铁厂制造了国内第一台用于检修干式煤气柜的防爆电梯。

图 1-18　天津市电梯公司试验塔——我国最早建立的电梯试验塔

图 1-19　安装我国第一台 10 m 跳台用低压控制防湿、防腐电梯的上海游泳馆

1987 年 1 月，上海机电实业公司、中国机械进出口总公司、日本三菱电机公司和香港菱电工程有限公司 4 方合资组建的上海三菱电梯有限公司开业剪彩。

1994 年 10 月，亚洲第一高、世界第三高的上海东方明珠广播电视塔落成，塔高 468 m。该塔配置奥的斯电梯、自动扶梯 20 余部，其中装有中国第一台双层轿厢电梯，中国第一台圆形轿厢三导轨观光电梯（额定载重量 4 000 kg）和 2 台 7.00 m/s 的高速电梯，如图 1-20。

图 1-20　东方明珠广播电视塔内使用的电梯

图 1-21　上海金茂大厦

1998 年 10 月 28 日，位于上海浦东的金茂大厦落成，如图 1-21。该楼是当时我国最高的摩天大楼，高 420 m，88 层。金茂大厦安装电梯 61 台，自动扶梯 18 台。其中两台三菱电机公司额定载重量 2 500 kg、速度 9.00 m/s 的超高速电梯是当时我国额定速度最快的在用电梯。

1998 年，无机房电梯技术开始受到全国电梯企业的青睐。

1999 年，GB 50096—1999《住宅设计规范》规

定:7 层及以上住宅或住户入口层楼面距室外设计地面的高度超过 16 m 的住宅必须设置电梯。

2000 年 3 月 13 日,中国迅达电梯有限公司在北京召开中迅北京电梯改造中心成立的新闻发布会,该中心是全国第一家专业电梯改造中心。

2000 年 6 月 27 日,国家质量技术监督局发布《特种设备质量监督与安全监察规定》,自 2000 年 10 月 1 日起施行。

2002 年 5 月,世界自然遗产——湖南张家界武陵源风景区安装了号称世界最高的户外电梯、世界最高的双层观光电梯。

2003 年 2 月,国务院发布《国务院关于取消第二批行政审批项目和改变一批行政审批项目管理方式的决定》(国发[2003]5 号),该决定指出电梯的生产许可证管理改变为特种设备制造许可证管理。

2003 年 3 月 11 日,中华人民共和国国务院令(第 373 号)公布《特种设备安全监察条例》,自 2003 年 6 月 1 日起实施。电梯在本条例中被明确为特种设备。

2003 年 6 月 16 日,GB 7588—2003《电梯制造与安装安全规范》发布,自 2004 年 1 月 1 日起实施。

2003 年,中国电梯行业电梯年产量突破 8 万台,达到 8.45 万台。

2004 年 10 月 20 日,上海三菱电梯有限公司举行纪念第 10 万台电梯出厂仪式,上海三菱电梯有限公司是我国电梯行业第 1 家生产销售电梯超过 10 万台的企业。

2004 年 12 月 31 日,台北国际金融中心大厦(101 金融大楼)正式落成启用。该大楼安装了东芝电梯公司速度为 1 010 m/min(16.8m/s)的超高速电梯。

2004 年,中国电梯行业电梯年产量突破 11 万台。中国生产的电梯出口到 85 个国家和地区。

2005 年 4 月,芬兰通力集团与浙江巨人电梯有限公司合作正式运行,当年 7 月正式组建成巨人通力电梯合资公司,总投资超 2 亿元人民币。

2006 年,据中国电梯协会统计,我国大陆的电梯产量达到 16.8 万台,增幅 24.4%,中国大陆已经成为全球最大的电梯市场。

2007 年底,我国在用电梯数量为 917 313 台,约为全球电梯总量的 1/10。

2008 年,我国电梯产量超过 21 万台,年增幅超过 20%,产量超过了全世界电梯年产量的 50%。

2010 年 1 月 26 日,国家质检总局正式发布了《特种设备安全发展战略纲要》,该纲要指出了我国特种设备安全监察工作的现状与问题,确定了未来 10 年的战略目标、主要任务、重点工作和保障措施等。

2010 年 3 月 1 日,新的《电梯技术条件》国家标准实施。新标准除修改了有关电梯安全的内容外,还对电梯能耗、噪音、抗震、材料等作了明确规定。

2010 年 3 月 12 日,康力电梯股份有限公司在深圳证券交易所成功上市,成为我国电梯行业第一家上市公司。

2010 年 5 月 1 日,第 41 届世博会在上海黄浦江畔正式拉开帷幕。电梯为世博会成功召开起到了保驾护航的作用。电梯企业提供的产品具备安全、高效、节能等特点,与低碳世博理念相吻合。

经过百余年的不懈努力,我国电梯行业从仅能对电梯进行简单的维护、保养,逐步发展成为集研发、生产、销售、安装、服务五位于一体的高新科技产业。我国已经是全球最大的电梯制造生产基地，产品质量和信誉正在被越来越多的外国人认可，我国正在朝着电梯制造强国的方向大踏步地迈进。

1.2　电梯控制技术发展史

早期电梯的控制方式几乎全部采用有司机轿内开关控制，电梯的起动、运行、减速、平层、停车等判断均靠司机作出，操作起来很不方便。1894 年，奥的斯公司开发了一种由层楼控制器自动控制平层的技术，从而成为电梯控制技术发展的先导。

1902 年，瑞士迅达电梯公司开发了采用自动按钮控制的乘客电梯。

1915 年，奥的斯公司发明了由两个电动机控制的微驱动平层控制技术，一个电动机专用于起动和快速运行，另一个则用于平层停车，从而得到了 16：1 的减速范围，运行较为舒适，平层较准。

1924 年，奥的斯公司在纽约新建的标准石油公司大楼内安装了第一台信号控制电梯，如图 1-22，这是一种自动化程度较高的有司机电梯。

图 1-22　第一台信号控制电梯

为了解决乘客候梯时间长的问题，1925 年出现了一种集选控制技术。它能将各层站上下方向的召唤信号和轿厢内的指令信号集中，并与电梯轿厢位置信号比较，从而使电梯合理运行，缩短了乘客候梯的时间，提高了电梯运行的效率。这种技术使司机的操作大大简化，不再需要司机对电梯的运行方向和停层选择作出判断，仅需按楼层按钮及关闭层门按钮。这种控制技术现在还在广泛使用，被认为是电梯控制技术的一大进步。

20 世纪 30 年代，交流感应电动机因其价格低、制造和维修方便而被广泛应用于电梯上。用改变电动机极对数的方法达到了双速控制的要求，使拖动系统结构简化，可靠性大大提高。目前我国大多数在用的货梯均采用这种交流双速变极拖动控制。

1946 年，奥的斯公司设计了群控电梯。

1949 年，首批群控电梯落户于纽约的联合国大厦。

1956 年，世界第一台交流驱动电梯在迅达公司诞生。

1977 年，日本三菱电机公司开发出可控硅—伦纳德无齿轮曳引电梯。

1979 年，奥的斯公司开发出第一台基于微处理器的电梯控制系统 Elevonic101，从而使电梯电气控制进入一个崭新的发展时期。

1980 年，奥的斯公司发布了一个称为 Otis Plan 的计算机程序，帮助建筑师们为新建或改造建筑物确定电梯的最佳形式、速度以及数量等配置方案。

1983 年，奥的斯公司开发出 OTIS LINE，它是一个基于计算机的全天候(24 小时)召修服务系统。

1983 年，三菱电机公司开发出世界第一台变压变频驱动的电梯。

1988 年 2 月，富士达公司将电梯群控管理系统“FLEX8800”系列商品化，这是一套应用模糊理论与人工智能技术的管理系统。同年，奥的斯公司发布了 REM，它是一个可以远程监测电梯性能的计算机诊断系统。

1995 年，奥的斯公司引入 REMⅢ，它是奥的斯最先进的远程电梯监控系统。电梯远程监控系统逐渐成为各大公司提高服务的手段。

1996 年，迅达电梯公司推出 Miconic10™ 目的楼层厅站登记系统，如图 1-23。该系统操纵盘设置在各层站候梯厅，乘客在呼梯时只需登记目的楼层号码，就会知道最佳的乘梯方案，从而提前去该电梯厅门等候。待乘客进入轿厢后不再需要选层。

图 1-23　迅达电梯公司推出的 Miconic10™ 目的楼层厅站登记系统

1999 年，奥的斯公司发布 3 个电子商务产品：电子直销 e*Direct、电子服务 e*Service 与电子显示 e*Display。电子显示 e*Display 是通过电梯轿厢内的 1 块平板显示屏，向乘客提供新闻、天气预报、股市行情、体育比赛结果等信息，同时也可提供楼层指南和发布广告。

2000 年，上海三菱电梯有限公司开发的 HOPE 微机网络控制变压变频调速电梯（1 000 kg，1.75 m/s）通过鉴定。HOPE 电梯采用微机网络控制、变压变频驱动系统等先进技术。电梯控制板采用两片 32 位的 INTEL80386 微处理器分别处理电梯的控制信号和驱动控制，采用 8 位微处理器负责电梯的信号在数据网络中的传送，用大规模可编程门阵列电路（FPGA）实现电梯的引荐逻辑，大量采用表面贴装器件，结构紧凑、处理灵活、安全性高。

2001 年，浙江巨人电梯有限公司推出 GP2000 电梯。该产品采用 BP 公司的 BP 系列电梯专用微机控制系统作为控制核心，可以组成最多 8 台一组的群控电梯群，每台 GP2000 电梯都具有远程监控功能。

2002 年，天津奥的斯引进生产 MPE 公共交通型扶梯，控制系统标准选项为全变频或旁路变频控制，具有先进的扶梯监控系统。

2004 年，上海新时达电气有限公司推出 32 位网络化 SmartCom. net 电梯专用控制板。苏州默纳克控制技术有限公司研发的代表电梯控制系统发展方向、改变未来行业格局的 NICE3000 电梯一体化控制器开始投放市场。控制和驱动一体化的技术，不仅从根本上提高了电梯和自动扶梯的运行性能和可靠性，更在占地空间、外围配置、安装调试和制造成本上给客户带来无可比拟的实惠。

2006 年，沈阳蓝光与中国移动合作，蓝光无线电梯远程监控系统实现了电梯运行数据实时采集与传输。

2007 年，苏州远志科技有限公司推出自动扶梯（人行道）节能改造模块化解决方案。所有采用的 WISH6000 系列扶梯控制系统采用了独特的旁路变频技术，将扶梯原本需要在下行制动时交由制动电阻耗能的装置取消，在扶梯加减速、慢速运行过程中由一体化控制器控制，而在高速运行过程中直接由电网工频供电。与加装该装置前相比，有显著的节能效果。

2009 年，宁波申菱电梯配件有限公司推出交流永磁电梯开门机。该产品技术方案采用 PM 电机、双闭环矢量控制技术。

生活在继续,科技在发展,电梯也在进步。微电子技术的飞速发展使微电脑用于电梯的控制,电梯的操纵控制方面步步出新——手柄开关操纵、按钮控制、信号控制、集选控制、人机对话等,多台电梯之间还实现了并联控制与智能群控。

1.3 电梯控制技术发展展望

在科学技术发展的推动下,电梯控制技术将产生各种新的变化、新的功能。节能、绿色、环保将成为主旋律。无污染、低噪音,良好的电磁兼容性能,以及高可靠性、长寿命、低维保要求的电梯新产品将不断涌现。

1.3.1 电梯驱动控制

交流调速拖动控制理论和技术水平的进展将继续扩大交流电动机在电梯拖动中的应用范围,电梯交流拖动将继续向高效率、高速度、高精度方向发展。

直线电机直接拖动的电梯将逐步进入世界市场。这种拖动技术不需要在建筑顶层设置机房,节省建筑面积;直接拖动可减少传动能耗;减少活动零部件可减少磨损,提高机械部件的工作可靠性;改革了摩擦曳引的结构,使钢丝绳的磨损大大减小,钢丝绳的寿命和安全系数得到很大提高。这一拖动技术将进一步发展。

1.3.2 电梯一体化控制

传统的电梯控制系统大多采用微机板或可编程逻辑控制器(PLC)与变频器的模式;而电梯一体化控制系统将电梯的逻辑控制与变频驱动控制有机结合和高度集成,将电梯专有微机控制板的功能集成到变频器控制功能当中,在此基础上,将变频器驱动电梯的功能充分优化。

电梯一体化控制系统主要由主控制器、层站召唤、楼层显示等组成。主控制器高度集成了电梯的逻辑控制与驱动控制功能,接收并处理平层、减速等井道信息以及其他外部信号,输出信号控制运行接触器、制动器接触器等电器元件。

1.3.3 电梯安全控制

电梯的安全保障功能将进一步强化。由于电梯操作日趋自动化,因而电梯安全保障系统必须能保证乘客在电梯本身发生故障或受到灾害威胁时的安全。电梯控制系统将具有故障自诊断、故障预警、冗余避错、遥控监测等功能。电梯系统内若产生故障,最安全的对策是暂时性制停轿厢,在无其他危险因素时,应立即撤出乘客。为此电梯将配备慢速自动救援系统。在防止灾害方面,电梯将具有火灾和地震紧急返回、断电紧急停靠功能。特定场合的电梯还须有防盗、保密应召系统。在乘客通话呼救系统上,将从目前的内部呼救系统逐步过渡为通过公共通信系统呼救或发出指令,从而提高保障能力。

1.3.4 电梯智能控制

随着计算机技术、通信技术与控制技术的发展,建筑的智能化成为现实,而电梯是智能建筑中的重要交通工具,其技术发展及智能化程度也备受世人关注。智能化的电梯首先要与智能建筑中所有自动化系统联网,如与楼宇控制系统、消防系统、保安监控系统等交互联系，使电梯成为高效优质、安全舒适的服务工具。

减少运行过程能耗的另一措施是将电梯运行中的加减速度模式设置成变参数，即电梯控制系统中运行的速度、加速度以及加速度变化率曲线既随运行距离变化，也随轿厢负载变化，通过仿真软件模拟，确定出不同楼层之间的最佳运行曲线。利用电梯机房在楼顶的优势，充分利用太阳能作为电梯的补充能源也将是新的研究课题。

从电梯运行的控制智能化角度讲，要求电梯有优质的服务质量，控制程序中应采用先进的调度规则，使群控管理有最佳的派梯模式。现在的群控算法已不是单一地以"乘客等候时间最短"为目标，而是采用模糊理论、神经网络、专家系统的方法，将要综合考虑的因素（即专家知识）吸收到群控系统中去，在这些因素中既有影响乘客心理的因素，也有对即将要发生的情况作评价决策，是专家系统和电梯当前运行状态组合在一起的多元目标控制。利用遗传算法可对客流交通模式及派梯规则进行优化、自学习，实现电梯调度规则的进化，以适应环境的变化。"以人为本"设计的电梯控制系统，将会使电梯的服务质量越来越好。

1.3.5　电梯无线及远程控制

这种技术可大量减少井道布线量，避免外界电磁干扰，提高信号传输的可靠性。

在电梯上使用蓝牙技术一定会使电梯控制系统大量使用最新最快的微机，这将会进一步提高电梯整机可靠性，使故障率大大降低，控制精度也进一步提高，带来的结果是电梯更加舒适，平层更加准确。同时这也为将来通过网络检查电梯状态成为可能，特别是电梯事先维修可以做到更好更全面。

电梯困人故障一直困扰着电梯的使用者、管理者以及设备提供商。20 世纪 80 年代初就有电梯厂商对电梯增加了远程过程监视系统，即在电梯轿厢内安装摄像和通信系统，使得被困轿厢中的乘客可以与大楼的监视人员建立联系，寻求帮助。由于这种设施只限于电梯所在大楼且由保安人员负责，一旦电梯困人，还得通知专业人员来解困。而现在提出的远程监控服务系统是在远程监视系统上更进了一步，这种先进装置集通信、故障诊断、微处理机为一体，它可以通过市话线传递电梯的运行和故障信息到远程服务中心（即电梯远程监控维修中心），使维修人员知道电梯问题所在并予以处理。如轿厢由于发生门故障而被困于某层，远程维修中心根据故障状况判断后，则可允许用遥控方式来打开轿门和层门，在无维修人员到现场的情况下，被困人员就可以离开轿厢。对于只能由维修人员到现场排除的故障，为使被困人员安心，中心即刻向轿厢播放安抚语音，解除紧张心理。自动扶梯安装远程监控系统后，除了能监视运行状况外，监控维修中心可根据显示的信息作出快速的急停处理，以免发生伤害事故。远程服务给用户带来的益处是显而易见的，电梯的远程监控系统不仅使用户得到一个部件，而且使用户享受到一整套的服务。远程维修监控中心始终监控着他们所承包的电梯，随时可以知道电梯的运行状态和发生故障的属性。维修人员去故障梯之前就已知道该维修的项目，减少了维修服务的成本和时间。这种预保养式的售后服务方式在国外是深得用户的信赖的，也将是我国电梯工业技术发展的一个重要方向。

1.3.6　电梯人性化控制

在电梯轿厢中创造艺术氛围，给人以眼目清新、心旷神怡的感官享受，已成为各国工业装潢界探索的课题。电梯轿厢内部装潢将发展为多种艺术形态，其主要特点是着重改善轿厢空间狭小的压抑感，力求与所在大楼的工作环境产生互补和谐调作用，使乘客在乘用电梯时调节一下神经，让疲劳的肌体得到放松，促进身心健康。这一要求成为提高电梯乘用舒适感的重要一环。为此可在轿厢内安装大屏幕显示器。在风光艺术电视的背景上以字幕显示运行方向和层站信号，以语音提示报站，以音乐减小电梯运动噪声的影响。

展望未来，超高层建筑的发展将需要开发更高运行速度的电梯。在千米以上高度的建筑中将不再能采用钢丝绳曳引驱动的型式，需要发展其他驱动方式。若取消钢丝绳悬挂曳引，将能采用多轿厢同井道分区运行，从而提高井道利用率，电梯就能像地铁一样具有高效的输送能力。这还将同时促进信号光控传输或无线传输、超导磁力悬浮拖动、轿厢气压自动调节及其他新技术的发展，电梯工业产品将更加五彩纷呈。

1.4　电梯的基本结构

1.4.1　曳引式电梯基本结构

曳引式电梯是垂直交通运输工具中使用最普遍的一种电梯，现将其基本结构介绍如下：

1. 曳引系统

曳引系统由曳引机、曳引钢丝绳、导向轮及反绳轮等组成。

曳引机由电动机、联轴器、制动器、减速箱、机座、曳引轮等组成，它是电梯的动力源。

曳引钢丝绳的两端分别连接轿厢和对重（或者两端固定在机房上），依靠钢丝绳与曳引轮绳槽之间的摩擦力来驱动轿厢升降。

导向轮的作用是调整轿厢和对重之间的距离，以便适合不同的工地布置。采用复绕型时还可增加曳引能力。导向轮安装在曳引机架上或承重梁上。

当钢丝绳的绕绳比大于 1 时，在轿厢顶和对重架上应增设反绳轮。反绳轮的个数可以是 1 个、2 个甚至 3 个，这与曳引比有关。

2. 导向系统

导向系统由导轨、导靴和导轨架等组成。它的作用是限制轿厢和对重的活动自由度，使轿厢和对重只能沿着导轨做升降运动。

导轨固定在导轨架上，导轨架是承重导轨的组件，与井道壁联接。

导靴装在轿厢和对重架上，与导轨配合，强制轿厢和对重的运动服从于导轨的直立方向。

3. 门系统

门系统由轿厢门、层门、开门机、联动机构、门锁等组成。

轿厢门设在轿厢入口，由门扇、门导轨架、门靴和门刀等组成。

层门设在层站入口，由门扇、门导轨架、门靴、门锁装置及应急开锁装置组成。

开门机设在轿厢上，是轿厢门和层门启闭的动力源。

4. 轿厢

轿厢是用以运送乘客或货物的电梯组件，由轿厢架和轿厢体组成。轿厢架是轿厢体的承重构架，由横梁、立柱、底梁和斜拉杆等组成。轿厢体由轿厢底、轿厢壁、轿厢顶及照明装置、通风装置、轿厢装饰件和轿内操纵按钮板等组成。轿厢体空间的大小由额定载重量或额定载客人数决定。

5. 重量平衡系统

重量平衡系统由对重和重量补偿装置组成。对重由对重架和对重块组成。对重将平衡轿厢自重和部分额定载重。重量补偿装置是补偿高层电梯中轿厢与对重侧曳引钢丝绳长度变化对电梯平衡设计影响的装置。

6. 电力拖动系统

电力拖动系统由曳引电机、供电系统、速度反馈装置、调速装置等组成,对电梯实行速度控制。

曳引电机是电梯的动力源,根据电梯配置可采用交流电机或直流电机。

供电系统是为电机提供电源的装置。

速度反馈装置是为调速系统提供电梯运行速度信号的装置。一般采用测速发电机或速度脉冲发生器,与电机相联。

调速装置对曳引电机实行调速控制。

7. 电气控制系统

电气控制系统由操纵装置、位置显示装置、控制屏、平层装置、选层器等组成,它的作用是对电梯的运行实行操纵和控制。

操纵装置包括轿厢内的按钮操作箱或手柄开关箱、层站召唤按钮、轿顶和机房中的检修或应急操纵箱。

位置显示装置是指轿内和层站的指层灯。层站上一般能显示电梯运行方向或轿厢所在的层站。

控制屏安装在机房中,由各类电气控制元件组成,是电梯实行电气控制的集中组件。

平层装置主要包括平层感应器和隔磁板,其作用是提供电梯平层信号,使轿厢能够准确平层。

选层器能起到指示和反馈轿厢位置、决定运行方向、发出加减速信号等作用。

8. 安全保护系统

安全保护系统包括机械和电气的各类保护系统,可保护电梯安全使用。

机械方面的有:限速器和安全钳起超速保护作用;缓冲器起冲顶和撞底保护作用;还有切断总电源的极限保护等。

电气方面的安全保护在电梯的各个运行环节都有。

1.4.2 电梯的分类

电梯作为一种通用垂直运输机械,被广泛用于不同的场合,其控制、拖动、驱动方式也多种多样,因此电梯的分类方法也有下列几种。

1. 按照用途分类

这是一种常用的分类方法,由于电梯有一定的通用性,所以按用途分类在实际当中用得较多,但实际标准不很明确。

(1) 乘客电梯

乘客电梯是指为运送乘客而设计的电梯。以运送乘客为主,兼以运送重量和体积合适的日用物件。适用于高层住宅、办公大楼、宾馆或饭店等人员流量较大的公共场合。其轿厢内部装饰要求较高,运行舒适感要求严格,具有良好的照明与通风设施。为限制乘客人数,其轿厢内面积有限,轿厢宽深比例较大,以利于人员出入。为提高运行效率,其运行速度较快。

(2) 载货电梯

载货电梯是指主要运送货物的电梯,同时允许有人员伴随。因运送货物的物理性质不同,其轿厢内部容积差异较大。为了适应装卸货物的要求,其结构要求坚固。

(3) 客货电梯

客货电梯是指以运送乘客为主,可同时兼顾运送非集中载荷货物的电梯。其结构比乘客电梯坚固,装饰要求较低。一般用于企业和宾馆饭店的服务部门。

(4) 病床电梯(医用电梯)

病床电梯是指运送病床(包括患者)及相关医疗设备的电梯。其特点为轿厢宽深比小,以能容纳病床,运行平稳,噪声小,平层精度高。

(5) 观光电梯

观光电梯是指井道和轿厢壁至少有同一侧透明,乘客可观看轿厢外景物的电梯。

(6) 住宅电梯

住宅电梯是指服务于住宅楼供公众使用的电梯,轿厢装饰和控制系统的功能均较为简单。

(7) 家用电梯

家用电梯是指安装在私人住宅中,仅供单一家庭成员使用的电梯。它也可安装在非单一家庭使用的建筑物内,作为单一家庭进入其住所的工具。

(8) 杂物电梯

杂物电梯是指服务于规定层站的固定式提升装置。具有一个轿厢,由于结构型式和尺寸的关系,轿厢内不允许人员进入。

(9) 船用电梯

船用电梯是指船舶上使用的电梯。能在船舶正常摇晃中运行。

(10) 防爆电梯

防爆电梯是指采取适当措施,可以应用于有爆炸危险场所的电梯。

(11) 消防员电梯

消防员电梯是指首先预定为供乘客使用而安装的电梯,其附加的保护、控制和信号使其能在消防服务的直接控制下使用。

(12) 汽车电梯

汽车电梯是指运送汽车的电梯,其特点是大轿厢、大载重量,常用于立体停车场及汽车库等场所。

(13) 非商用汽车电梯

非商用汽车电梯是指其轿厢适于运载小型乘客汽车的电梯。

(14) 自动扶梯

自动扶梯是指带有循环运行梯级,用于向上或向下倾斜输送乘客的固定电力驱动设备。

(15) 自动人行道

自动人行道是指带有循环运行(板式或带式)走道,用于水平或倾斜角不大于 12°输送乘客的固定电力驱动设备。

2. 按照速度分类

电梯技术在飞快进步,电梯的额定运行速度也在不断提高。电梯按照速度进行分类并没有统一的标准和规定。目前的习惯划分见表1-1。

表1-1 电梯按照速度分类

项目	低速电梯	中速电梯	高速电梯	超高速电梯
额定速度/(m/s)	$v \leqslant 1.0$	$1.0 < v \leqslant 2.5$	$2.5 < v \leqslant 6.0$	$v > 6.0$

3. 按拖动系统分类

(1) 交流电梯

交流电梯是指采用交流电动机拖动的电梯，又可分为交流单速(AC1)电梯、交流双速(AC2)电梯、交流调压调速(ACVV)电梯、交流变压变频调速(VVVF)电梯。

(2) 直流电梯

直流电梯是指采用直流电动机拖动的电梯。由于其调速方便，加减速特性好，曾被广泛采用。随着电子技术的发展，直流拖动已被节省能源的交流调速拖动代替。

4. 按曳引机有无减速箱分类

(1) 有齿轮电梯

有齿轮电梯是指采用有齿轮曳引机的电梯。曳引电动机通过减速齿轮箱驱动曳引轮，电梯曳引轮的转速与电动机的转速不相等，中间有蜗轮蜗杆减速箱或齿轮减速箱(行星齿轮、斜齿轮)。传统的有齿轮电梯大多采用交流异步电动机。近年来，永磁同步电动机与行星齿轮减速箱相配合的曳引机以其高效、节能、环保被越来越多地应用于电梯驱动。

(2) 无齿轮电梯

无齿轮电梯是指采用无齿轮曳引机的电梯。曳引电动机直接驱动曳引轮，电梯曳引轮转速与电动机转速相等，中间无减速箱。永磁同步电机以其低转速、大转矩的特点，被应用于各种速度的电梯，已成为电梯驱动的首选。

5. 按驱动方式分类

(1) 钢丝绳驱动式电梯

钢丝绳驱动式电梯可分成两种不同的型式，一种是被广泛采用的摩擦曳引式，另一种是卷筒强制式。前一种安全性和可靠性都较好，后一种的缺点较多，已很少采用。

(2) 液压驱动式电梯

液压驱动式电梯的历史较长，可分为柱塞直顶式和柱塞侧置式。其优点是机房设置部位较为灵活，运行平稳，采用直顶式时不用轿厢安全钳，且底坑地面的强度可大大减小，顶层高度限制较宽。但其工作高度受柱塞长度限制，运行高度较低。在采用液压油作为工作介质时，还须充分考虑防火安全的要求。

(3) 齿轮齿条驱动式电梯

齿轮齿条驱动式电梯通过两对齿轮齿条的啮合来运行，运行时振动、噪声较大。这种型式一般不需设置机房，由轿厢自备动力机构，控制简单，适用于流动性较大的建筑工地。目前已划入建筑升降机类。

(4) 链条链轮驱动式电梯

链条链轮驱动式电梯是一种强制驱动型式的电梯，因链条自重较大，所以提升高度不能过高，运行速度也因链条链轮传动性能局限而较低。但它在用于企业升降物料的作业中，有着传动可靠、维护方便、坚固耐用的优点。

(5) 其他驱动方式还有气压驱动、直线电机直接驱动、螺旋驱动等。

6. 按控制方式分类

电子技术的发展使电梯控制日趋完善，操作趋于简单，功能趋于多样，控制方式正向广泛应用微电子新技术的方向发展。常见的控制方式有：

(1) 手柄开关操纵(轿内开关控制)

电梯司机通过转动手柄(断开/闭合)来操纵电梯运行或停止。

(2) 按钮控制

电梯运行由轿厢内操纵盘上的选层按钮或层站呼梯按钮来操纵。某层站乘客将呼梯按钮揿下，电梯就起动运行去应答。在电梯运行过程中如果有其他层站呼梯按钮揿下，控制系统只能把信号记存下来，不能去应答，而且也不能把电梯截住，直到电梯完成前应答运行层站之后方可应答其他层站呼梯信号。

(3) 信号控制

把各层站呼梯信号集合起来，将与电梯运行方向一致的呼梯信号按先后顺序排列好，电梯依次应答接运乘客。电梯运行取决于电梯司机操纵，而电梯在何层站停靠由轿厢操纵盘上的选层按钮信号和层站呼梯按钮信号控制。电梯往复运行一周可以应答所有呼梯信号。

(4) 集选控制

在信号控制的基础上把呼梯信号集合起来进行有选择的应答。电梯可有(无)司机操纵。在电梯运行过程中可以应答同一方向所有层站呼梯信号和轿厢操纵盘上的选层按钮信号，并自动在这些信号指定的层站平层停靠。电梯运行响应完所有呼梯信号和指令信号后，可以返回基站待命；也可以停在最后一次运行的目标层待命。

(5) 下集选控制

下集选控制时，除最低层和基站外，电梯仅将其他层站的下方向呼梯信号集合起来应答。如果乘客欲从较低的层站到较高的层站去，须乘电梯到底层或基站后再乘电梯到要去的高层站。

(6) 并联控制

并联控制时，两台电梯共同处理层站呼梯信号。并联的各台电梯相互通信、相互协调，根据各自所处的层楼位置和其他相关的信息，确定一台最适合的电梯去应答每一个层站呼梯信号，从而提高电梯的运行效率。

(7) 群控

群控是指将两台以上电梯组成一组，由一个专门的群控系统负责处理群内电梯的所有层站呼梯信号，群控系统可以是独立的，也可以隐含在每一个电梯控制系统中。群控系统和每一个电梯控制系统之间都有通信联系。群控系统根据群内每台电梯的楼层位置、已登记的指令信号、运行方向、电梯状态、轿内载荷等信息，实时将每一个层站呼梯信号分配给最适合的电梯去应答，从而最大程度地提高群内电梯的运行效率。群控系统中，通常还可选配上班高峰服务、下班高峰服务、分散待梯等多种满足特殊场合使用要求的操作功能。

7. 按机房方式分类

可分为普通有机房电梯、小机房电梯、无机房电梯。

8. 按国内现行法规分类

按照国质检锅[2003]251 号《机电类特种设备安装改造(试行)》和国质检锅[2004]31

号“关于公布《特种设备目录》的通知”的文件标准，电梯分成六类，见表1-2。

表1-2　电梯分类

<table>
<tr><th>设备种类</th><th>设备代码</th><th>设备类型</th><th>设备代码</th></tr>
<tr><td rowspan="6">电梯</td><td rowspan="6">3 000</td><td>乘客电梯</td><td>3 100</td></tr>
<tr><td>载货电梯</td><td>3 200</td></tr>
<tr><td>液压电梯</td><td>3 300</td></tr>
<tr><td>杂物电梯</td><td>3 400</td></tr>
<tr><td>自动扶梯</td><td>3 500</td></tr>
<tr><td>自动人行道</td><td>3 600</td></tr>
</table>

按照TSG T7001《电梯型式试验规则》附件一“电梯型式试验规则适用产品目录”对电梯及其部件进行分类，见表1-3。

表1-3　电梯及其部件详细分类

<table>
<tr><th>设备类型</th><th>设备型式</th><th>设备代码</th><th>设备类型</th><th>设备型式</th><th>设备代码</th></tr>
<tr><td rowspan="7">乘客电梯</td><td>曳引式客梯</td><td>3 110</td><td rowspan="7">安全保护装置</td><td rowspan="2">电梯轿厢上行超速保护装置</td><td rowspan="2">F350</td></tr>
<tr><td>强制式客梯</td><td>3 120</td></tr>
<tr><td>无机房客梯</td><td>3 130</td><td rowspan="2">含有电子元件的电梯安全电路</td><td rowspan="2">F360</td></tr>
<tr><td>消防员电梯</td><td>3 140</td></tr>
<tr><td>观光电梯</td><td>3 150</td><td>电梯限速切断阀</td><td>F370</td></tr>
<tr><td>防爆客梯</td><td>3 160</td><td>电梯控制柜</td><td>F380</td></tr>
<tr><td>病床电梯</td><td>3 170</td><td>曳引机</td><td>F390</td></tr>
<tr><td rowspan="5">载货电梯</td><td>曳引式货梯</td><td>3 210</td><td rowspan="18">主要部件</td><td>绳头组合</td><td>B310</td></tr>
<tr><td>强制式货梯</td><td>3 220</td><td>电梯导轨</td><td>B320</td></tr>
<tr><td>无机房货梯</td><td>3 230</td><td>电梯耐火层门</td><td>B330</td></tr>
<tr><td>汽车电梯</td><td>3 240</td><td>电梯玻璃门</td><td>B340</td></tr>
<tr><td>防爆货梯</td><td>3 250</td><td>电梯玻璃轿壁</td><td>B350</td></tr>
<tr><td rowspan="4">液压电梯</td><td>液压客梯</td><td>3 310</td><td>电梯液压泵站</td><td>B360</td></tr>
<tr><td>防爆液压客梯</td><td>3 320</td><td>杂物电梯驱动主机</td><td>B370</td></tr>
<tr><td>液压货梯</td><td>3 330</td><td>自动扶梯梯级</td><td>B380</td></tr>
<tr><td>防爆液压货梯</td><td>3 340</td><td>自动人行道踏板</td><td>B390</td></tr>
<tr><td>杂物电梯</td><td>杂物电梯</td><td>3 400</td><td>梯级踏板链</td><td>B3A0</td></tr>
<tr><td>自动扶梯</td><td>自动扶梯</td><td>3 500</td><td rowspan="2">自动扶梯自动人行道驱动主机</td><td rowspan="2">B3B0</td></tr>
<tr><td>自动人行道</td><td>自动人行道</td><td>3 600</td></tr>
<tr><td>特殊类型电梯</td><td>型式特殊</td><td>注1</td><td rowspan="2">自动扶梯自动人行道滚轮</td><td rowspan="2">B3C0</td></tr>
<tr><td>进口各种电梯</td><td>各种型式</td><td>注2</td></tr>
<tr><td rowspan="4">安全保护装置</td><td>限速器</td><td>F310</td><td rowspan="2">自动扶梯自动人行道扶手带</td><td rowspan="2">B3D0</td></tr>
<tr><td>安全钳</td><td>F320</td></tr>
<tr><td>缓冲器</td><td>F330</td><td rowspan="2">自动扶梯自动人行道控制屏</td><td rowspan="2">B3E0</td></tr>
<tr><td>电梯门锁装置</td><td>F340</td></tr>
</table>

注：1. 特殊类型电梯或部件的代码，在国家质检总局制定其《型式试验细则》时另行确定；

2. 各种型式进口电梯或部件的代码，使用本目录所属型式电梯或部件的代码。

除上述常见的分类外，目前还有按机房位置、钢丝绳传动型式等分类方法，此处不作详细介绍。

思考题

1. 简述电梯控制技术发展的新方向。
2. 电梯有几种分类方法？各根据什么分类？
3. 简述按驱动方式分类的电梯类型。
4. 简述按控制方式分类的电梯类型。

第 2 章 电梯电气部件

本章重点：按照电梯电气部件的分布位置，分别介绍电梯机房电气部件、电梯井道电气部件和电梯层站电气部件。

2.1 电梯机房电气部件

电梯机房部件通常有电梯曳引机组、控制柜、限速器、夹绳器（如果有）和供电电源主开关等。

2.1.1 曳引机

曳引机是包括电动机、制动器和曳引轮在内的靠曳引轮槽摩擦力驱动或停止电梯的装置。

曳引机的功能是将电能转换成机械能直接或间接带动曳引轮转动，从而使电梯轿厢完成向上或向下的运动。如图 2-1 所示，曳引机一般由电动机、制动器、松闸装置、减速箱、盘车装置、曳引轮和导向轮等组成。

图 2-1　曳引机的实物图

曳引机有如下三大类：

1. 蜗轮蜗杆有齿轮曳引机

图 2-2 蜗轮蜗杆有齿轮曳引机

蜗轮蜗杆曳引机在1990年代前是市场的主导产品，技术比较成熟，广泛应用于中低速电梯。图2-2为蜗轮蜗杆有齿轮曳引机的外形结构图。它由电动机、制动器、减速器和曳引轮组成并固定在底座上。减速箱的作用是降低电动机输出转速，同时提高输出力矩。蜗轮蜗杆的传动方式具有传动比大、运行平稳等优点。其曳引电动机有交流电动机也有直流电动机。

2. 行星齿轮曳引机

在1990年代末期，德国和日本曳引机制造企业在中国市场推出了行星齿轮曳引机，这种曳引机高效节能，传动效率不逊于当今的永磁同步无齿轮曳引机。但由于齿轮加工精度要求高，当时国内加工手段难于满足要求，运行噪音较大。图2-3为行星齿轮曳引机的实物图。

3. 永磁同步无齿轮曳引机

在2006年的廊坊国际电梯展览会上，永磁同步无齿轮曳引机作为电梯驱动的主力产品展现。永磁同步无齿轮曳引机与传统有齿轮曳引机相比主要有节能和噪音小、振动小的优点。由于永磁同步无齿轮曳引机输出转矩和线速度的因素，一般采用2∶1曳引比，增加了电梯用导轮、钢丝绳的数量，系统配置复杂，成本高；由于线速度高、曳引轮直径小，绳槽的磨损加快，使用寿命降低。目前永磁同步无齿轮曳引机已是成熟产品。图2-4为永磁同步无齿轮曳引机的实物图。

图 2-3 行星齿轮曳引机

图 2-4 永磁同步无齿轮曳引机

2.1.2 曳引电动机

通常曳引机组多数采用交流异步电动机，近年来永磁同步电动机无齿轮曳引机组因节能、环保等特点被广泛采用，但要求电机的转速较慢。曳引电动机的特殊要求如下：

① 具有大的起动转矩使之满足轿厢与运行方向所确定的特定状态时的起动力矩要求。

② 较小的起动电流，以保护电机不发热烧毁。

③ 应有较硬的机械特性，以免随着负载变化电梯的速度不稳定。

④ 噪音低、脉动转矩小，供电电压在±7%范围内波动应具有相对的稳定性。

常用的曳引电动机类型：

1. 直流电动机(已基本淘汰)

直流电动机的工作原理是：交流电动机→直流发电机→直流电动机。也可采用由晶闸管直接控制电动机的方式。

2. 交流异步电动机

交流异步电动机主要由定子部分(静止的)和转子部分(转动的)两大部分组成，在定子与转子之间有一定的气隙。另外还有端盖、轴承、机座、风扇等部件，下面分别简要介绍。图2-5是一台笼型三相异步电动机的结构图。

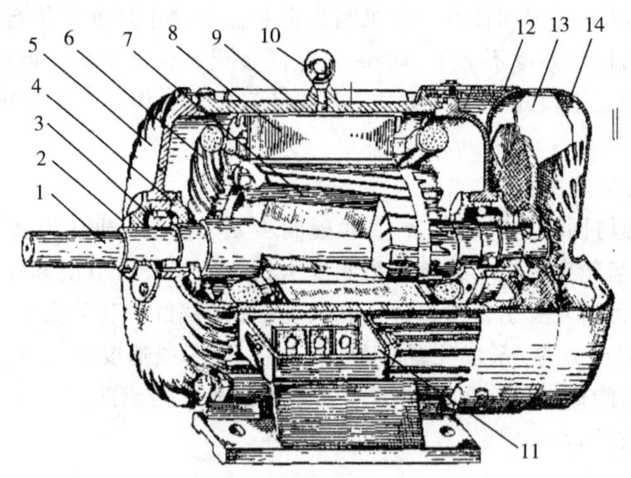

1—轴　2—外轴承盖　3—轴承　4—内轴承盖　5—端盖　6—定子绕组　7—转子
8—定子铁芯　9—机座　10—吊环　11—出线盒　12—端盖　13—风扇　14—风罩

图2-5　三相鼠笼式异步电动机的结构图

交流异步电动机的定子装有三相对称绕组，当接入三相对称的交流电源时，流入定子绕组的三相对称电流在电动机中产生的基波磁场是一个以同步转速 η_1 旋转的旋转磁场，设旋转方向为逆时针，如图2-6所示。

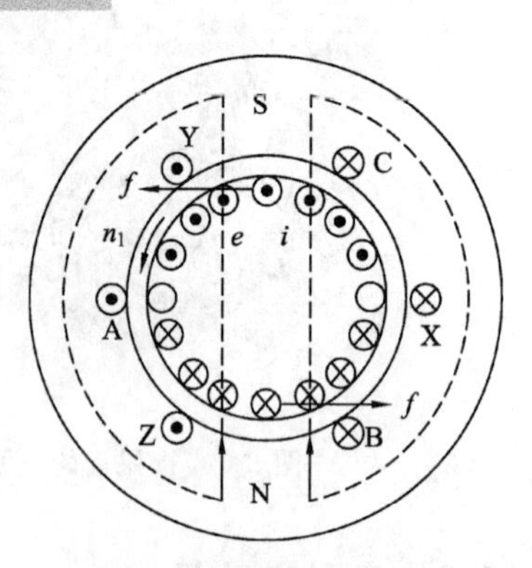

图2-6　三相异步电动机工作原理示意图

转子导体嵌放在转子铁心外圆槽内，开始时转子不动，旋转磁场的磁力线切割转子导体产生感应电动势 e，方向由右手定则确定。由于所有转子导体在端部连接，于是导体中有电流 i 流过。如果暂不考虑电动势与电流的相位差，导体中的电流方向与电动势方向相同，即转子的上半圆周各导体的电流方向均为⊙，流出纸面，下半圆周导体的电动势方向均为⊗，流入纸面。这样有电流流过的转子导体在旋转磁场中的受力为 f，其方向可用左手定则确定。转子的上半圆周各导体的力与下半圆周导体的力方向相反，形成转矩 T。

转矩 T 为电磁转矩，方向与旋转磁场方向相同，由于电磁转矩的作用，转子便在该方向上旋转起来。

转子转动后，其转速为 n，则转子导体与定子旋转磁场间的相对切割速度为 $\Delta n=n_1-n$。当 $n=n_1$ 时，$\Delta n=0$，相应地有 $e=0$，$i=0$，即转子与旋转磁场间无相对切割运动时，转子绕组中无感应电动势和电流，也就没有驱动转子转动的电磁转矩，可见 $n<n_1$ 是异步电动机维持运行的必要条件，这就是“异步”电动机名称的由来。

转子转速与旋转磁场转速间的大小用转差率(s)来描述：

$$s=\frac{n_1-n}{n_1} \tag{2-1}$$

转差率又称滑差，它是三相异步电动机的一个重要的物理量。转子转速越接近磁场转速，则转差率越小。

在电梯上使用的交流电动机又分以下几种：

交流单速电动机，目前应用很少。适用于 $V>0.5$ m/s，500 kg 以下的小载重量的杂物电梯。

交流双速电动机，目前还有一部分货梯应用较多。其中快速绕组用于起动、加速和满速运行；慢速绕组用于减速、制动和检修运行。

交流调压调速电动机，在 1990 年代前后被广泛应用于 1 m/s$<V\leqslant$2.5 m/s 的客梯。

交流调频调压调速异步电动机，适用于各级载重量的中高档客梯。

3. 交流永磁同步电动机

永磁同步电动机适用于各速度段、各级载重量的高档客梯，已成为目前中高速客梯、无机房电梯的主流配置。

永磁同步电动机具有功率密度高、转子转动惯量小、电枢电感小、运行效率高以及转轴上无滑环和电刷等优点，因而广泛应用于中小功率范围内(≤100 kW)的高性能运动控制领域，如工业机器人、数控机床等。

永磁同步电动机的种类繁多，按照转子永磁体结构的不同，一般可分为两大类：一类是表面永磁同步电动机；另一类是内置式永磁同步电动机。按定子绕组感应电势波形不同，也可分为两类：一类是定子绕组感应电势波形为正弦波的永磁同步电动机，就是通常所说的永磁同步电动机；另一类是定子绕组感应电势波形为梯形波永磁同步电动机，称为无刷永磁直流电动机。

与一般同步电动机一样，正弦波永磁同步电动机的定子绕组通常采用三相对称的分布绕组，而转子则通过适当设计的永磁体形状确保转子永磁体所产生的磁密呈正弦分布。这样，当电动机恒速运行时，定子三相绕组所感应的电势则为正弦波，正弦波永磁同步电动机由此而得名。

事实上，正弦波永磁同步电动机是一种典型的机电一体化电机。它不仅包括电机本体，而且还涉及位置传感器、电力电子变流器以及驱动电路等。图 2-7 为正弦波永磁同步电动机的基本控制框图。

图 2-7 中，正弦波永磁同步电动机的定子三相对称绕组由电力电子逆变器供电。该逆变器所输出定子三相绕组电流的大小取决于负载，而频率则取决于转子的实际位置与转速。转子转速越高，则逆变器的输出频率越高；转子转速越低，则逆变器的输出频率越低。

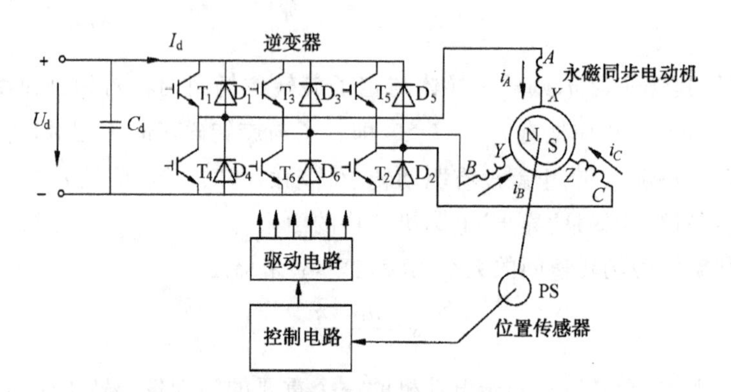

图 2-7　正弦波永磁同步电动机的基本控制框图

正弦波永磁同步电动机系统和无换向器电动机系统基本相同,其区别主要是永磁同步电动机的转子磁场是永久磁铁,无换向器电动机系统的转子磁场是直流励磁,即转子结构存在差异,定子绕组相同。

按照永磁同步电动机转子结构的不同,正弦波永磁同步电动机可以分为表面正弦波永磁同步电动机和内置正弦波永磁同步电动机两大类。由于这两种类型同步电动机的永磁体结构以及放置的位置有所不同,相应永磁同步电动机的矩角特性也存在差异。

(1) 表面正弦波永磁同步电动机

表面正弦波永磁同步电动机的转子结构如图 2-8 所示。转子永磁体通过环氧树脂牢牢地粘接在转子铁心表面上。

表面正弦波永磁同步电动机具有如下特点:

① 考虑到转子的牢固性,表面正弦波永磁同步电动机一般仅用于低速同步运行的场合,转速一般不超过 3 000 r/min。

② 考虑到永磁材料的相对磁导率较低(近似大于等于 1),永磁体又粘接在转子表面上,因此表面永磁同步电动机的有效气隙较大,而且气隙均匀,转子为隐极式结构。因此,表面正弦波永磁同步电动机有隐极式同步电机的电磁特点。

(2) 内置正弦波永磁同步电动机

内置正弦波永磁同步电动机转子的永磁体被牢牢地镶嵌在转子铁心内部,该结构是为了确保转子磁势和磁场空间呈正弦分布。内置永磁转子永磁体的结构种类较多,图 2-9 是一种典型结构的永磁体转子示意图。

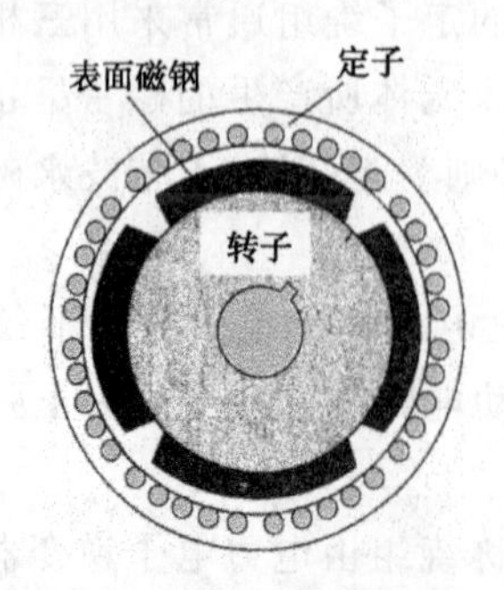

图 2-8　表面正弦波永磁同步电动机的转子结构示意图

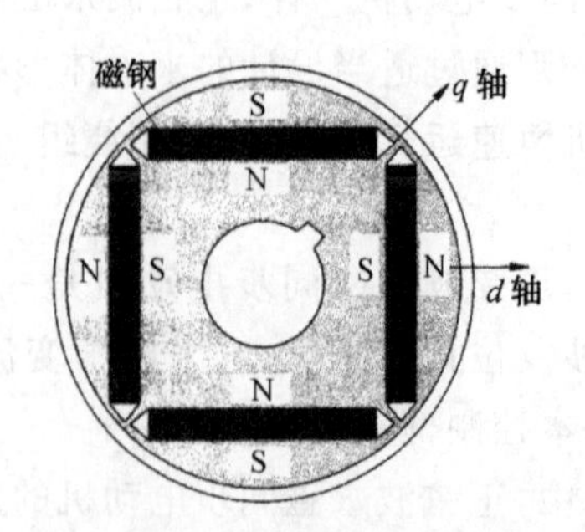

图 2-9　内置正弦波永磁同步电动机的转子结构示意图

内置正弦波永磁同步电动机的特点是：

① 结构简单，运行可靠，适用于高速运行场合。

② 气隙较小，直轴（d 轴）和交轴（q 轴）的同步电抗均较大，电枢反应磁势较大，因而存在相当大的弱磁空间。

③ 直轴的有效气隙比交轴的大（一般直轴的有效气隙是交轴的几倍），因此，直轴同步电抗小于交轴同步电抗。

可见，内置正弦波永磁同步电动机的电磁过程与一般凸极式同步电动机基本相同。

同步电动机是以其转速 n 和供电电源频率 f 之间保持严格的同步关系而命名的，即只要供电电源的频率 f 不变，同步电动机的转速就恒定为常值。永磁同步电动机的定子与异步电动机一样，只是在转子表面贴有（或嵌有）永磁铁（铷铁硼），因此，转子就没有滑环和电刷了，如图 2-10 所示。

当定子的三相绕组通入对称的三相电流后就会产生一个空间旋转磁场，旋转磁场的同步转速 n_0 为：

$$n_0=\frac{60f}{p} \tag{2-2}$$

式中，f 为定子电源频率，p 为电动机极对数。

永磁同步电动机的永磁磁场可以设计得较高，因此永磁同步电动机的功率密度可以做得较大，也就是同容量的永磁同步电动机比异步电动机小很多。此外，永磁同步电动机多极、低速、大力矩的特性非常适用于电梯驱动系统。

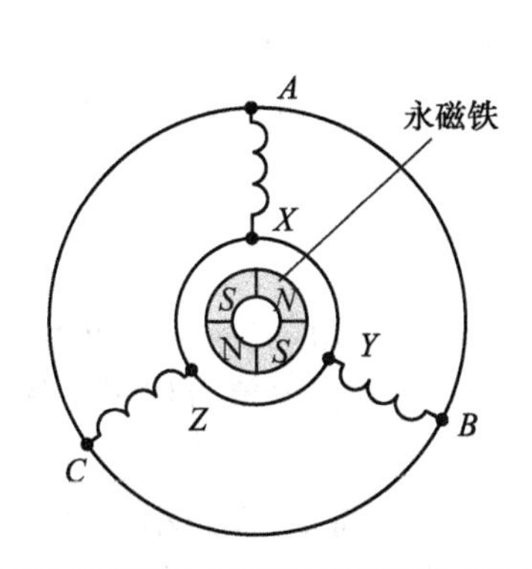

图 2-10　永磁同步电动机结构示意图

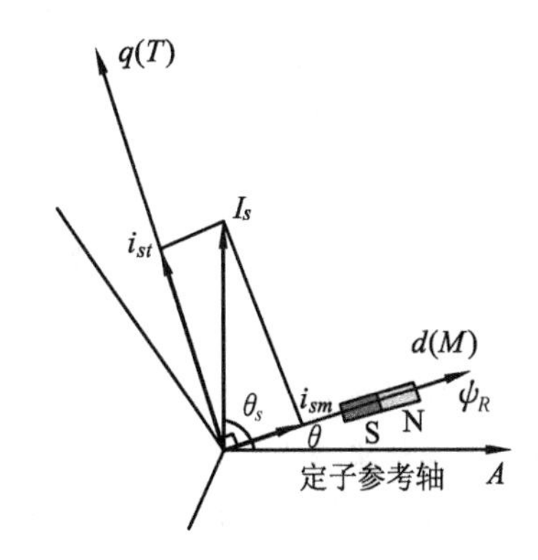

图 2-11　永磁同步电动机矢量图

根据图 2-11 所示的永磁同步电动机矢量图，永磁同步电动机运转前必须设法检测转子的位置 $\theta=\int\omega \mathrm{d}t$ 。然后希望 I_s 与 d 轴，即与 M 轴的夹角 $\theta_s\approx 90°$，这样：

$I_{sm}=I_d=I_m=I_s\cdot\cos\theta_s\approx 0$，即定子电流没有励磁分量；

$I_{st}=I_q=I_s\cdot\sin\theta_s\approx I_s$，即定子电流完全为力矩分量；

所以，$T=C_m\psi_R\cdot I_{st}=C_m\psi_R\cdot I_s$。

所以永磁同步电动机内必须配置转子位置检测器随时检测转子的位置，据此控制定子电流矢量。为使变频器工作在最佳状态，还需使变频器对所驱动的电动机进行参数自学习。

2.1.3 制动器

制动器的功能是保证电梯轿厢的停止位置，防止轿厢移动，保证进出轿厢的人员和货物安全，还能在双速拖动技术不完善的梯种上参与减速平层过程。

制动器一般由电磁铁、制动臂、制动瓦和制动弹簧等组成，如图 2-12 所示。

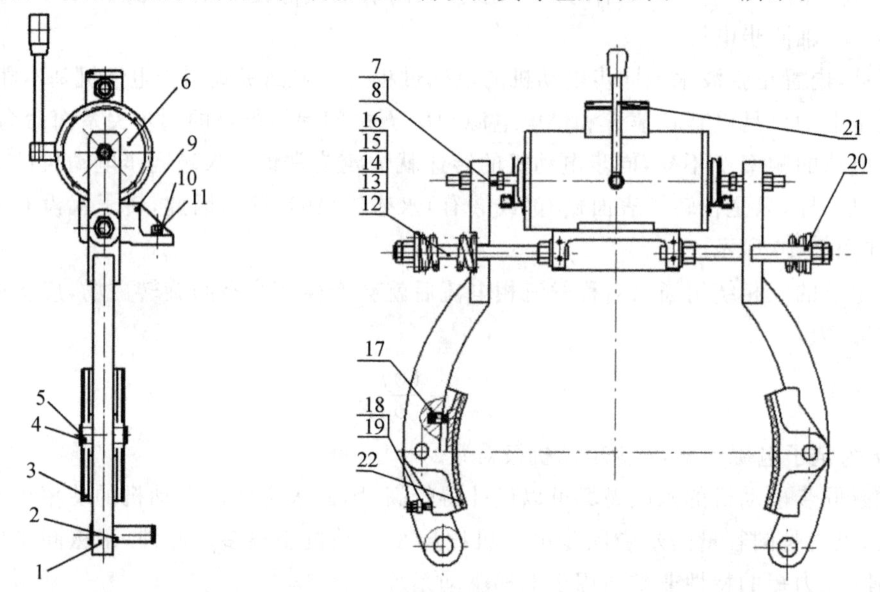

1—制动臂　2—制动臂轴　3—制动瓦　4—制动瓦轴螺钉　5—制动瓦轴　6—磁力器　7—动心轴　8—制动螺栓锁紧螺母　9—磁力器底座　10—磁力器底座固定螺栓　11—弹簧垫片　12—制动弹簧丝轴　13—制动弹簧　14—制动弹簧挡片　15—制动弹簧调整螺母垫片　16—制动弹簧调整螺母　17—紧定螺钉　18—磨损监控开关　19—锁紧螺母　20—制动弹簧座　21—整流控制器　22—摩擦片

图 2-12　制动器结构示意图

当电磁铁线圈获电时，铁芯迅速被磁化吸合，带动制动臂移动，克服弹簧阻力而使轴瓦展开，电梯可以运行。当电磁铁线圈失电时，电磁力消失，铁芯在弹簧力作用下复原，闸瓦抱紧制动轮，电梯停止运行。

电磁铁分交流和直流两种。一般使用直流电磁铁，它构造简单、噪声小、动作平稳。制动臂的作用是传递制动力和松闸力。制动弹簧的作用是向制动瓦提供制动压紧力。

2.1.4 速度检测装置

速度检测装置是用来检测轿厢运行速度，并将其转变成电信号的装置。

常用的速度检测装置有两种类型，反馈信号为模拟信号的一般为测速发电机，反馈信号为数字信号的一般为光电编码器。目前采用光电编码器作为速度检测装置的居多。光电编码器又可分为增量式编码器和绝对式编码器两种。

1. 增量式编码器

增量式编码器将位移转换成周期性的电信号，再把这个电信号转变成计数脉冲，用脉冲的个数表示位移的大小。

增量式光电码盘的结构如图 2-13 所示。光电码盘与转轴连在一起。码盘可用玻璃材料制成，表面镀上一层不透光的金属铬，然后在边缘制成向心的透光狭缝。透光狭缝在码盘圆周上等分，数量从几百条到几千条不等。这样，整个码盘圆周上就被等分成 n 个透光的槽。增量式光电码盘也可用不锈钢薄板制成，然后在圆周边缘切割出均匀分布的透光槽。

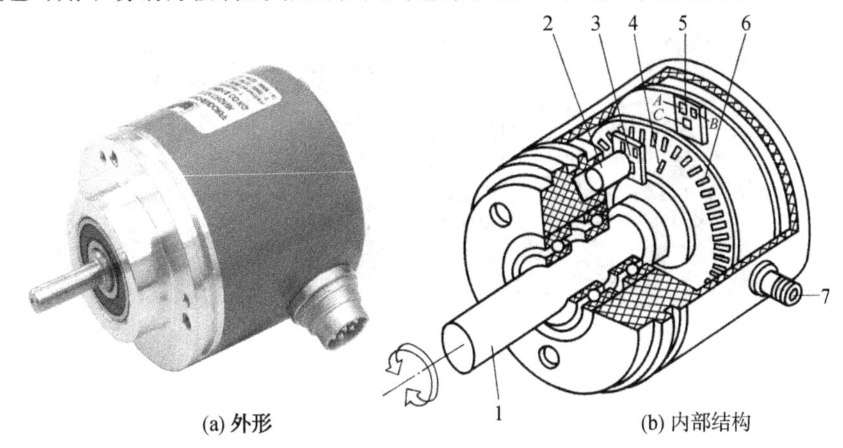

(a) 外形　(b) 内部结构

1—转轴　2—发光二极管　3—光栏板　4—零标志位光槽
5—光敏元件　6—码盘　7—电源及信号线连接座

图 2-13　增量式光电码盘结构示意图

光电码盘的光源最常用的是自身有聚光效果的发光二极管。当光电码盘随工作轴一起转动时，光线透过光电码盘和光栏板狭缝，形成忽明忽暗的光信号。光敏元件把此光信号转换成电脉冲信号，通过信号处理电路后，向数控系统输出脉冲信号，也可由数码管直接显示位移量。

光电编码器的测量准确度与码盘圆周上的狭缝条纹数 n 有关，能分辨的角度 α 为：

$$\alpha=\frac{360^\circ}{n} \tag{2-3}$$

$$分辨率=\frac{1}{n} \tag{2-4}$$

例：码盘边缘的透光槽数为 1 024 个，则能分辨的最小角度 $\alpha=\frac{360^\circ}{1\ 024}=0.352^\circ$。

为了判断码盘旋转的方向，必须在光栏板上设置两个狭缝，其距离是码盘上两个狭缝距离的 $\left(m+\frac{1}{4}\right)$ 倍（m 为正整数），并设置两组对应的光敏元件，如图 2-13 中的 A、B 光敏元件，有时也称为 cos 元件、sin 元件。光电编码器的输出波形如图 2-14 所示。为了得到码盘转动的绝对位置，还须设置一个基准点，如图 2-14 中的“零标志位光槽”。码盘每转一圈，零标志位光槽对应的光敏元件产生一个脉冲，称为“一转脉冲”，见图 2-14 中的 C_0 脉冲。

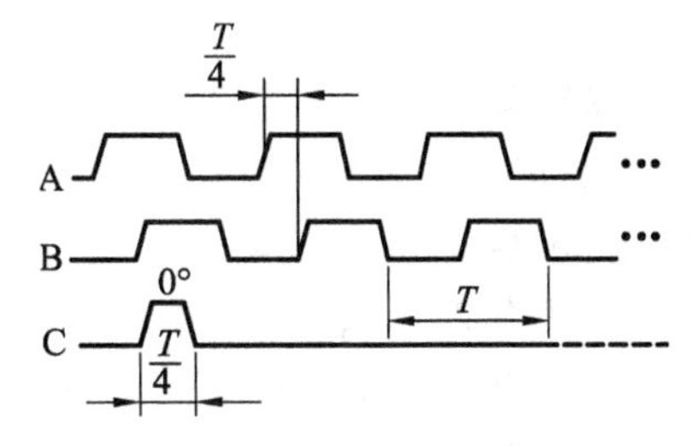

图 2-14　光电编码器的输出波形

图 2-15 给出了编码器正反转时 A、B 信号的波形及其时序关系。当编码器正转时 A 信号的位相超前 B 信号 90°，如图 2-15(a)所示；反转时则 B 信号的相位超前 A 信号 90°，如图 2-15(b)。A 和 B 输出的脉冲个数与被测角位移变化量呈线性关系，因此，通过对脉冲个

数计数就能计算出相应的角位移。根据A和B之间的这种关系正确地解调出被测机械的旋转方向和旋转角位移/速率就是所谓的脉冲辨向和计数。脉冲的辨向和计数可用软件实现，也可用硬件实现。

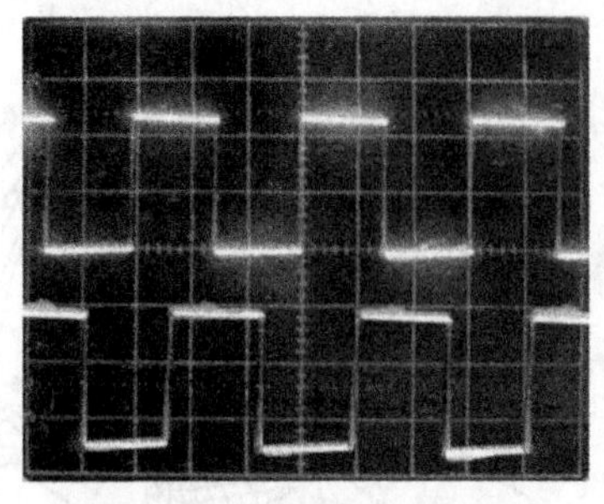

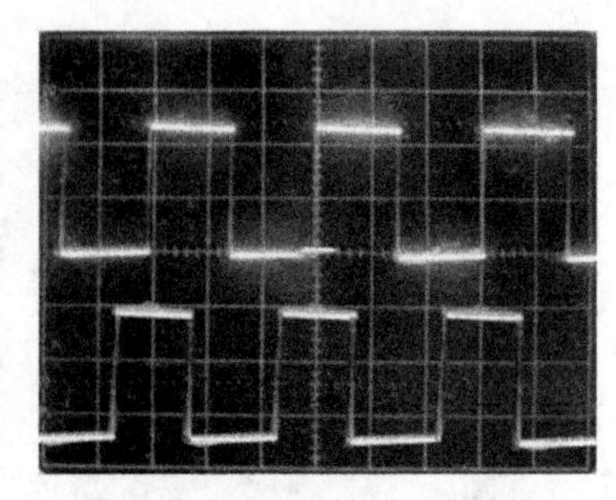

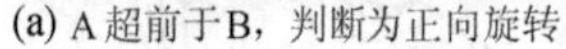

(a) A超前于B，判断为正向旋转　　(b) A滞后于B，判断为反向旋转

图 2-15　光电编码器正反向旋转判别图

2. 绝对式编码器

绝对式编码器的每一个位置对应一个确定的数字码，因此它的示值只与测量的起始和终止位置有关，而与测量的中间过程无关。

旋转增量式编码器以转动时输出脉冲，通过计数设备来知道其位置，当编码器不动或停电时，依靠计数设备的内部记忆来记住位置。这样，停电后，编码器不能有任何的移动，当来电工作时，编码器输出脉冲过程中也不能有干扰而丢失脉冲，不然，计数设备记忆的零点就会偏移，而且这种偏移的量是无从知道的，只有错误的生产结果出现后才能知道。

绝对式编码器因其每一个位置绝对唯一、抗干扰、无需掉电记忆，已经越来越广泛地应用于各种工业系统中的角度、长度测量和定位控制。

绝对式编码器光码盘上有许多道刻线，每道刻线依次以2线、4线、8线、16线……编排，这样，在编码器的每一个位置，通过读取每道刻线的通、暗，获得一组从2的零次方到2的$n-1$次方的唯一的2进制编码(格雷码)，因而这类编码器又称为n位绝对编码器。这样的编码器的示值是由码盘的机械位置决定的，它不受停电、干扰的影响。

绝对式编码器由于在定位方面明显地优于增量式编码器，因而已经越来越多地应用于工控定位中。绝对式编码器因其高精度，输出位数较多，如果仍用并行输出，其每一位输出信号必须确保连接很好，对于较复杂工况还要隔离，连接电缆芯数多，由此带来诸多不便和可靠性降低，因此，多位数输出型绝对式编码器一般均选用串行输出或总线型输出，德国生产的绝对式编码器串行输出最常用的是海德汉1387型，如图2-16。

图 2-16　海德汉 1387 型编码器

绝对式编码器又可分为单圈绝对式编码器和多圈绝对式编码器两类。旋转单圈绝对式编码器，在转动中测量光码盘各道刻线，以获取唯一的编码，当转动超过360°时，编码又回到原点，这样就不符合绝对编码唯一的原则，这样的编码器只能用于旋转范围360°以内的测量，故由此得名。

如果测量范围超过360°，就要用到多圈绝对式编码器。

编码器生产厂家运用钟表齿轮机械的原理，当中心码盘旋转时，通过齿轮传动另一组码盘（或多组齿轮，多组码盘），在单圈编码的基础上再增加圈数的编码，以扩大编码器的测量范围，这样的绝对式编码器就称为多圈绝对式编码器，它同样是由机械位置确定编码，每个位置编码唯一不重复，而无需记忆。

多圈绝对式编码器另一个优点是由于测量范围大，实际使用往往富余较多，这样在安装时不必要费劲找零点，将某一中间位置作为起始点就可以了，从而大大简化了安装调试难度。

多圈绝对式编码器在长度定位方面的优势明显，已经越来越多地应用于工控定位中。

2.1.5　电梯控制柜

控制柜是各种电子器件和电器元件安装在一个有防护作用的柜形结构内的电控设备。电梯控制柜（如图 2-17）是整个电梯的控制中心，它担负着电梯运行过程中各类信号的处理、起动与制动、调速等过程的控制及安全检测几大职能。

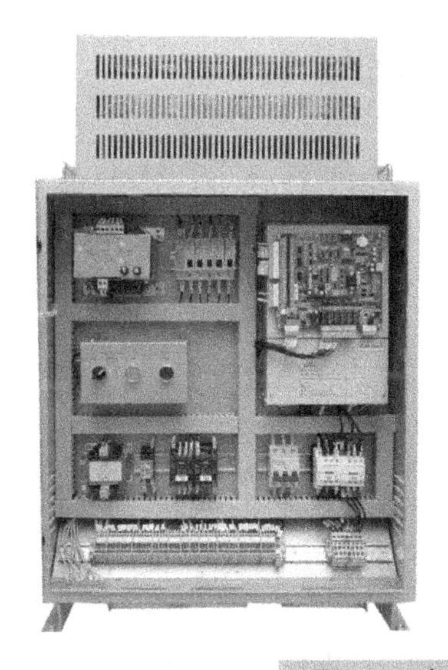

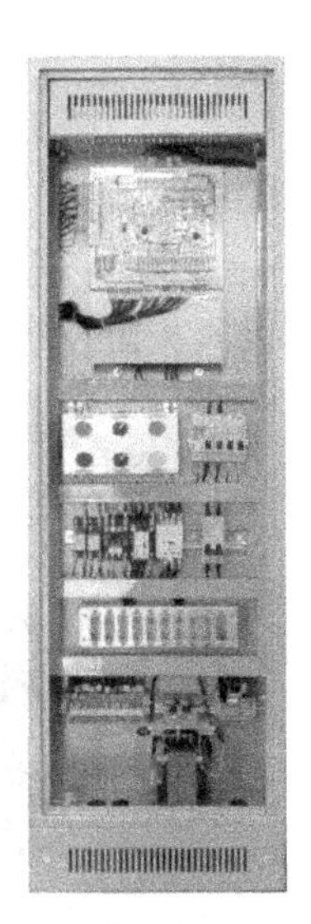

图 2-17　电梯控制柜

控制柜通常由逻辑信号处理、驱动调速和安全检测三大主要部分组成，主要配备有逻辑控制器（PLC 或微机板）、变频器（如果有）、接触器、继电器、变压器、整流器（如果有）、熔断器、开关、检修按钮等电器元件，用导线相互连接，以控制曳引电动机拖动电梯轿厢起动、运行和制动。控制柜一般安装在机房内。

电梯控制柜中主要有以下电气元器件：

1. 空气断路器

空气断路器（如图 2-18）又叫自动空气开关或低压断路器，相当于刀开关、熔断器、热继电器、过电流继电器和欠压继电器的组合，是一种既有手动开关作用又能自动进行欠压、失压、过载和短路保护的电器。

空气断路器主要由触头系统、操作机构和保护元件三部分组成。其主要参数是额定电压、额定电流和允许切断的极限电流。所选择空气断路器的允许切断极限电流应略大于线路最大短路电流。

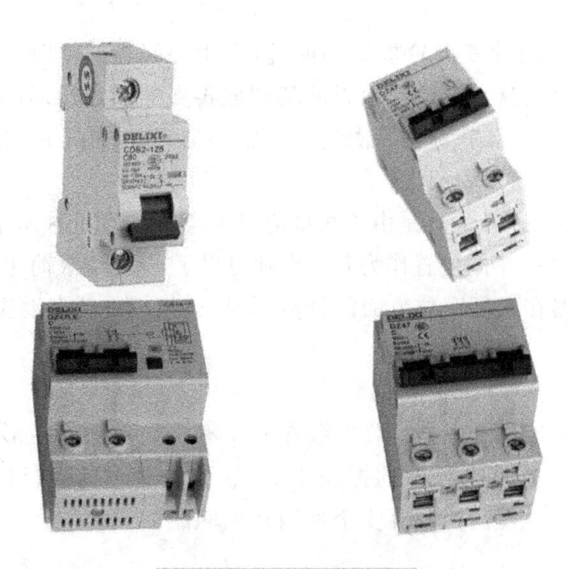

图 2-18　空气断路器

2．交流接触器

电梯上使用的接触器一般为交流接触器。如图 2-19 所示，交流接触器由电磁系统、触头系统、灭弧装置及机构附件组成。

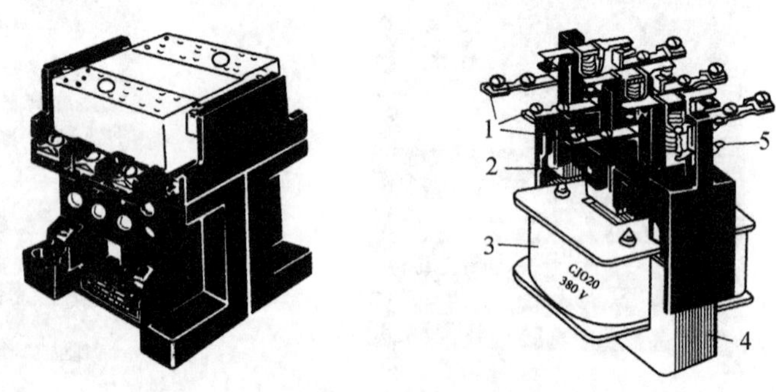

1—主触头　2—动铁芯　3—电磁线圈　4—静铁芯　5—熔断器

图 2-19　交流接触器

电磁系统又包括电磁线圈和静、动铁芯。静铁芯在下，动铁芯在上，电磁线圈在静铁芯上。当电磁线圈通电时，静、动铁芯即被吸合。触头系统包括一组三相主触头及两个常开辅助触头和两个常闭辅助触头。主触头和动铁芯连在一起。主触头为双断口，用来接通主电路。辅助触头则接在控制回路中，以实现各种控制方式。灭弧装置一般为陶瓷制成的栅式灭弧罩，用来及时熄灭因断开大电流而产生的电弧。

另外，很多接触器都自带灭弧装置。在主回路有很大电流通过的情况下，串联在主回路的触点在分断时将出现电弧。为消除电弧，防止短路和烧坏触头，一般接触器都带有灭弧装置，灭弧装置一般都采用桥式触点（双断点）的磁吸系统或灭弧栅系统。

3．电压继电器

电压继电器是电梯控制线路大量采用的继电器，其电磁线圈的特点是导线细、匝数多，如图 2-20 所示。

电压继电器的电磁线圈应并联在电网上。配置带强制性导向接点系统的继电器(如图2-21)是满足系统高安全要求的前提条件。

图2-20　电压继电器

图2-21　安全继电器

安全系统必须对一些误操作能够预测并避免,这就提出了两个保护回路的要求:一是设备总是在安全的条件下关闭;二是在未排除故障的情况下,不能重新开启设备,这意味着能够监测故障。前者通过较多的回路来实现;后者通过带强制性导向接点系统的继电器来实现。

4. 热继电器

热继电器(如图2-22)是利用负载电源在电器的热元件上发热的作用来工作的,它一般用于电动机过热保护。

热继电器由感温元件(热元件)、常闭触点、动作机构复位按钮和电流装置组成。热继电器的工作原理是:当过载电流通过双金属片时,双金属片受热膨胀;由于两片金属的膨胀系数不同,金属片将弯向膨胀系数小的一面,利用这种弯曲推动动作机构,从而断开热继电器的常闭触点,切断控制电路,保护电动机。

图2-22　热继电器

热继电器有人工复位和自动复位两种状态,自动复位时间一般在30 s左右。

一般而言,当实际电流达到或超过1.2倍“设定电流”时热继电器便要动作,动作范围可详见热继电器的产品说明。一般电流越大,热继电器动作时间越短。

图2-23　相序继电器

5. 相序继电器

相序继电器(如图2-23)是具有断相和错相保护作用的一种继电器。当50 Hz的380 V三相交流电断相、错相时,相序继电器激发出信号,从而保证电梯的使用安全。

三相输入电压中任一相或二相断路时,相序继电器内装小型继电器释放。一相断路时,红色信号灯亮。二相断路时,红色信号灯不亮。

三相输入电源中，任意调换二相输入线，相序继电器内装小型继电器状态相反，红色信号灯亮。

正常工作时相序继电器内小型继电器吸合。常闭触点串联在电梯安全回路中，当有不正常信号时，就及时断开安全回路，电梯立即急停。

6. 变压器

变压器(如图 2-24)是由一个闭合磁路和绕在铁芯上的原线圈和副线圈组成的。为了得到多种不同的变换电压，副线圈可由几个线圈组成。为了解决网路波动问题，又在原线圈和副线圈中分别设置一些抽头。

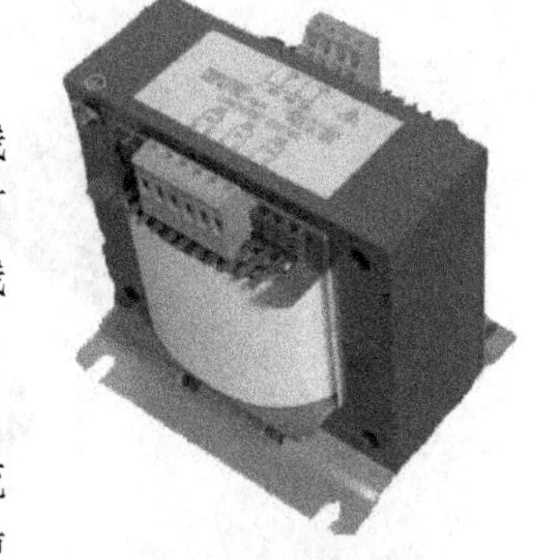

图 2-24 变压器

7. 整流器

桥式整流器(整流桥)是由四只整流二极管按桥式全波整流电路的形式连接后封装成的整流器件，也称“硅桥”或“桥堆”，使用方便。其工作原理如图 2-25 所示。

桥式整流电路工作时的电流方向

T_r 1 2 u_1 u_2 D_4 D_1 D_3 D_2 R_L U_L + -

D_1、D_3 导通时的电流方向 →

T_r 1 2 u_1 u_2 R_L U_L + -

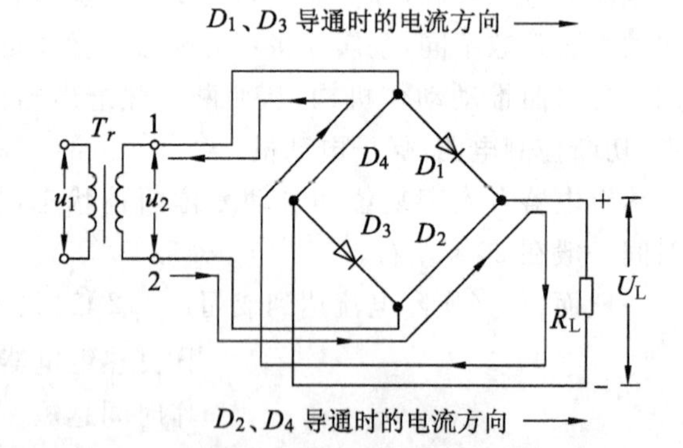

图 2-25 整流桥及其工作原理

桥式整流电路克服了全波整流电路要求变压器次级有中心抽头和二极管承受反压大的缺点，但多用了两个二极管。在半导体器件发展快、成本较低的今天，此缺点并不突出，因而桥式整流电路在实际中应用较为广泛。

8. 电梯控制器

随着自动控制理论与微电子技术的发展，电梯的拖动方式与控制手段均发生了很大的变化。早期安装的电梯多为继电器控制方式，其最大缺点是故障率较高，可靠性差。安全性是电梯运行的首要问题，因而这类控制系统的更新换代和技术改造势在必行、迫在眉睫。PLC(可编程逻辑控制器，如图 2-26)作为新一代工业控制器，以其高可靠性和技术先进性，在电梯控制中得到了日益广泛的应用，这是电梯由传统的继电器控制方式发展为计算机控制的一个重要方向。

专业电梯控制系统厂商推出的微机控制器智能化更高、功能更强、调试与维护更方便。

电梯微机控制器的主板(如图 2-27)、操纵盘板、呼梯板的核心芯片很多采用 16 位或 32 位处理器；软件设计功能齐备，参数设置界面友好，调试及故障诊断信息充分。

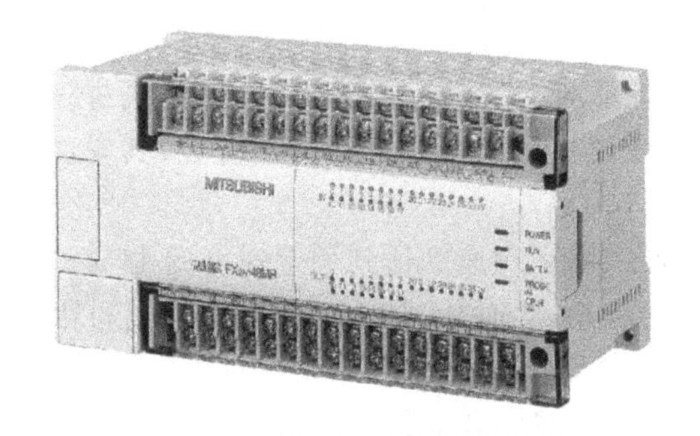

图 2-26　可编程逻辑控制器

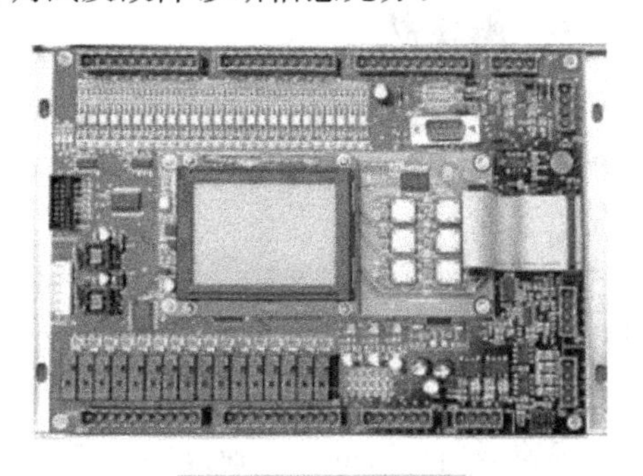

图 2-27　微机板

通信方式大多采用串行通信(RS485 或 CANBUS 总线)。

9. 变频器

变频调速技术的引入，是交流驱动和直流驱动优点的组合。变频器(如图 2-28)可以为与它相连的交流电动机提供频率、电压可变的三相电源。

将变频技术应用于电梯不但可以使电梯在平层精度上的提高成为可能，而且在运行舒适感和系统节能方面都有显著改善。

目前的变频器主要有直接变频型、电流间接型和电压间接型三种类型。

图 2-28　变频器

10. 制动电阻

变频器在带大位能负载高速下放时，从高速减至零速。从机械特性上分析，电动机产生与转速方向相反的大于负载的制动转矩，以保证负载在下降过程中减速，电动机工作在制动状态；从能量角度分析，电动机处于发电状态，大量机械动能和重力位能转化为电能，除部分消耗在电动机内部铜损和铁损外，大部分电能经逆变器反馈至直流母线，使直流母线电压升高。普通变频器没有向电网逆变的功能，往往需要靠制动单元控制，将过量的电能消耗在制动电阻(如图 2-29)上。如果电能在短时间内不能释放，就会使直流母线电压过高，导致变频器发生过压故障。

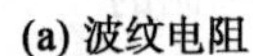

(a) 波纹电阻

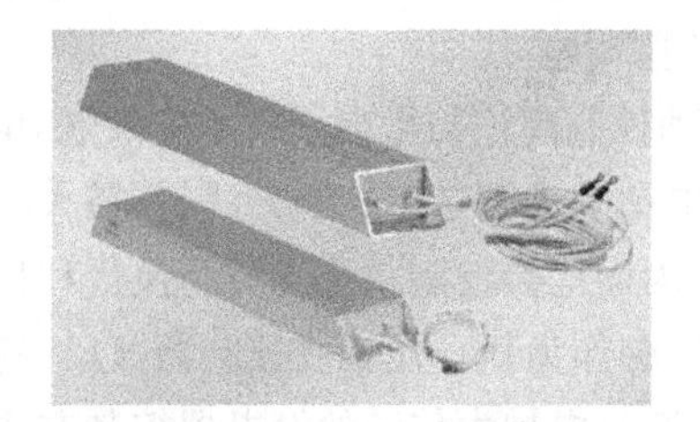

(b) 铝壳电阻

图 2-29　制动电阻

2.1.6　限速器

限速器是当电梯的运行速度超过额定速度一定值时，其动作能切断安全回路或进一步导致安全钳或上行超速保护装置起作用，使电梯减速直到停止的自动安全装置，其安装位置如图 2-30 所示。

限速器随时监测轿厢的实际运行速度，当轿厢实际运行速度达到额定速度的 115％时，限速器上的联动机构首先将非自动复位开关接点断开，从而断开安全电路，然后通过限速器绳带动安全钳动作。

限速器出厂时的动作速度整定铅封应保持完好，不得随意拆封和调整。

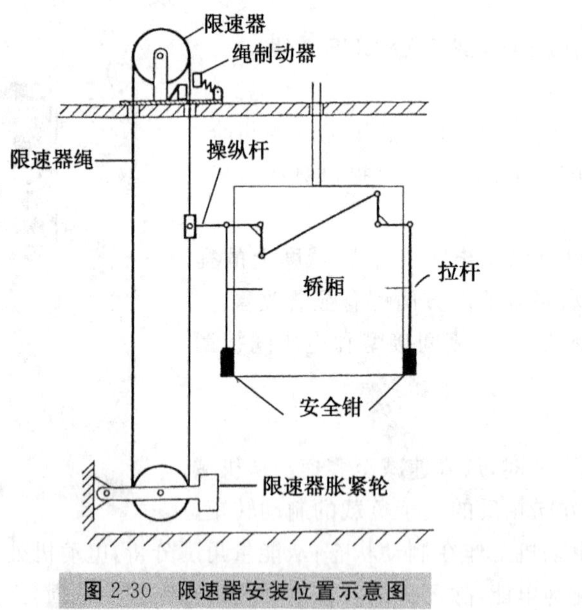

图 2-30　限速器安装位置示意图

图 2-31　夹绳器

2.1.7　夹绳器

夹绳器(如图 2-31)是一种上行超速保护装置，当电梯上行超速时，通过夹紧曳引钢丝绳，使电梯减速。

2.1.8 机房主开关

机房主开关(如图 2-32)用于控制电梯所有供电电路的断通。GB 7588—2003《电梯制造与安装安全规范》中指出,主电源开关操作中不应切断下列电路:轿厢照明或通风、轿顶电源插座、机房和滑轮间照明、机房内电源插座、电梯井道照明、报警装置。

(a) 电源箱

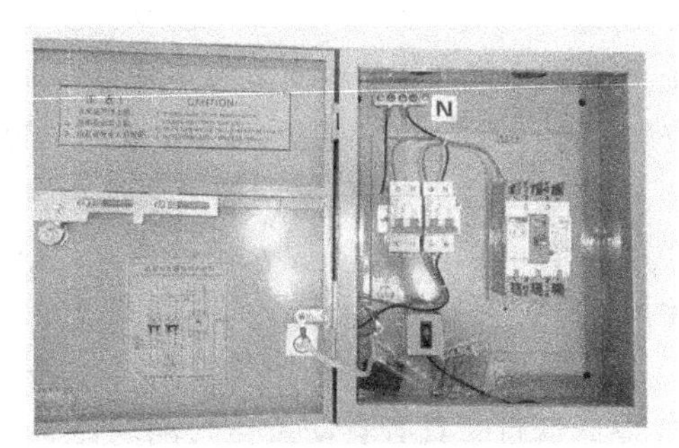

(b) 主开关

图 2-32 机房主开关

2.1.9 断电平层装置

电梯断电平层装置也称应急自动平层控制装置,适用于电网异常时电梯的应急运行。它依靠自身配置的蓄电池存贮能量,在电梯因突然停电、缺相等原因被困于井道中时,自动测试,自动投入运行,输出低频的三相正弦电流驱动电梯电动机,使轿厢合理地运行至平层,打开轿门及厅门,让乘客安全离开。

下面以沈阳蓝光电梯 SJT - YJ 型电梯应急自动平层控制装置为例,介绍断电平层装置。

1. 结构

(1) 自动充电电路

自动充电电路由结构简单、安全可靠的浮充电电路组成,以提高蓄电池的使用寿命。该电路自动检测蓄电池电压,当电压低于一定值时,自动开始充电,当蓄电池充足电(即电压高于一定值)后,自动停止充电,如此循环,保证了电梯应急运行的能量供应。

(2) 单相逆变电路

该电路采用了先进的中频开关电源技术,变压器的工作频率很高,在容量相等的情况下变压器体积大为减小,简化了系统电源结构,增加了可靠性。该单元用以产生 110 V 直流电和提供三相逆变部分的隔离驱动电源。

(3) 接口电路

接口电路由单片机输入、输出接口及接触器、继电器接口电路组成,具有可靠的电气互锁结构。单片机输入接口全部采用光电隔离,输出接口均具有功率驱动。接口部分简单、灵活、可靠。

(4) 控制部分

该部分以单片计算机为核心,配合专用集成电路及接口电路,在精心设计的软件控制下,实现电梯状态信息的获取,完成应急运行全部功能。

单片机配置了较为先进的具有电源电压失效保护功能的"看门狗"电路，以避免程序的"跑正"和"死机"现象。

软件设计中采用了数字滤波、程序冗余等技术。

(5) 蓄电池组

蓄电池组由 4 块 12 V 高质量免维护蓄电池组成。

2. 功能

① 可靠的电气互锁结构使电梯正常运行时，该装置与电梯控制柜信号可靠隔离，并确保电梯应急运行时不受外电网突然恢复的影响，待应急运行结束后，电梯方可恢复正常运行。

② 本装置的切入条件：电网停电或缺相且电梯不处在检修状态且开门 5 秒钟。

③ 本装置的运行条件：切入条件成立，且电梯不在门区，安全回路及门连锁信号正常，电梯才可运行。

④ 若装置切入条件成立，电梯已在门区，安全回路及门连锁信号正常，则电梯立即开门。

⑤ 应急运行时具有自动重载检测功能。当检测到当前运行方向重载时，自动换向，向轻载的方向就近平层。

⑥ 具有平层准确度调整功能，平层精度可达±15 mm。

⑦ 具有最长运行时间、开门时间及切入时间调整功能。

⑧ 可提供应急运行时的轿厢应急照明。

⑨ 本装置的断开条件：完成一次应急运行或最长运行时间(120 s)到达。后者即为应急运行时间保护功能。

⑩ 本装置应急运行结束后，自动进入守候状态。

⑪ 具有自动检测蓄电池容量功能，开始和停止充电由系统自动控制。对蓄电池具有低压保护功能。

⑫ 通用的逻辑判断及处理模块设计可使该装置与多梯种配套使用，通用性强。

2.2 电梯井道电气部件

电梯井道电气部件通常包括操纵箱(壁)、门机和防护装置、称重装置、轿顶检修装置、轿厢安全装置、底坑检修盒、缓冲器、端站终端保护装置、井道照明、电线电缆、位置显示装置以及轿厢报站装置等。

2.2.1 操纵箱

操纵箱是通过开关、按钮操纵轿厢运行的电气装置，一般安装于轿厢内壁上，主要用于乘客进入轿厢后，操作电梯上下运行及到达目标楼层登记相关指令。操纵箱面板(如图 2-33)上一般有楼层显示、轿内楼层指令按钮、开关门按钮、警铃按钮、对讲按钮、电梯运行状态选择开关、照明开关、风扇开关、上下行选择按钮及其他特殊功能按钮。

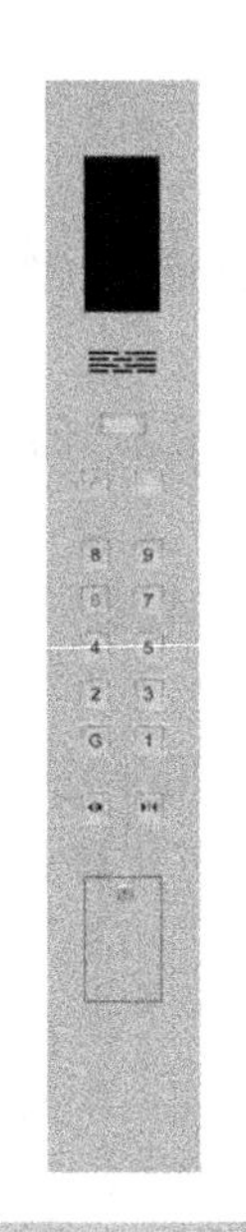

图 2-33　操纵箱面板

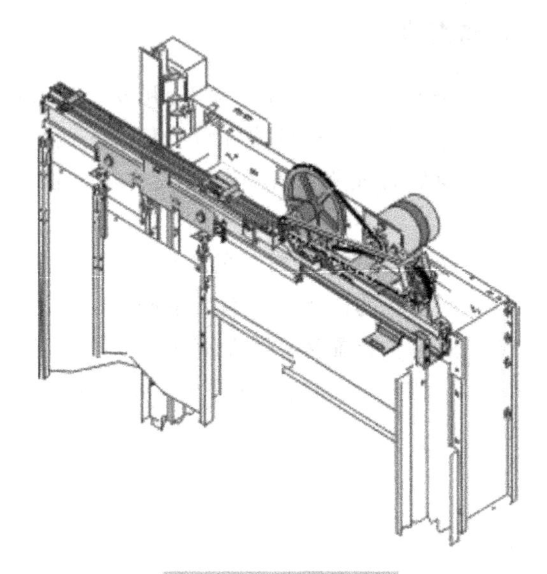

图 2-34　门机系统

2.2.2　门机和防护装置

门机是使轿门和(或)厅门开启或关闭的装置。

电梯的厅门、轿门是井道与轿厢出入口的安全防护装置屏障。

门机系统(如图 2-34)由门机、轿门、厅门、厅门自闭装置、门锁和门刀组成。

防护装置主要是指关门防夹装置，除关门行程最后 50 mm 外，在其他行程内该装置都应能对进出厅、轿门的乘客和货物予以防夹保护。

关门行程$\frac{1}{3}$后，当关门阻挡力大于 150 N 时，关门力限制器动作，切断关门回路，马上接通开门回路，反向开门。

构成关门力限制器的测定结构通常有橡胶块式、压簧式和电流测定式三种。

关门防夹检测装置有接触式(安全触板式)和感应式(光电式，不接触)两种，其中感应式防夹检测装置又可分为 2D 光幕传感器和 3D 光幕(如图 2-35)传感器。

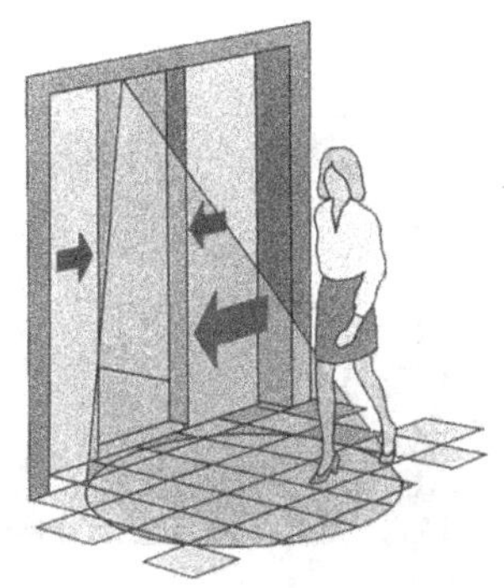

图 2-35　3D 门光幕

2.2.3 称重装置

称重装置是能检测轿厢内载荷值，并发出信号的装置，一般安装于轿箱底部或是钢丝绳绳头位置。称重装置有机械式和负载传感式两种形式。

机械式称重装置又称为称重开关式称重装置，可以输出超载、满载和最小负载这些开关量信号。

图 2-36 所示是一种较为常见的机械式称重装置，称为三点式称重开关。三个开关的安装高度依据不同负载的检测需求有所不同。

负载传感式称重装置又称为距离传感式称重装置（如图 2-37），用于连续测定轿厢内的载荷大小，又分为电流式和电压式两种。电梯中通常使用电压式称重传感器。

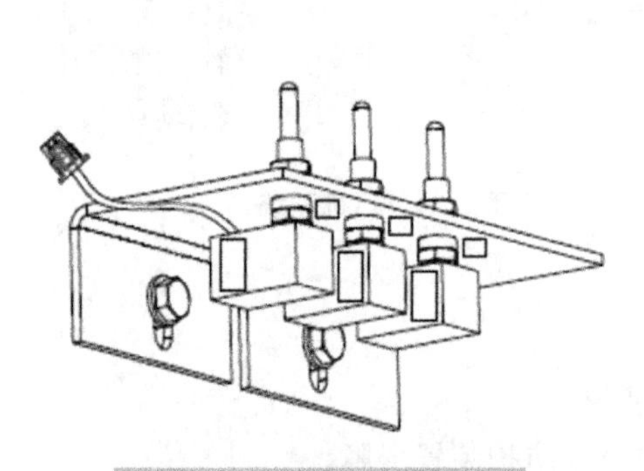

图 2-36　机械式称重装置

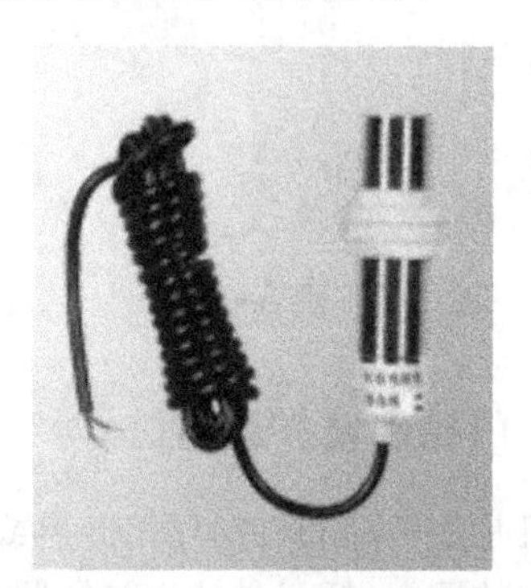

图 2-37　负载传感式称重装置

2.2.4 轿顶检修装置

轿顶检修装置是设置在轿顶上方，供检修人员检修时使用的装置，主要由轿顶接线盒（如图 2-38）和轿顶检修盒（如图 2-39）组成。

轿顶接线盒设置在轿顶靠近轿内操纵箱一侧，轿厢以及轿顶所有配线通过该接线盒与随行电缆相连接，转接传送相关信号。

轿顶检修盒主要用作检修人员在轿顶上操作电梯慢行运行以进行检修，该检修盒上有急停（红色），上、下运行和状态转换（检修状态与正常状态）开关。

图 2-38　轿顶接线盒

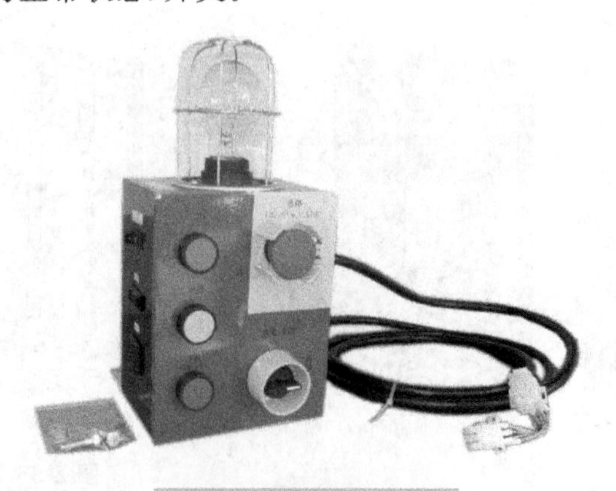

图 2-39　轿顶检修盒

2.2.5　轿厢安全装置

轿厢安全装置一般由轿厢安全窗、安全钳以及轿厢固定装置等组成。

轿厢安全窗(轿厢紧急出口)是在轿厢顶部向外开启的封闭窗,供安装、检修人员使用或发生事故时作为救援和撤离乘客的轿厢应急出口。窗上装有当窗扇打开或没有锁紧即可断开安全回路的开关。

安全钳(如图 2-40)是限速器动作时,使轿厢或对重停止运行保持静止状态,并能夹紧在导轨上的一种机械安全装置。安全钳动作前,首先由限速器钢丝绳拉动安全钳拉杆,再带动安全钳开关动作,从而切断安全回路,使曳引制动器制动抱闸。

安全窗与安全钳都是电梯安全必不可少的安全部件。

轿厢固定装置(如图 2-41)是一种用于对电梯轿厢进行固定的安全装置。利用分布在电梯轿厢导轨上的固定装置,可防止电梯轿厢发生意外移动并限制其运行路径。

图 2-40　安全钳

图 2-41　轿厢固定装置

2.2.6　底坑检修箱

底坑检修箱(如图 2-42)是专为保证进入底坑的电梯检修人员的安全而设置的。

底坑检修箱应安装在检修人员开启底坑厅门后就能方便摸到的位置。

在底坑检修箱上安装有非自动复位的急停开关(红色蘑菇按钮),用于切断电梯运行控制电路,当离开底坑时应将其手动复位。

另外,底坑检修箱上还有底坑照明开关及相关的电源插座。

图 2-42　底坑检修箱

2.2.7 缓冲器及缓冲开关

缓冲器是位于行程端部，用来吸收轿厢或对重动能的一种缓冲安全装置。

缓冲器是电梯机械安全系统中的最后一道保障，安装位置在电梯井道底坑内，当轿厢或对重撞底时起缓冲作用。

缓冲器有弹簧缓冲器和液压缓冲器两种。只有在电梯速度≤1 m/s 时，才使用蓄能型缓冲器——弹簧缓冲器[如图 2-43(a)]。弹簧缓冲器不需安装缓冲器开关。当采用液压缓冲器[如图 2-43(b)]时，应安装有相应的缓冲器开关。

(a) 弹簧缓冲器

(b) 液压缓冲器

图 2-43 缓冲器

2.2.8 平层装置

平层装置(如图 2-44)是设置在平层区域内，使轿厢达到平层准确度要求的装置。

平层感应板(如图 2-45)是可使平层装置动作的板。

平层装置通常由上平层、下平层和门区三部分组成，一般由磁性干簧管、双稳态磁性开关或光电开关等元器件构成。

图 2-44 平层装置

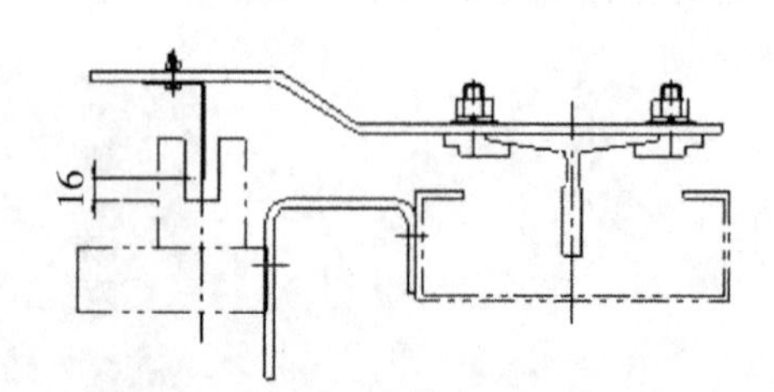

图 2-45 平层感应板示意图

几种典型的平层装置(平层感应器)安装如图 2-46 所示。

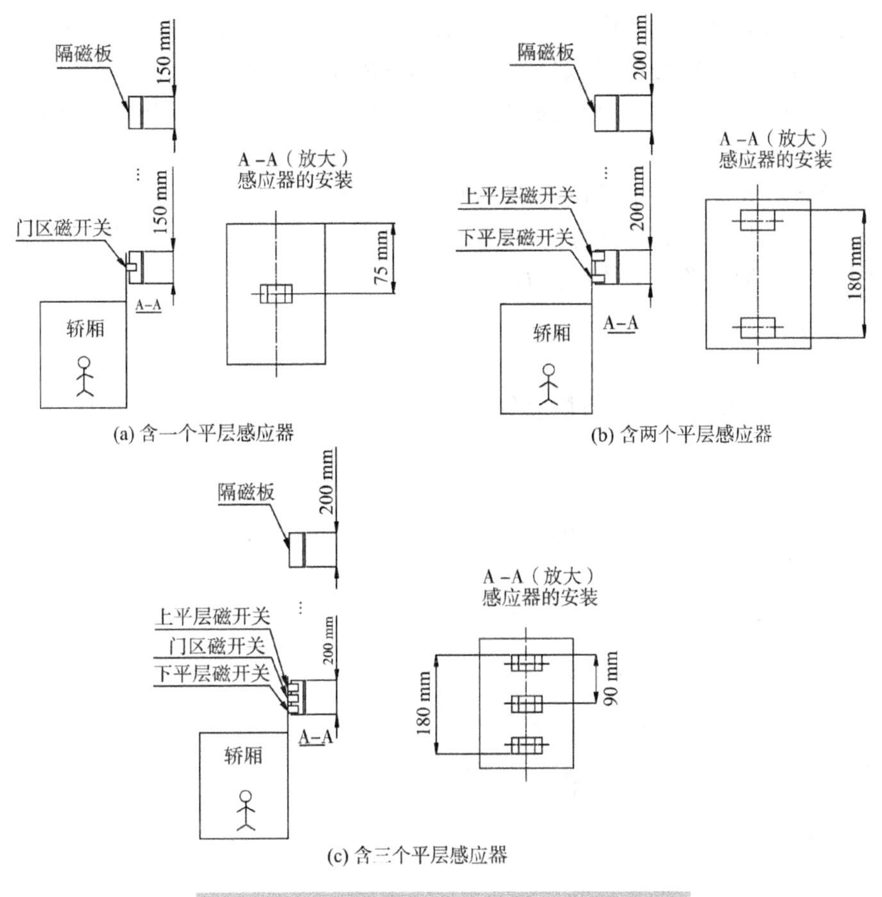

图 2-46　几种典型的平层感应器安装示意图

2.2.9　端站终端保护装置

为了防止终端越位，导致冲顶和蹲底事故，在井道顶端和底端必须设置强迫减速开关、端站限位开关和终端极限开关(如图 2-47)等端站终端保护装置。

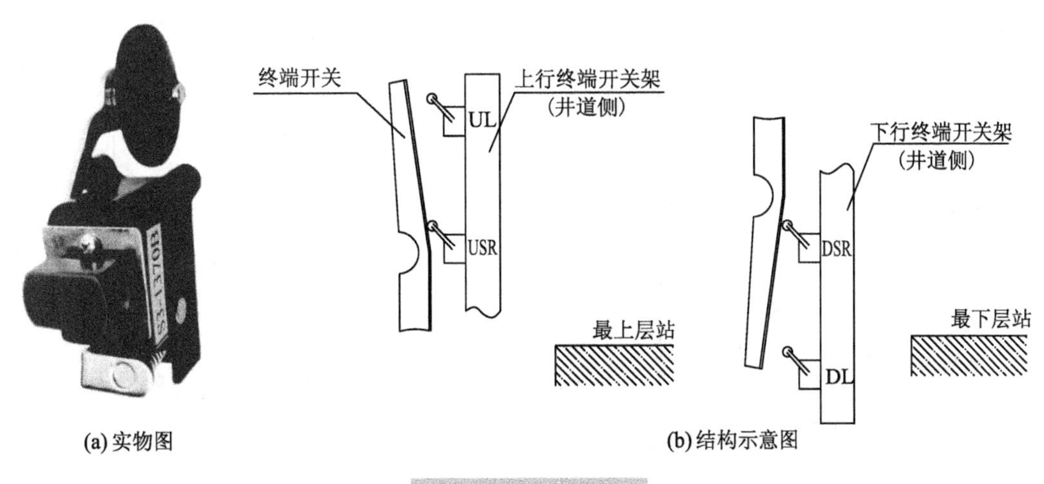

图 2-47　终端开关

强迫减速开关通常在正常换速点相应位置动作，保证电梯有足够的换速距离。

若强迫减速开关未能使电梯减速停止，则端站限位开关动作，迫使电梯停止。上限位动作后，电梯仍能下行应答下面层站的召唤；同样，下限位动作之后，电梯仍能上行应答上面层站的召唤。

当轿厢运行超越端站停止后，在轿厢对重装置接触缓冲器之前，终端极限开关动作，强迫电梯停止。终端极限开关通常有机械碰撞式和电离空气开关式两种形式。

井道中终端极限开关的具体位置如图 2-48 所示。

2.2.10 井道照明

底坑、井道应安装永久性的检修电气照明，主要是为了在维修期间，即使门全部关上，井道也能被照亮。

距离井道的最高点与最低点 0.5 m 处应各设一盏照明灯，中间每盏灯之间间隔不得大于 7 m，底坑内还应装配一个单相电源三线插座，如图 2-49 所示。

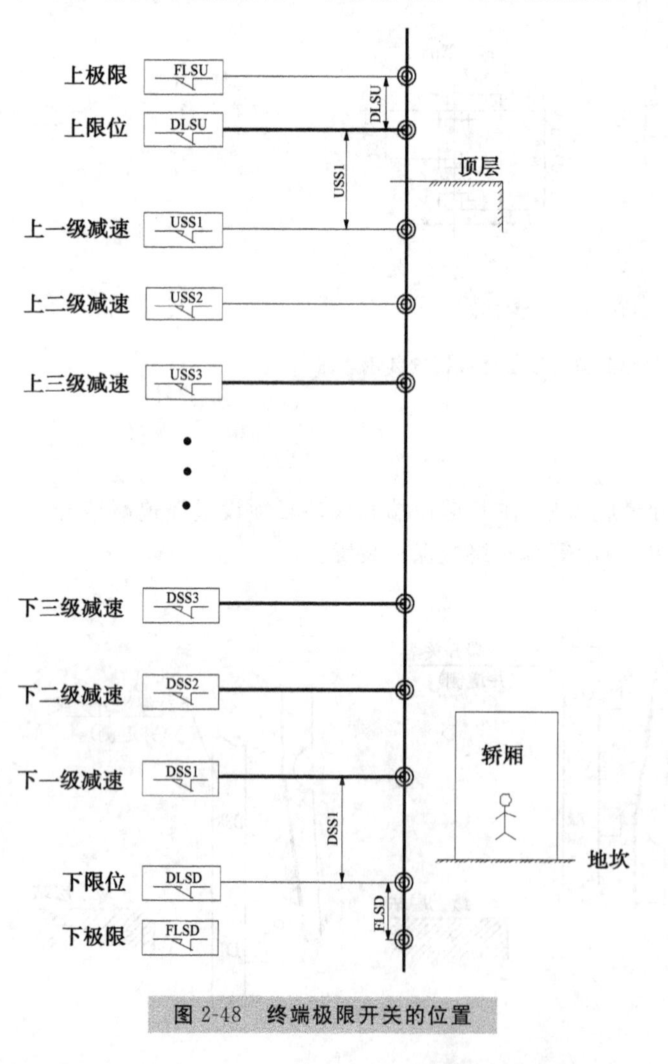

图 2-48　终端极限开关的位置

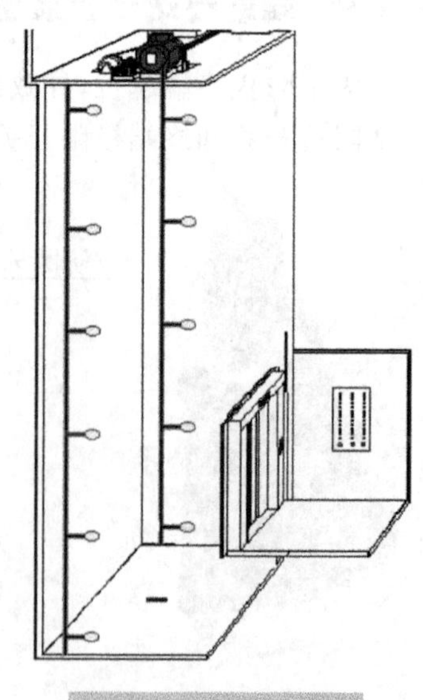

图 2-49　井道照明

2.2.11 电线电缆

电缆的型号由八部分组成：

① 用途代码——不标为电力电缆,K 为控制缆,P 为信号缆；

② 绝缘代码——Z 为油浸纸,X 为橡胶,V 为聚氯乙烯,YJ 为交联聚乙烯；

③ 导体材料代码——不标为铜,L 为铝；

④ 内护层代码——Q 为铅包,L 为铝包,H 为橡套,V 为聚氯乙烯护套；

⑤ 派生代码——D 为不滴流,P 为干绝缘；

⑥ 外护层代码——V 为聚氯乙烯,Y 为聚乙烯,电力电缆控制电缆外有外护套表示,橡套电缆基本没有外护套表示；

⑦ 特殊产品代码——TH 为湿热带,TA 为干热带；

⑧ 额定电压,单位 kV。

应用于电梯的电缆(如图 2-50)规格一般有：

RVV——聚氯乙烯绝缘软电缆,用于信号回路控制；

VVR——聚氯乙烯绝缘聚氯乙烯护套电力电缆,用于动力线回路控制；

TVVBP——扁型聚氯乙烯护套电缆,用于信号回路控制,主要应用于随行电缆。

随行电缆用于传输控制柜与轿厢间的信息。

随行电缆是井道电线电缆最重要的组成部分,主要包括随行电缆和随行电缆架。

随行电缆架应安装在电梯正常提升高度 1/2 H＋1.5 m 的井道壁上,并设置电缆中间固定卡板固定。

轿底应装有轿底电缆架,并做二次保护。随行电缆通常有两种不同结构:圆形电缆与扁电缆(如图 2-51)。

图 2-50 应用于电梯的电缆

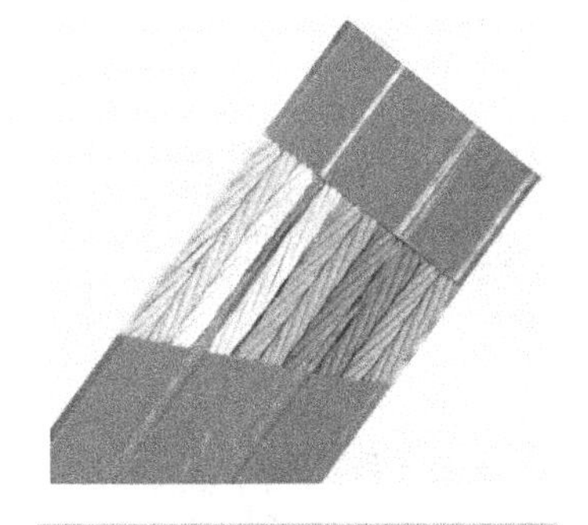

图 2-51 随行电缆(扁电缆)

2.2.12 位置显示装置

位置显示装置(如图 2-52)分为轿厢位置显示装置和层门位置显示装置。

轿厢位置显示装置是设置在轿厢内,显示其运行位置和(或)方向的装置。

层门位置显示装置是设置在层门上方或一侧,显示轿厢运行位置和方向的装置。

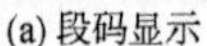

(a) 段码显示　　(b) 点阵显示　　(c) 真彩液晶显示

图 2-52　位置显示装置

2.2.13　轿厢报站装置

轿厢报站装置有到站钟和语音报站装置两种。

1. 到站钟

到站钟(如图 2-53)是电梯到达目的层站时发出音响的一种装置,提醒乘客注意上下电梯。以 EM－1A 电子到站钟为例,其接线如图 2-54 所示。

图 2-53　电子到站钟

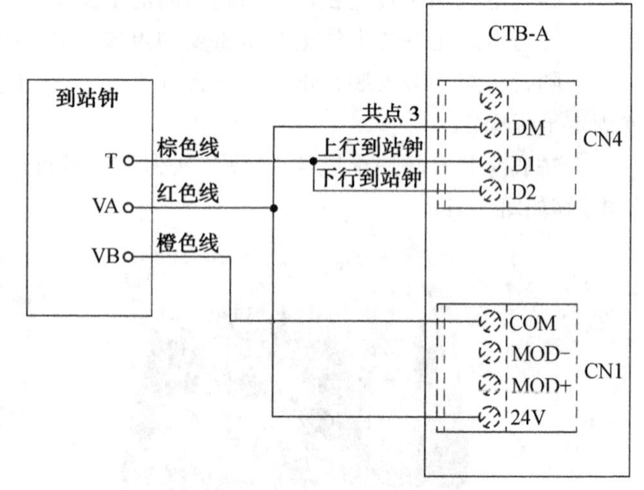

图 2-54　电子到站钟接线图

2. 语音报站装置

电梯是高层建筑的重要机电设备,随着电梯使用范围的不断扩大,人们对电梯操作的智能化要求也不断提高。现代化智能大厦不仅要求电梯能够安全平稳地将乘客送达目的地,而且能够预报层站、插播宣传语及进行特定层站说明、特定情况提示,如“欢迎您光临某某酒店”、“请不要倚靠轿门”等。电梯轿厢内安装的语音报站装置(如图 2-55)即可提供此种服务。

图 2-55　语音报站装置

2.3　电梯层站电气部件

电梯层站电气部件即电梯厅外电气部件，通常包括厅门组件、层站召唤盒和消防开关盒等。

2.3.1　厅门组件

要使电梯正常运行则必须依靠厅门组件（如图 2-56）确保轿门与厅门的可靠关闭。如何准确可靠地判断门的关闭，国标中给出如下要求：

只有当门锁锁钩啮合深度≥7 mm 时，电气触点才能接通，电梯方可启动运行。

每层层门都要设置机械门锁，并配有门锁电气开关。门锁开关都应采用分离式（动离）开关，严禁采用一体式开关，以防止误动作。

若是弹簧式开关，门关闭后，触点弹簧的压缩量应≥3～4 mm。

若是插入式开关，门关闭后，触点的插入深度应≥7 mm。

门电气安全电路的导线，其截面积≥0.75 mm^2。

图 2-56　厅门组件

图 2-57　层站召唤盒

2.3.2　层站召唤盒

层站召唤盒（如图 2-57）是设置在层站门一侧，召唤轿厢停靠在呼梯层站的装置。通常其按钮上还配有指示灯显示。

2.3.3　消防开关盒

消防开关盒（如图 2-58）是在发生火警时，可供消防人员将电梯转入消防状态使用的电气装置，一般设置在基站。当建筑物内发生火灾时，消防专用盒专门用来迫降电梯轿厢返回基站，释放轿内人员。同时防止轿外人员抢占电梯而使电梯无法启动。

图 2-58　消防开关盒

乘客电梯必须具备该功能，消防开关盒应安装在基站召唤盒上方，盒表面应用透明易碎材料（1 mm 的透明薄玻璃）盖住，在使用时轻击就能使其破碎，从而方便拨动开关。该开关必须采用红色醒目标志。

思考题

1. 电梯机房主要有哪些电气部件？
2. 电梯井道主要有哪些电气部件？
3. 电梯层站主要有哪些电气部件？
4. 永磁同步无齿轮曳引机有哪些特点？

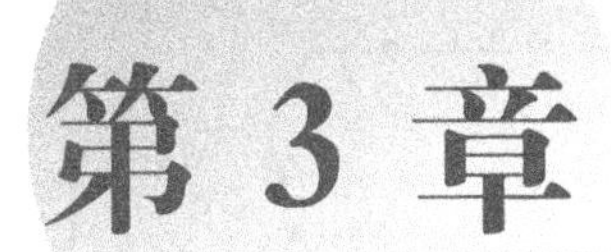

第 3 章　电梯控制典型环节

本章重点： 结合 GB 7588—2003《电梯制造与安装安全规范》相关要求，分析了电梯控制的典型环节，包括：交流双速电梯电气驱动控制主回路、变频电梯驱动多段速控制回路和模拟量控制回路、直流门机及变频门机的控制回路、电源回路、安全及门锁回路、检修回路、制动器控制回路以及五方对讲回路。

3.1　交流双速电梯驱动控制

3.1.1　变极调速原理

由电机学原理可知，三相异步电动机的转速可由式(3-1)表示。

$$n=\frac{60f}{p}(1-s) \tag{3-1}$$

式中：f 为定子电源频率，p 为电动机极对数，s 为转差率。

从公式(3-1)可以看出，改变极对数就可以改变电动机的转速。电梯用交流电动机一般有单速和双速两种。单速电动机仅用于速度较低、载重较小的杂物梯。双速电动机的磁场极数一般为 6 极和 24 极。电机极数少的绕组称之为快速绕组，极数多的绕组称之为慢速绕组。变极调速是一种有极调速，调速范围不大，因为过大地增加电机的极数，就会显著地增大电机的外形尺寸。

3.1.2　交流双速电梯驱动主回路分析

图 3-1 是交流双速电梯的主驱动系统的结构原理图。从图中可以看出，三相交流异步电动机定子内具有两个不同极对数的绕组(分别为 6 极和 24 极)。快速绕组(6 极)作为起动和稳速之用，而慢速绕组作为制动减速和慢速平层停车用。起动过程中，为了限制起动电流，以减小对电网电压波动的影响，起动时，一般按时间原则，串电阻、电抗一级加速或二级加速；减速制动是在慢速绕组中按时间原则进行二级或三级再生发电制动减速，以慢速绕组(24 极)进行低速运行直至平层停车。

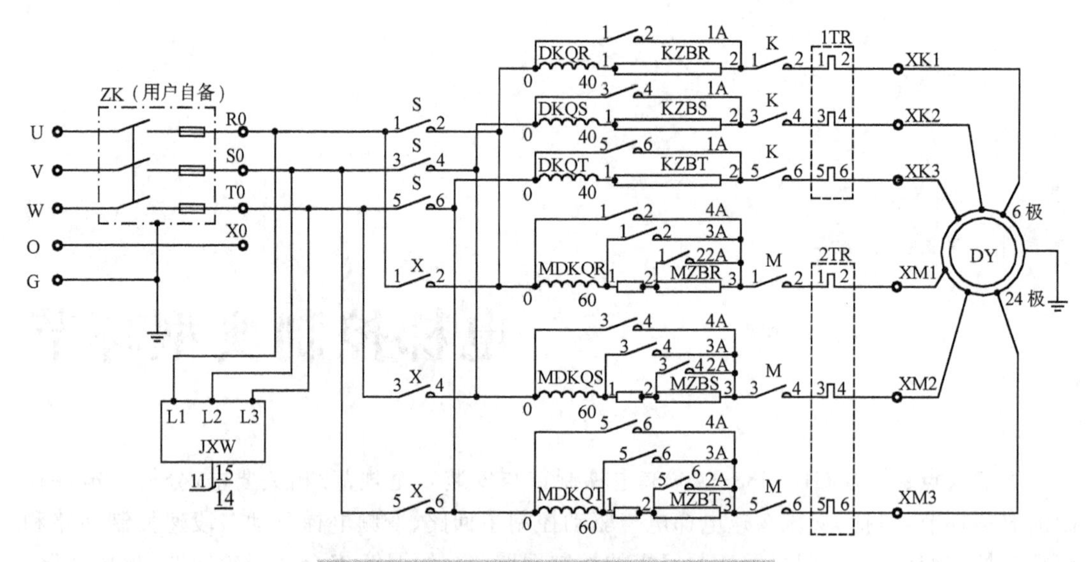

图 3-1　交流双速电梯主驱动系统原理图

电梯慢速(检修)下行的运行时序为:当门关到位后,制动器打开,下行接触器(X)、慢车接触器(M)吸合后再以 2 A、3 A、4 A 接触器相继以 0.5～1.0 s 吸合慢速起动运行,电梯作下行运行(检修速度)。撤掉检修下行速度指令,下行接触器(X)、2 A、3 A、4 A、慢车接触器(M)同时释放,制动器失电制动。

电梯高速上行的运行时序为:当门关到位后,制动器打开,上行接触器(S)、快车接触器(K)同时吸合,此时电机通过串接在主回路的板型电阻和电抗器作降压限流起动,大约过 1.5 s 之后,1 A 接触器吸合,其触头短路主回路的板型电阻和电抗器使电机在满压下运转,电梯全速运行。当到达减速点时,快车接触器(K)释放断开,慢车接触器(M)吸合,此时电梯电机转入低速极运行,慢车接触器(M)吸合后,控制器延迟 0.5～1.0 s 让 2A 接触器吸合后,再延迟 0.8 s 使 3 A 接触器吸合,均匀减速到低速爬行,再延迟 0.5 秒使 4A 接触器吸合。至此,慢速主回路的电阻和电抗器全部短接,从而使电梯由高速平滑地转入慢速爬行段。到达平层位置后,停车开门。

增加电阻或电抗,可减小起、制动电流,增加电梯舒适感,但会使起动转矩或制动转矩减小,使加减速时间延长。一般应调节起动转矩为额定转矩的 2 倍左右,慢速为 1.5～1.8 倍。

3.2　变频电梯驱动控制

3.2.1　变频电梯驱动主回路和控制回路

图 3-2 是变频器的电路组成。从图中可以看出,变频器是由主回路和控制回路两大部分组成的。

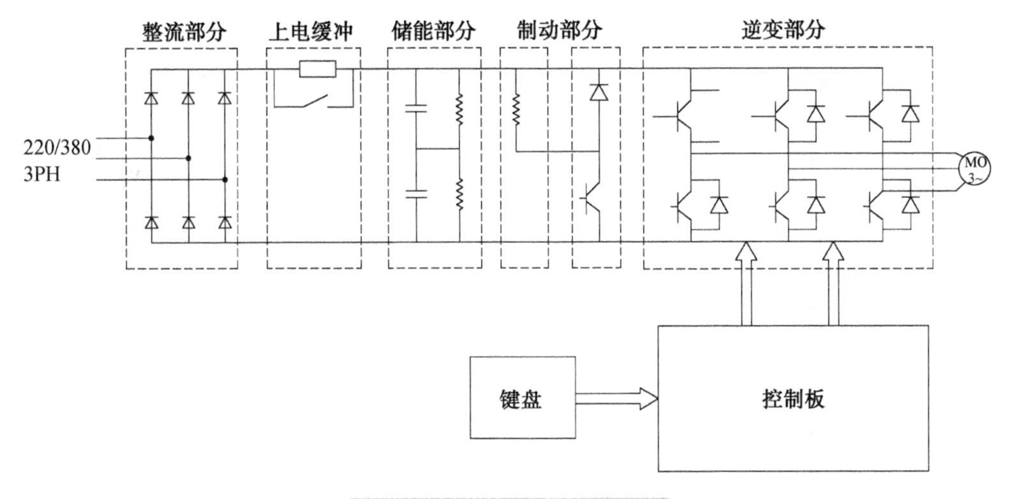

图 3-2 变频器的电路组成

主回路由整流器(整流模块)、滤波器(滤波电容)和逆变器(大功率晶体管模块)三个主要部件组成。控制回路则由单片机、驱动电路和光电隔离电路组成。逆变器可由不同器件做成,如高频变频器用功率 MOS 晶体管,大容量变频器用 GTO 晶闸管,中小型变频器用 IGBT 晶体管等。变频器主回路和控制回路的原理分析见表 3-1。

表 3-1 变频器主回路和控制回路原理分析表

类别		作用	主要构成器件
主回路	整流部分	将工频交流电变成直流电,输入无相序要求	整流桥
	逆变部分	将直流电转换为频率和电压均可变的交流电,输出无相序要求	IGBT
	制动部分	消耗过多的回馈能量,保持直流母线电压不超过最大值	单管 IGBT 和制动电阻,大功率制动单元外置
	上电缓冲	降低上电冲击电流,上电结束后接触器自动吸合,而后变频器允许运行	限流电阻和接触器
	储能部分	保持直流母线电压恒定,降低电压脉动	电解电容和均压电阻
控制回路	键盘	对变频器参数进行调试和修改,并实时监控变频器状态	MCU(单片机)
	控制电路	交流电机控制算法生成,外部信号接收处理及保护	DSP(或两个 MCU)

3.2.2 变频电梯驱动多段速控制

图 3-3 为变频驱动多段速控制回路。所谓多段速是指在特定的输入端口下,对输入到该端口的信号进行不同的组合,通过对不同组合的参数控制获得不同的运行速度。电梯的加速、减速曲线由变频器相关参数决定。

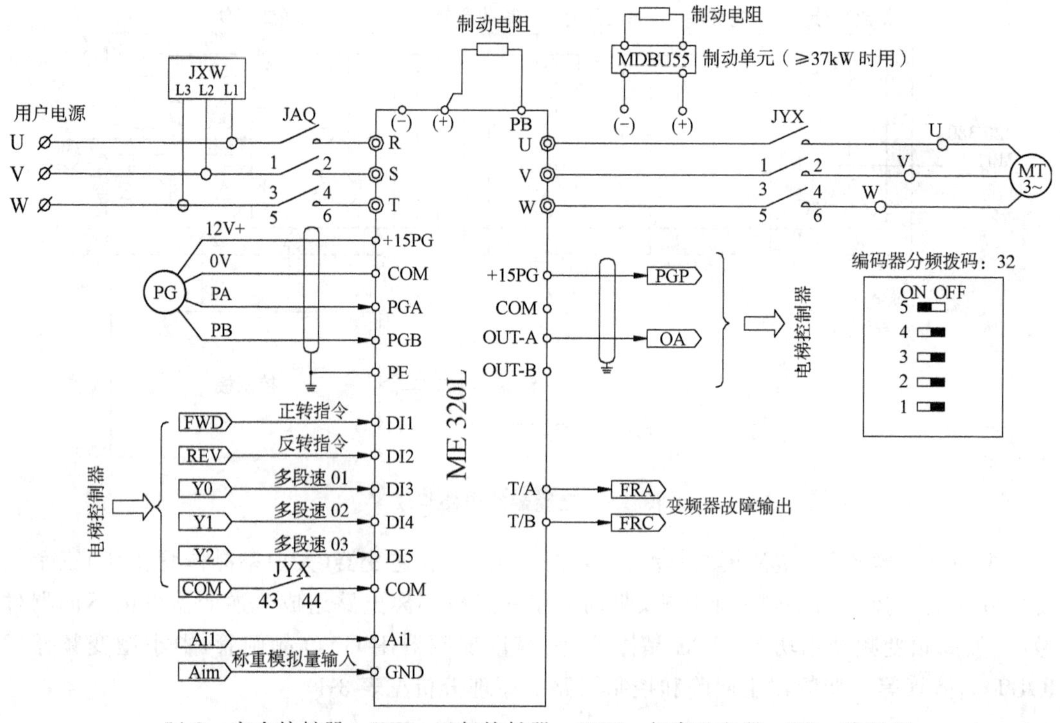

JAQ—安全接触器　JYX—运行接触器　JXW—相序继电器　PG—编码器

TA、TB—变频器故障输出　DI3、DI4、DI5—逻辑控制速度端子组合

图 3-3　变频多段速控制回路

以深圳汇川 ME 320L 变频器为例，变频器多段速的输出指令由 DI5、DI4、DI3 三个输入端子组合而成，多段速的逻辑如表 3-2 所示。

表 3-2　多段速度指令输出逻辑

端口 / 变频器对应参数	端子(DI5)	端子(DI4)	端子(DI3)	频率设定
FC-00(未用)	0	0	0	多段速 0
FC-01(零速)	0	0	1	多段速 1
FC-02(未用)	0	1	0	多段速 2
FC-03(爬行)	0	1	1	多段速 3
FC-04(检修)	1	0	0	多段速 4
FC-05(低速)	1	0	1	多段速 5
FC-06(中速)	1	1	0	多段速 6
FC-07(高速)	1	1	1	多段速 7

一个完整的电梯全程运行过程的时序如图 3-4 所示。

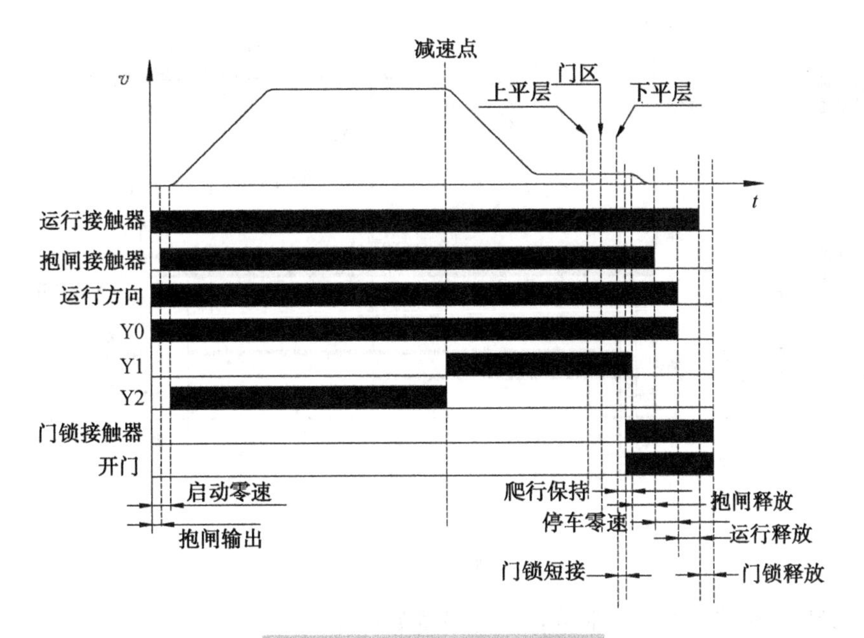

图 3-4　全程运行过程时序图

对于 ME 320L 变频器，多段速控制下，电梯低速运行($v\leqslant 1.0$ m/s)时，电梯按照曲线 1 运行，曲线 1 与参数对应关系如图 3-5 所示。

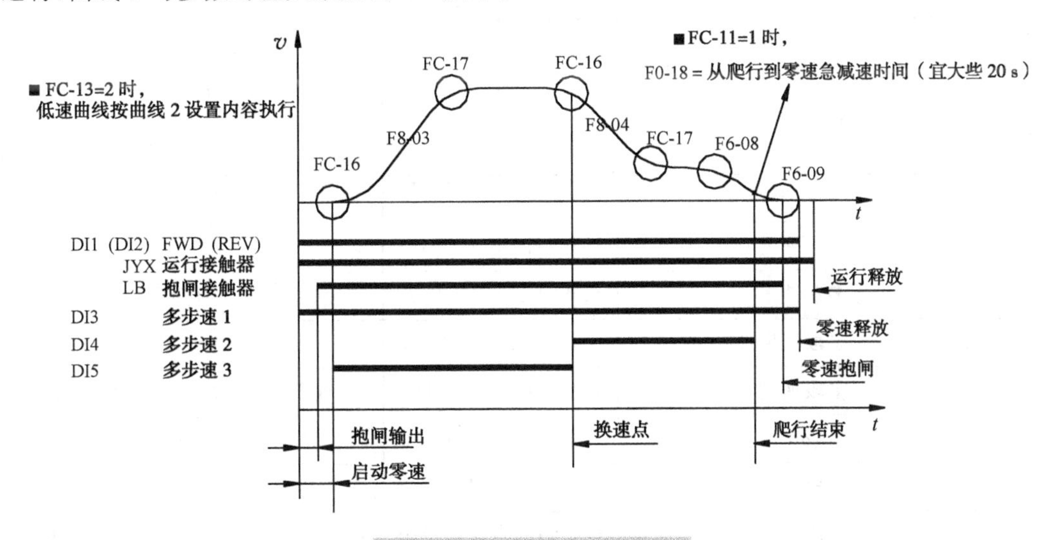

图 3-5　曲线 1 运行时序图

对于 ME 320L 变频器，多段速控制下，电梯中速运行($1.0 < v\leqslant 1.75$ m/s)时，电梯按照曲线 2 运行，曲线 2 与参数对应关系如图 3-6 所示。

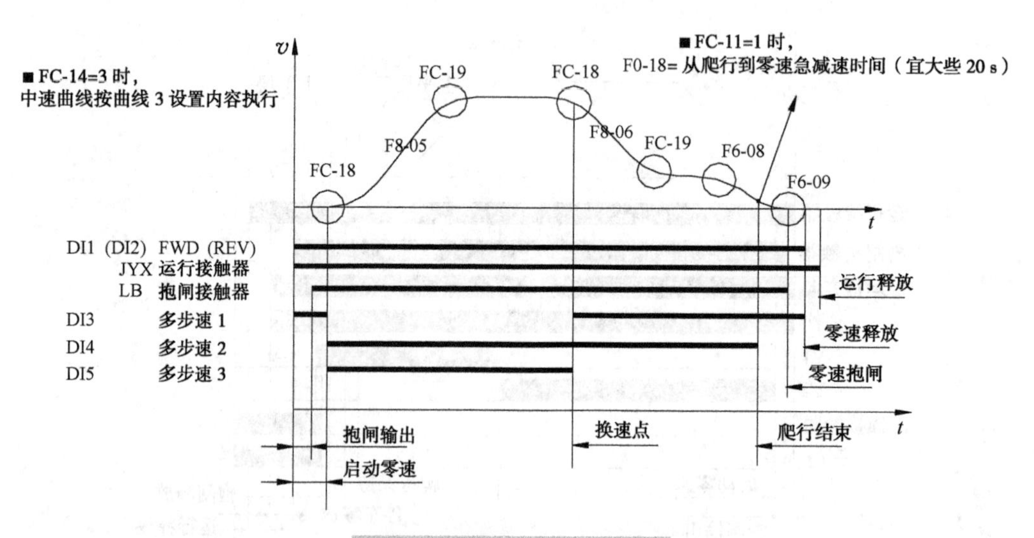

图 3-6 曲线 2 运行时序图

ME 320L 变频器多段速控制参数推荐设置如表 3-3 所示。

表 3-3 多段速参数推荐设置

功能号	名称	默认值	推荐设定值	注释
F0-00	控制方式	1	1	有速度矢量控制
F0-01	命令源选择	1	1	0:面板控制 1:端子控制 2:串行口通信
F0-02	速度选择	1	1	多段速
F6-00	多段速度 0	0.00 Hz	0.00 Hz	未使用
F6-01	多段速度 1	0.00 Hz	0.00 Hz	零速(启动零速时间由主控板设置)
F6-02	多段速度 2	0.00 Hz	0.00 Hz	未使用
F6-03	多段速度 3	0.00 Hz	1.2 Hz	爬行速度(调整平层时加减)
F6-04	多段速度 4	0.00 Hz	6～10 Hz	检修速度(根据实际需要设置)
F6-05	多段速度 5	0.00 Hz	现场设定	正常低速(曲线 1)1.0 m/s 以下用
F6-06	多段速度 6	0.00 Hz	现场设定	正常中速(曲线 2)1.75 m/s 以下用
F6-07	多段速度 7	0.00 Hz	现场设定	正常高速(根据实际需要设置)
F6-08	多段速 0 加减速时间选择	1	1	
F6-09	多段速 1 加减速时间选择	1	1	
F6-10	多段速 2 加减速时间选择	1	1	
F6-11	多段速 3 加减速时间选择	1	1	
F6-12	多段速 4 加减速时间选择	1	4	
F6-13	多段速 5 加减速时间选择	1	2	

续表

功能号	名称	默认值	推荐设定值	注释
F6-14	多段速 6 加减速时间选择	1	3	
F6-15	多段速 7 加减速时间选择	1	3	
F7-02	加减速时间 1 s 曲线开始段比例	30%	40%	
F7-03	加减速时间 1 s 曲线结束段比例	30%	40%	
F7-06	加减速时间 2 s 曲线开始段比例	30%	40%	
F7-07	加减速时间 2 s 曲线结束段比例	30%	40%	
F7-10	加减速时间 3 s 曲线开始段比例	30%	40%	
F7-11	加减速时间 3 s 曲线结束段比例	30%	40%	
F7-14	加减速时间 4 s 曲线开始段比例	30%	40%	
F7-15	加减速时间 4 s 曲线结束段比例	30%	40%	

3.2.3 变频电梯驱动模拟量控制

图 3-7 为变频驱动模拟量控制回路。所谓模拟量控制是指在特定的输入端口下，输入 0～10 V 的电压信号，变频器对应的端口根据电压的变化输出对应的速度。电梯的加速、减速曲线由电梯控制器相关参数决定。

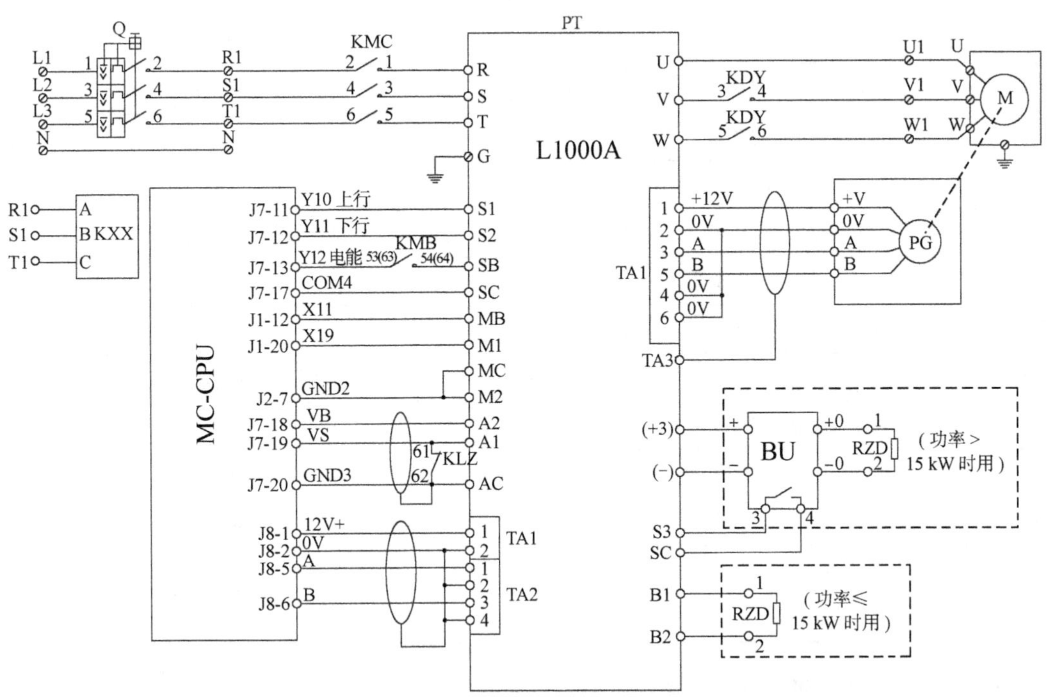

L1000A—安川 L1000A 变频器　MC-CPU—主控板　KMC—安全接触器　KDY—运行接触器　PG—编码器　KMB—抱闸接触器　KXX—相序继电器　Q—电源主开关　RZD—制动电阻　BU—制动单元

图 3-7　变频模拟量控制回路

变频器模拟量参数推荐设置如表 3-4 所示。

表 3-4 模拟量参数推荐设置表

参数	说明	设定值	备注
A1-02	控制模式的选择	7	带 PG 的 PM 矢量
B1-01	频率指令的选择	1	模拟量输入
B1-02	运行指令的选择	1	控制回路端子(顺序控制)
d1-01	频率指令 1	0	未使用
d1-02	频率指令 2	0	自学习速度(根据实际需要设置)
d1-03	频率指令 3	0	检修运行速度(根据实际需要设置)
d1-04	频率指令 4	0	爬行速度(根据实际需要设置)
d1-05	频率指令 5	0	低速(v_1)(根据实际需要设置)
d1-06	频率指令 6	0	中速 1(v_2)(根据实际需要设置)
d1-07	频率指令 7	0	中速 2(v_3)(根据实际需要设置)
d1-08	频率指令 8	0	高速(v_4)(根据实际需要设置)
H1-03	选择端子 S3 的功能	24	外部故障
H1-04	选择端子 S4 的功能	14	故障复位
H1-05	选择端子 S5 的功能	F	未使用
H1-06	选择端子 S6 的功能	F	未使用
H1-07	选择端子 S7 的功能	F	未使用
H1-08	选择端子 S8 的功能	9	基极封锁指令(闭点接点)
H2-01	选择端子 M1-M2 的功能	50	制动器打开指令
H3-01	端子 A1 信号电平选择	0	0～10 V
H3-02	端子 A1 功能选择	0	10 V＝E1-04
H3-03	端子 A1 输入增益	95％	根据现场实际整定设置
H3-04	端子 A1 输入偏置	0	—
H3-09	端子 A2 信号电平选择	1	－10～＋10 V
H3-10	端子 A2 功能选择	14	转矩补偿(使用正余弦编码器时设置为 1F)
H3-11	端子 A2 输入增益	60％	根据现场实际整定设置
H3-12	端子 A1 输入偏置	0	—

起、制动曲线的调整如图 3-8 所示。

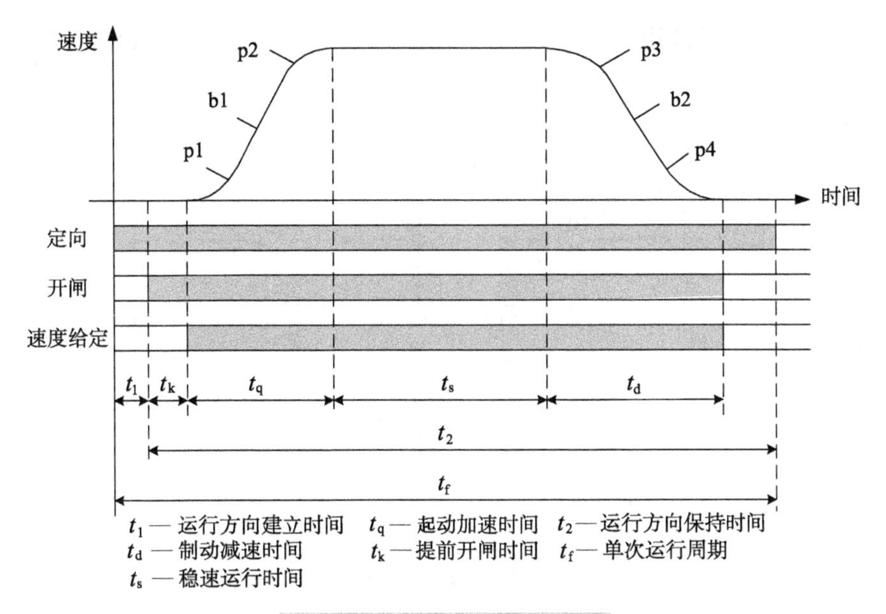

图 3-8　起、制动曲线的调整

在变频器内设定曲线的 S 字，S 字可以防止电梯起动、停止时的冲击，增加舒适感。S 字的设定分为加速度、急加速（加加速度）和减速度、急减速度（减减速度），可以通过调节 S 曲线的这些性能来调整电梯的舒适感，具体是通过设置变频器参数来实现的。起动时需要调整零速保持时间、抱闸打开时间、运行接触器吸合时间，保证起动的平稳。而为了增加停车舒适感，防止溜车，可以适当调节抱闸延时关闭时间。

3.3　门机控制

3.3.1　直流门机控制

图 3-9 是小型直流伺服电机作为门系统的自动驱动装置的电气线路原理图。

当关门继电器 CD 吸合后，直流 110V 电源正极经熔断器 FU 首先供给直流伺服电机的励磁绕组 WM，同时经可调电阻 *R*→CD 的 1、2 接点→电机的电枢绕组 M→CD 的 3、4 接点至电源的负极。另一方面，电源还经开门继电器 OD 的常闭接点和 *RC* 电阻进行电枢分流。

当门关至约为门宽的三分之二时，SC1 限位开关动作，使 *RC* 电阻被短接一部分，使流经此部分的电流增大，则总电流增加，从而使可调电阻 *R* 上的压降增大，亦即使电机电枢电压降低，导致电机转速下降，关门速度减慢。当门继续关闭至尚有 100～150 mm 时，开关 SC2 动作，又短接了 *RC* 的很大一部分，关门速度再降低，直至门完全关闭，CD 失电复位，关门过程结束。

类似地可实现整个开门过程。

当开关门继电器 OD、CD 失电复位后，则门电机所具备的动能将全部消耗在 *RC* 和 *RO* 电阻上，亦进入能耗制动状态。由于门完全关闭后，电阻 *RC* 的阻值很小，这样能耗制动很强烈而且时间很短，迫使电机很快停车，这样在直流电机的开关门系统中无需机械刹车来迫使电机停止。这种直流伺服电机的自动开关门控制系统在国内外的电梯中使用极为广泛。

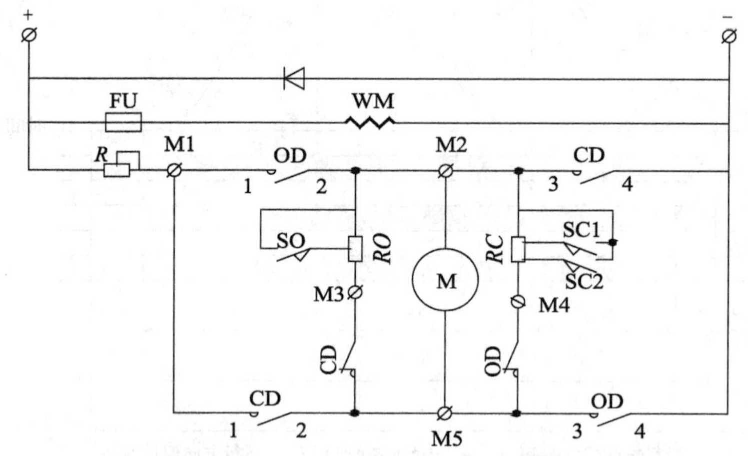

WM—电机励磁绕组　*R*—可调电阻　*RO*、*RC*—电阻　FU—熔断器　CD—关闭继电器　OD—开门继电器　SO、SC1、SC2—限位开关

图 3-9　直流伺服电机的自动门机主控电路原理图

3.3.2　交流变频门机控制

1. 传统的门机控制

以宁波申菱门机为例，变频调速系统硬件部分采用日本松下公司的 VF-7F 0.4 kW 的变频器和 FP1-C14 型可编程控制器，门机运行变速位置由双稳态开关控制。图 3-10 为交流变频控制器内部接线图。

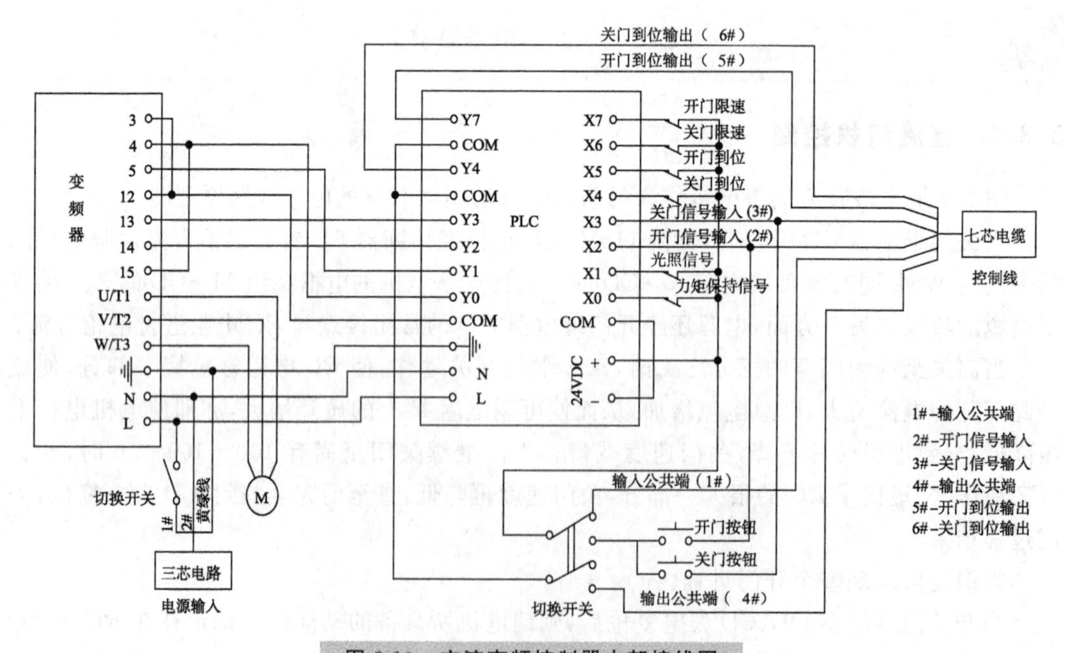

图 3-10　交流变频控制器内部接线图

各开关端子功能如下：

(1) 切换开关

当切换开关置于调试状态时，系统对外部信号不响应，按下手动开、关门按钮时，门机按要求开门或关门；当切换开关置于系统状态时，系统由外部信号控制，手动开、关门按钮不起作用。

(2) 手动关门按钮

当切换开关置于调试状态时，按下该按钮，门机作关门运动，无论门机在何位置，停止按该按钮，门机立即停止关门运动；当切换开关置于系统状态时，该按钮不起作用。

(3) 手动开门按钮

当切换开关置于调试状态时，按下该按钮，门机作开门运动，无论门机在何位置，停止按该按钮，门机立即停止开门运动；当切换开关置于系统状态时，该按钮不起作用。

(4) 控制输入

控制输入部分包括门位置信号输入和外部控制信号输入。

① 门位置控制信号

如图3-11所示，XK1、XK2、XK3和XK4均为门位置控制信号输入的磁性开关。

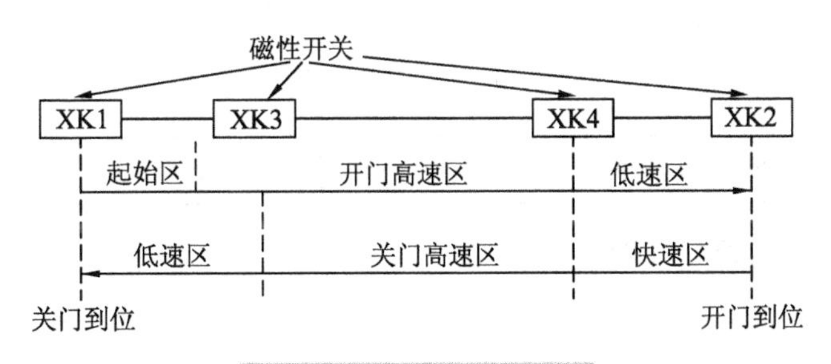

图3-11　磁性开关位置

② 外部控制信号

七芯电缆中1#线为输入公共端，2#线为开门信号输入，3#线为关门信号输入。

(5) 控制输出

输出部分如图3-10所示，其中七芯电缆中4#线为输出公共端，5#线为开门到位输出，6#线为关门到位输出。

(6) 电源输入

三芯电缆为本控制器的电源输入电缆，黄绿线为电源接地，1#线和2#线为电源输入，其输入要求为单相交流200～240 V稳定电压。

本变频器位置控制采用双稳态磁开关，门机加、减速位置可根据磁性开关位置自行调整，以满足不同的用户要求。门机开门的曲线由P01、P02、P36、P37、P38等五个参数控制，关门曲线由P32、P33、P34、P39～P44等参数控制。具体参数功能说明如表3-5所示。

表 3-5　参数推荐设置表

功能号	名　　称	默认值	推荐设定值	注　释
P36	开门快速频率	8 Hz	8 Hz	预设频率 6
P37	开门高速频率	25 Hz	25 Hz	预设频率 7
P38	开门低速频率	3 Hz	3 Hz	预设频率 8
P32	关门快速频率	20 Hz	25 Hz	预设频率 2
P33	关门高速频率	22 Hz	28 Hz	预设频率 3
P34	关门低速频率	4 Hz	4 Hz	预设频率 4
P35	开门到位力矩保持频率	0.5 Hz	0.5 Hz	预设频率 5
P39	关门快速加速时间	1.0 s	1.0 s	第二加速时间
P40	关门快速减速时间	1.0 s	1.0 s	第二减速时间
P41	关门高速加速时间	1.2 s	1.2 s	第三加速时间
P42	关门高速减速时间	1.2 s	1.2 s	第三减速时间
P43	关门低速加速时间	1.2 s	1.2 s	第四加速时间
P44	关门低速减速时间	1.2 s	1.2 s	第四减速时间

门机的开关门运行曲线如图 3-12 所示。

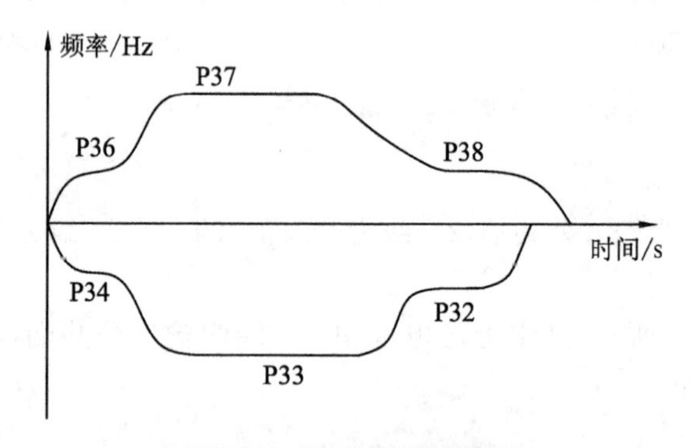

图 3-12　开关门运行曲线图

2. 一体化的门机控制

以默纳克 NICE 900 为例,介绍速度控制和距离控制方式下门机的工作。

(1) 控制方式介绍

① 速度控制方式

速度控制方式下,外部需要配置相应的行程开关(一般为双稳态开关),实时反馈门机的位置。图 3-13 为速度控制方式应用接线图。

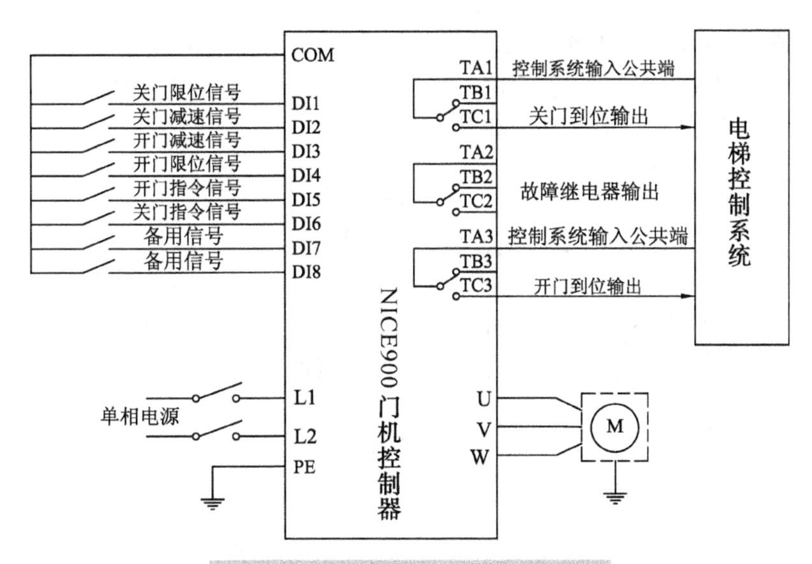

图 3-13　速度控制方式应用接线图

速度控制方式下门机系统中各种信息接点(行程开关)的安装位置如图 3-14 所示。

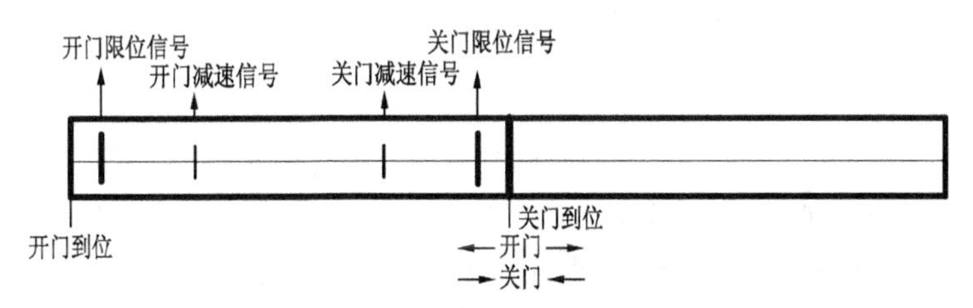

图 3-14　速度控制各开关安装示意图

速度控制方式下,在关门过程中开门命令有效曲线如图 3-15 所示。

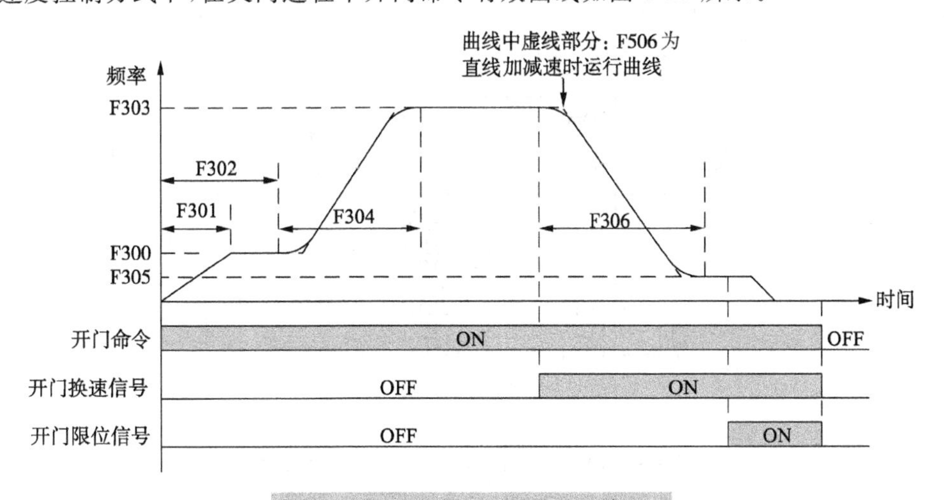

图 3-15　速度控制开门曲线示意图

速度控制开门过程说明:

当开门命令有效时,门机经 F301 的时间加速到 F300 设定的速度运行。低速开门运行时间到达 F302 后,门机加速到开门高速(F303)运行,加速时间为 F304。开门减速信号有效后，门机减速到 F305 的速度爬行，减速时间为 F306。当开门限位信号有效后，进入开门保持状态，完成开门过程。

速度控制方式下的关门曲线如图 3-16 所示。

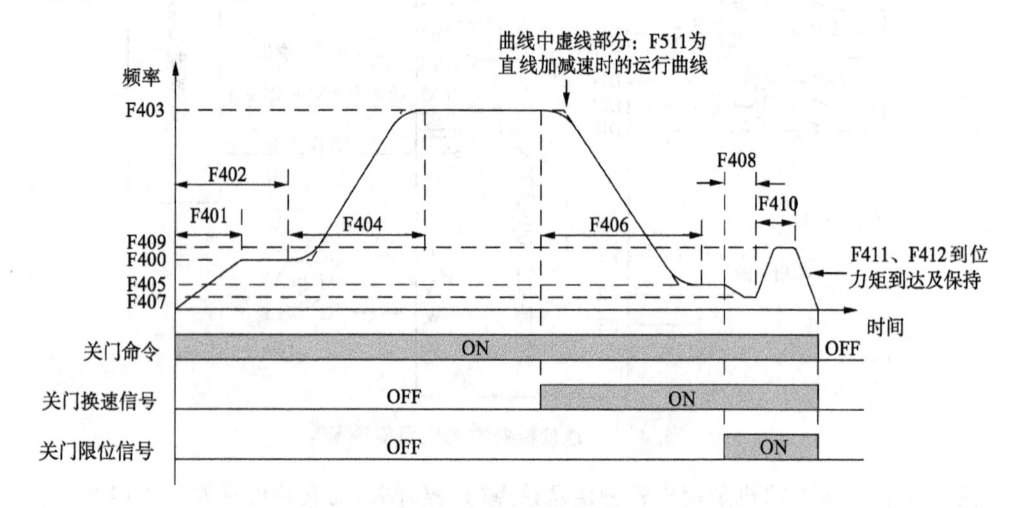

图 3-16 速度控制关门曲线示意图

速度控制关门过程说明：

当关门命令有效时，门机经 F401 的时间加速到 F400 设定的速度运行。低速关门运行时间到达 F402 后，门机加速到关门高速(F403)运行，加速时间为 F404。关门减速信号有效后，门机减速到 F405 的速度爬行，减速时间为 F406。当关门限位信号有效后，进入关门保持状态，完成关门过程。

② 距离控制方式

距离控制方式下，外部需要配置相应的编码器，实现闭环的控制，实时反馈门机的位置。图 3-17 为距离控制方式应用接线图。

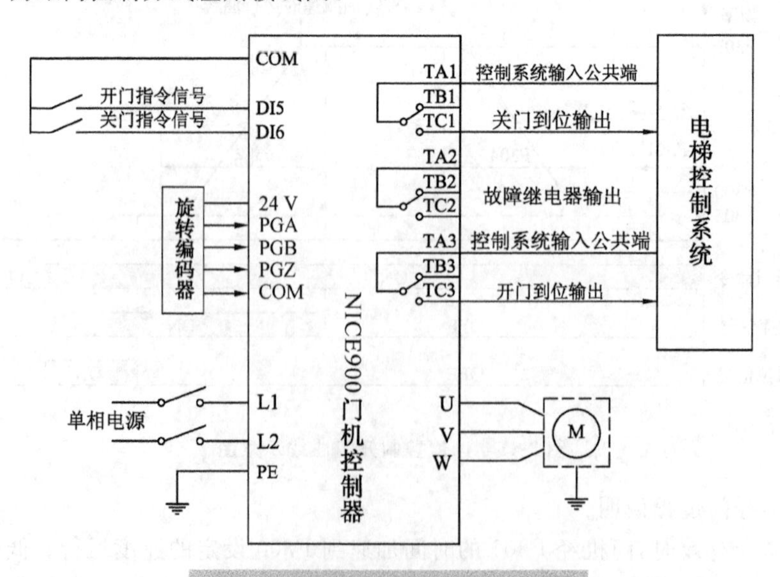

图 3-17 距离控制方式应用接线图

距离控制方式下的开门曲线如图 3-18 所示。

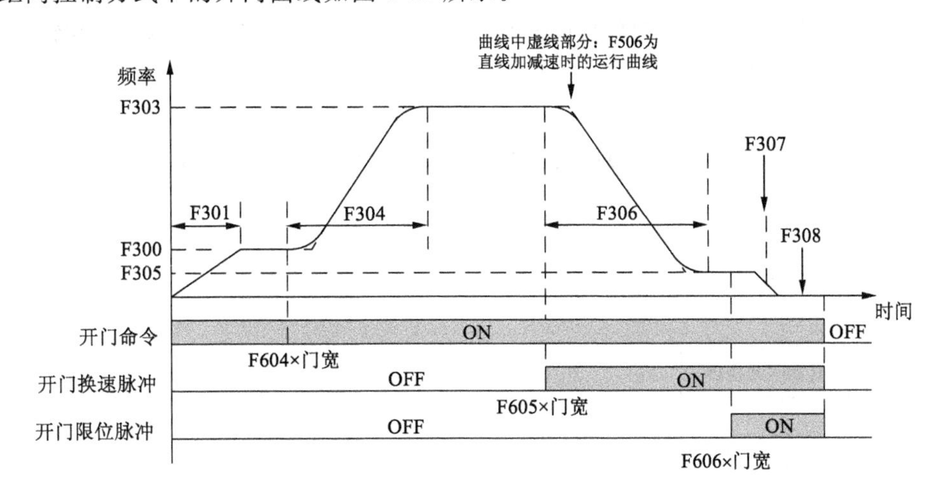

图 3-18 距离控制开门曲线示意图

距离控制开门过程说明：

当开门命令有效时，门机以 F301 的加速时间加速到 F300 的设定速度运行。当开门位置达到开门启动低速点 F604×门宽后，门机以 F304 的加速时间加速到 F303 的设定速度运行。当开门位置达到开门减速点 F605×门宽后，门机进入减速爬行阶段，爬行速度为 F305，减速时间为 F306。当开门位置达到开门限位点 F606×门宽后，门机继续以开门结束低速爬行，并进入开门力矩保持状态，保持力矩大小为 F308，此时门位置复位为 100%。命令撤除后，力矩保持结束。

距离控制方式下的关门曲线如图 3-19 所示。

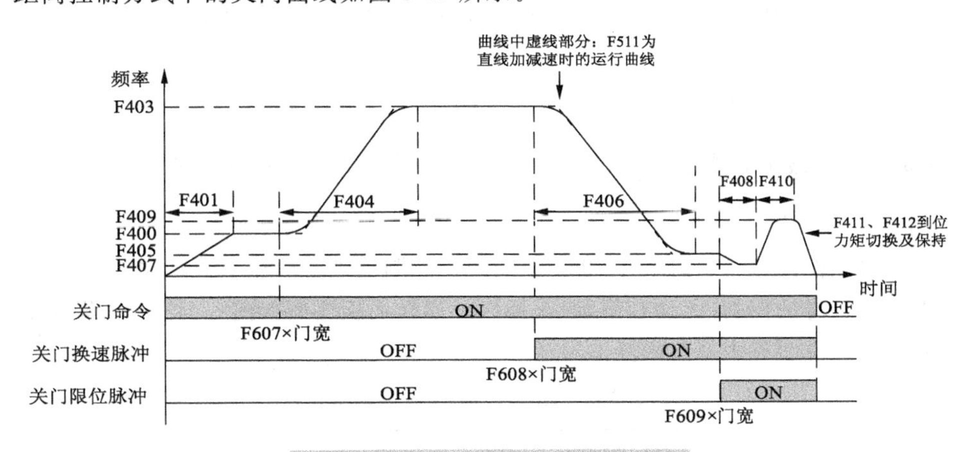

图 3-19 距离控制关门曲线示意图

距离控制关门过程说明：

当关门命令有效时，门机以 F401 的加速时间加速到 F400 的速度运行。当关门位置达到关门启动低速点 F607×门宽后，门机以 F404 的加速时间加速到 F403 的速度运行。当关门位置达到关门减速点 F608×门宽后，门机开始减速运行，以 F406 的减速时间减速到 F405 的速度运行。当关门位置达到关门到位点 F609×门宽后，门机再次减速以 F407 的速度运行，进行收刀的相关动作。收刀完成，当门堵转后，进入力矩保持阶段，此时的保持速度为 F407，保持力矩为 F412，门位置此时复位为 0。关门命令无效时，力矩保持结束。

(2) 门机控制器调试

① 调试流程

在外围电路、机械安装完全到位的情况下，即可开始门机控制器的基本调试。调试流程如图 3-20 所示。

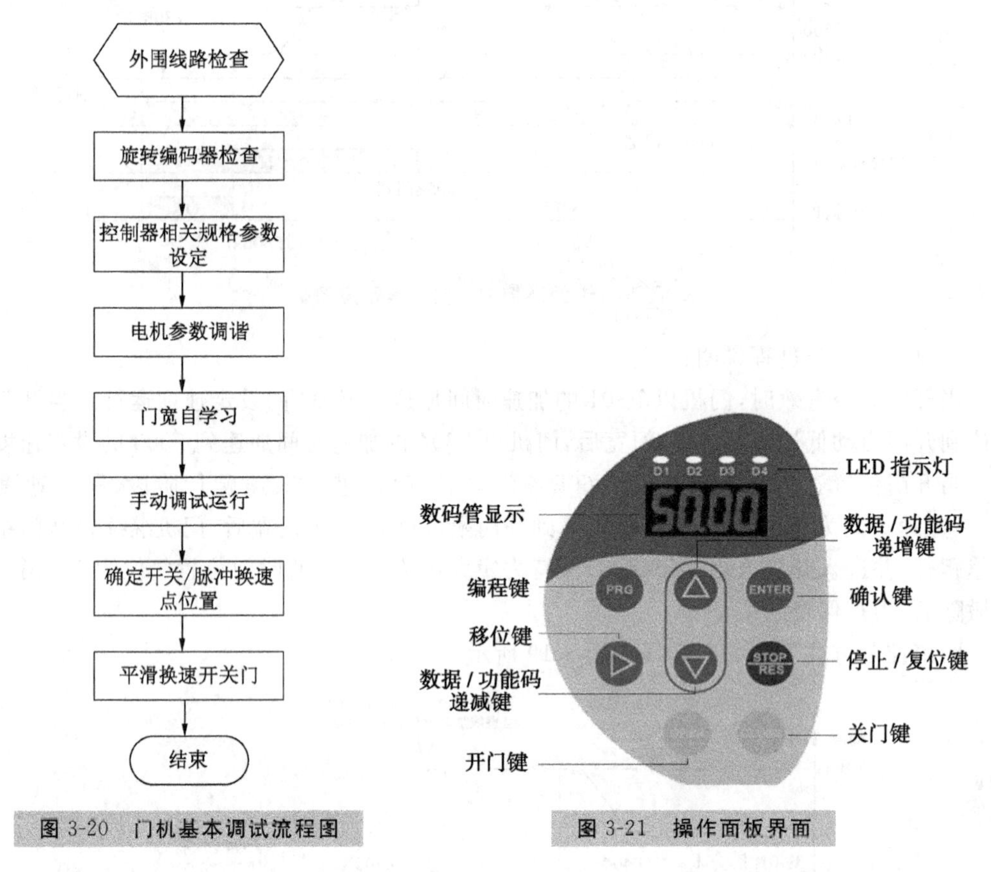

图 3-20 门机基本调试流程图

图 3-21 操作面板界面

② 操作与显示界面

用户通过操作面板可以对 NICE900 系列门机控制器进行功能参数修改、工作状态监控和操作面板运行时的控制(起动和停车)等操作。操作面板界面如图 3-21 所示，操作面板键盘按钮和指示灯说明见表 3-6 和表 3-7。

表 3-6 操作面板键盘按钮说明

按键	名称	功　能
PRG	编程键	一级菜单的进入和退出
ENTER	确认键	逐级进入菜单画面、设定参数确认
STOP/RES	停止/复位	运行状态时，按此键可停止运行；故障报警状态时，可用来复位操作
▷	移位键	在停机状态和运行状态时，可以循环选择 LED 的显示参数；在修改参数时，可以选择参数的修改位

续表

按键	名称	功　　能
△	递增键	数据或功能码的递增
▽	递减键	数据或功能码的递减
OPEN	开门键	在面板操作方式下,用于开门操作
CLOSE	关门键	在面板操作方式下,用于关门操作

表 3-7　操作面板指示灯说明

指示灯标号	停止时各 LED 灯亮代表含义		运行时各 LED 灯亮代表含义
	速度控制	距离控制	
D1	DI1 信号有效	关门限位信号	外部关门命令
D2	DI2 信号有效	A、B 相信号正确	关门过程中
D3	DI3 信号有效	Z 相信号	开门过程中
D4	DI4 信号有效	开门限位信号	外部开门命令

速度控制模式下,建议接线:DI1 接关门限位信号,DI2 接关门减速信号,DI3 接开门减速信号,DI4 接开门限位信号;手动拉门的时候,参照表 3-7,根据对应的 LED 灯的状态即可轻松判断相关信号是否正确。

距离控制模式下,有限位开关时,建议接线:DI1 接关门限位信号,DI4 接开门限位信号。手动往开门的方向拉动时,若 D2 灯为亮,则 A、B 相信号正常;否则 A、B 相信号异常,须互换 A、B 信号线。手动往关门方向拉动时,若 D2 灯常灭,则 A、B 相信号正常。手动拉门过程中,若收到一个 Z 相信号,则 D3 灯会闪烁一下,若 D3 灯信号一直常灭,则 Z 相信号异常。

运行中,D1 灯亮,则表示外部关门命令有效;D2 灯亮,则表示门机处于关门状态运行;D3 灯亮,则表示外部开门命令有效;D4 灯亮,则表示门机处于开门状态运行。

③ 门宽自学习

图 3-22 为门宽自学习时序图。异步机距离控制方式下,门宽自学习之前要先确认编码器 A、B 相信号接线是否正常。在门宽自学习过程中,门的动作方向会自动地改变,因此应在考虑确保人身安全性之后再进行操作,否则可能造成人员的伤害。门宽自学习时务必确认门的动作途中无障碍物后方可进行门宽测定,若动作途中有障碍物,则判定为到达,不能正确进行门宽测定。

④ 试运行

编码器位置辨识后,应在恢复负载之前试运行,试运行的方式建议采用通用控制器面板控制模式。

试运行过程中主要关注以下两点:

第一,电机运行方向是否与实际情况(开、关门状态)一致,如果不一致,需要调整门机控制器输出到电机的接线,重新进行编码器位置辨识。

第二,电机正反转是否平稳、无杂音,由于无负载,控制器的电流将很小。

在确保上述两点后,门机控制器已经将电机、编码器位置准确记录于 F114(用户可记录下来,方便以后备用),可以进行正常的电机控制,由于同步机与异步机的特点不同,用户在使用过程中可以适当减弱 F2 组速度环 PI 的增益。

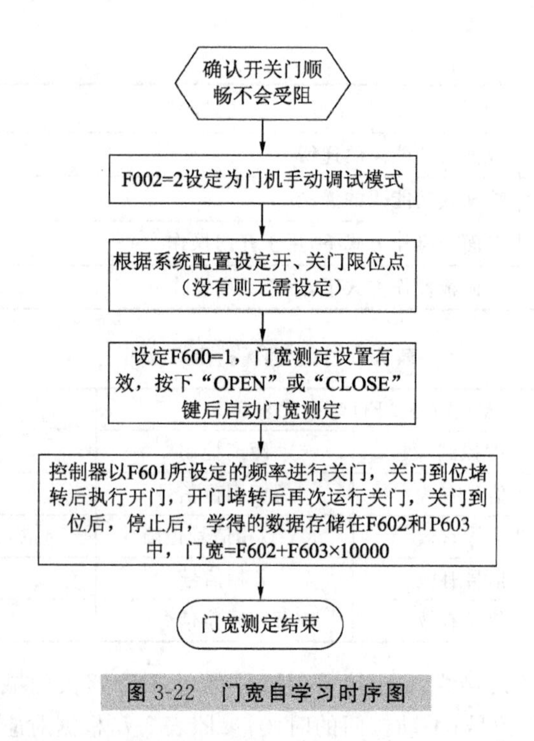

图 3-22 门宽自学习时序图

3.4 其他主要控制回路

3.4.1 电源回路

一般的控制电源回路(如图 3-23)的核心是控制变压器,控制变压器的主要作用一是为控制系统提供各种元器件工作所需的不同等级的控制电压,如安全回路电源、制动器电源、门机及光幕控制电源、楼层显示板电源等;二是提供“隔离”,保证后级控制电源的安全性。

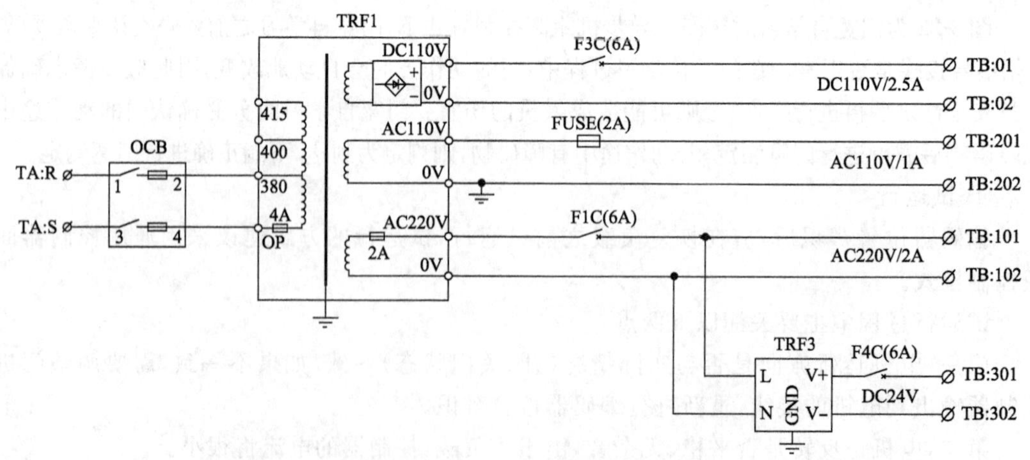

OCB—电源主空开　TRF1—主变压器　TRF3-DC24V—开关电源　TA、TB—接线端子
FUSE—保险丝(熔断体)　FIC～F4C—空气开关(低压断路器)

图 3-23 电源回路

3.4.2 安全及门锁回路

GB 7588—2003《电梯制造与安装安全规范》(以下简称GB 7588—2003)中关于电气安全装置有如下描述:

14.1.2 电气安全装置

14.1.2.1.1 当附录A(标准的附录)给出的电气安全装置中的某一个动作发生时,应按14.1.2.4的规定防止电梯驱动主机启动,或使其立即停止运转。

电气安全装置包括:

a) 一个或几个满足14.1.2.2要求的安全触点,它直接切断12.7述及的接触器或其继电接触器的供电。

b) 满足14.1.2.3要求的安全电路,包括下列一项或几项:

1) 一个或几个满足14.1.2.2要求的安全触点,它不直接切断12.7述及的接触器或其继电接触器的供电;

2) 不满足14.1.2.2要求的触点;

3) 符合附录H要求的元件。

14.1.2.4 电气安全装置的动作

当电气安全装置为保证安全而动作时,应防止电梯驱动主机启动或立即使其停止运转。制动器的电源也应被切断。

按照12.7的要求,电气安全装置应直接作用在控制电梯驱动主机供电的设备上。

若由于输电功率的原因,使用了继电接触器控制电梯驱动主机,则它们应视为直接控制电梯驱动主机启动和停止的供电设备。

GB 7588—2003中关于证实层门闭合的电气装置有如下描述:

7.7.4 证实层门闭合的电气装置

7.7.4.1 每个层门应设有符合14.1.2要求的电气安全装置,以证实它的闭合位置,从而满足7.7.2所提出的要求。

GB 7588—2003中关于验证轿门闭合的电气装置有如下描述:

8.9 验证轿门闭合的电气装置

8.9.1 除了7.7.2.2情况外,如果一个轿门(或多扇轿门中的任何一扇门)开着,在正常操作情况下,应不能启动电梯或保持电梯继续运行,然而,可以进行轿厢运行的预备操作。

8.9.2 每个轿门应设有符合14.1.2要求的电气安全装置,以证实轿门的闭合位置,从而满足8.9.1所提出的要求。

针对上述国家标准,设计一种安全及门锁回路,如图3-24所示。把层门触点和轿门触点串联成一个回路,称为门锁回路。电气安全回路剩下的那一段,通常就称为安全回路。

图3-25为变频控制回路,图3-26为变频控制主回路。由于电气安全回路中的所有安全触点或安全电路都可以实现可靠地断开,由它们直接切断主接触器线圈的供电,可视为可靠的切断。安全或门锁回路中任意一个安全开关动作,运行接触器SW和抱闸接触器BY线圈都无法得电,主回路也就无法导通。

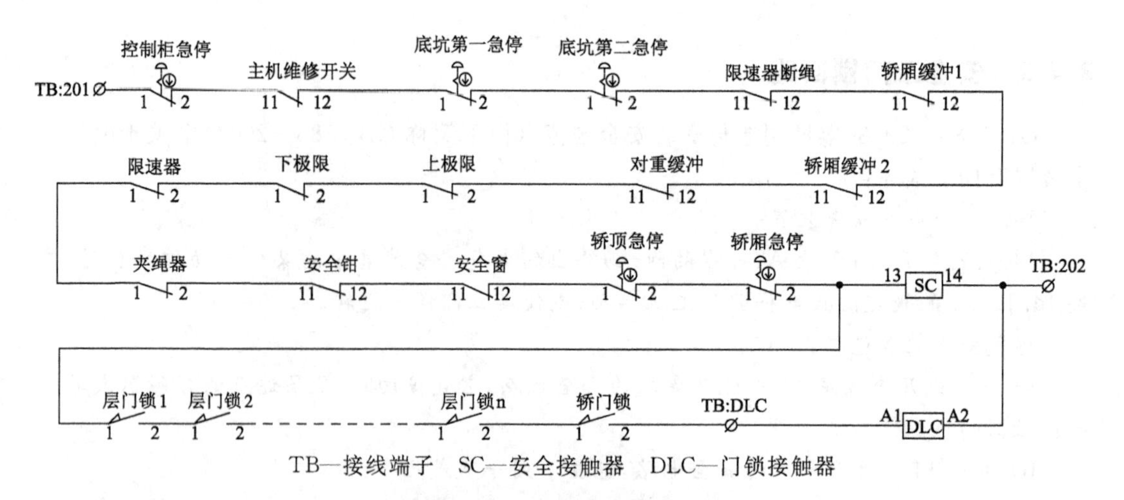

TB—接线端子　SC—安全接触器　DLC—门锁接触器

图 3-24　安全及门锁回路

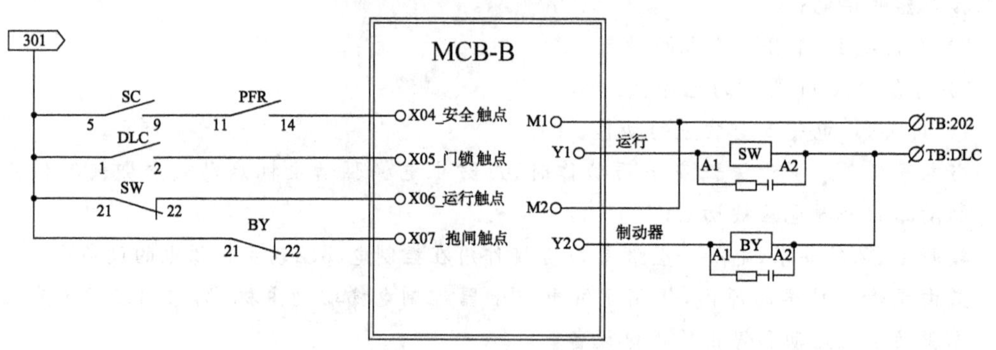

MCB-B—主控制板　PFR—相序继电器　DLC—门锁接触器　SW—运行接触器
BY—抱闸接触器　SC—安全接触器　TB—接线端子

图 3-25　控制回路

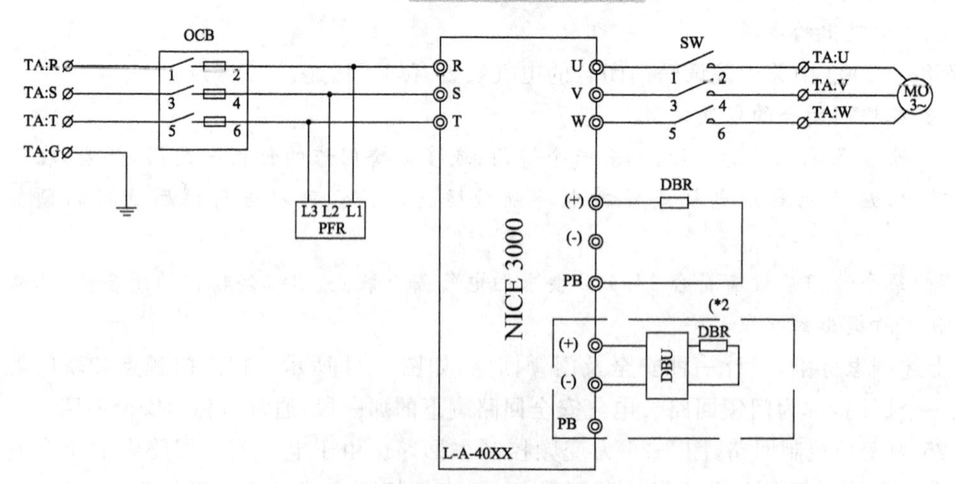

OCB—电源主空开　SW—运行接触器　PFR—相序继电器　DBU—制动单元　DBR—制动电阻

图 3-26　主回路

3.4.3　检修运行控制回路

GB 7588—2003 中关于检修运行控制有如下描述：

14.2.1.3　检修运行控制

为便于检修和维护，应在轿顶装一个易于接近的控制装置。该装置应由一个能满足 14.1.2 电气安全装置要求的开关(检修运行开关)操作。

该开关应是双稳态的，并应设有误操作的防护。

同时应满足下列条件：

a) 一经进入检修运行，应取消：

1) 正常运行控制，包括任何自动门的操作；

2) 紧急电动运行(14.2.1.4)；

3) 对接操作运行(14.2.1.5)。

只有再一次操作检修开关，才能使电梯重新恢复正常运行。

如果取消上述运行的开关装置不是与检修开关机械组成一体的安全触点，则应采取措施，防止 14.1.1.1 列出的其中一种故障列在电路中时轿厢的一切误运行。

b) 轿厢运行应依靠持续揿压按钮，此按钮应有防止误操作的保护，并应清楚地标明运行方向。

c) 控制装置也应包括一个符合 14.2.2 规定的停止装置。

d) 轿厢速度不应大于 0.63 m/s。

e) 不应超过轿厢的正常的行程范围。

f) 电梯运行应仍依靠安全装置。

控制装置也可以与防止误操作的特殊开关结合，从轿顶上控制门机构。

针对上述国家标准，设计一种检修回路，如图 3-27 所示。

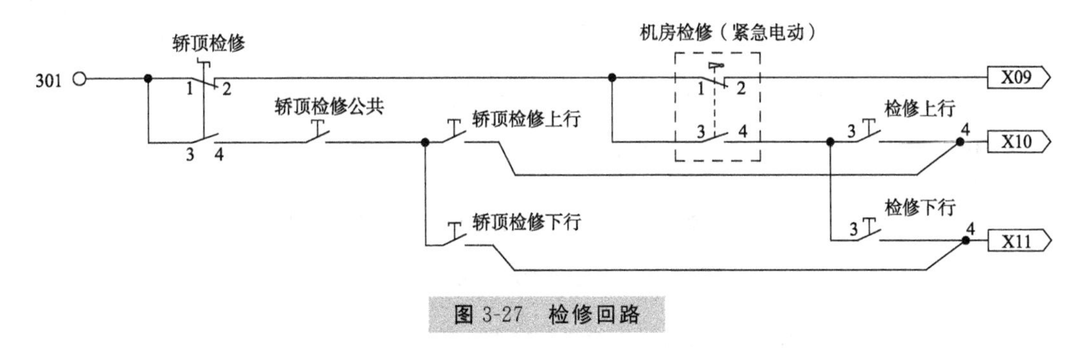

图 3-27　检修回路

3.4.4　紧急电动运行控制回路

GB 7588—2003 中关于紧急电动运行控制有如下描述：

14.2.1.4　紧急电动运行控制

对于人力操作提升装有额定载重量的轿厢所需力大于 400 N 的电梯驱动主机，其机房内应设置一个符合 14.1.2 的紧急电动运行开关。电梯驱动主机应由正常的电源供电或由备用电源供电(如有)。

同时下列条件也应满足：

a) 应允许从机房内操作紧急电动运行开关，由持续揿压具有防止误操作保护的按钮控制轿厢运行。运行方向应清楚地标明。

b) 紧急电动运行开关操作后，除由该开关控制的以外，应防止轿厢的一切运行。检修运行一旦实施，则紧急电动运行应失效。

c) 紧急电动运行开关本身或通过另一个符合14.1.2的电气开关应使下列电气装置失效：

1) 9.8.8安全钳上的电气安全装置；

2) 9.9.11.1和9.9.11.2限速器上的电气安全装置；

3) 9.10.5轿厢上行超速保护装置上的电气安全装置；

4) 10.5极限开关；

5) 10.4.3.4缓冲器上的电气安全装置。

d) 紧急电动运行开关及其操纵按钮应设置在使用时易于直接观察电梯驱动主机的地方。

e) 轿厢速度不应大于0.63 m/s。

针对上述国家标准，设计一种紧急电动运行控制回路，如图3-28所示。

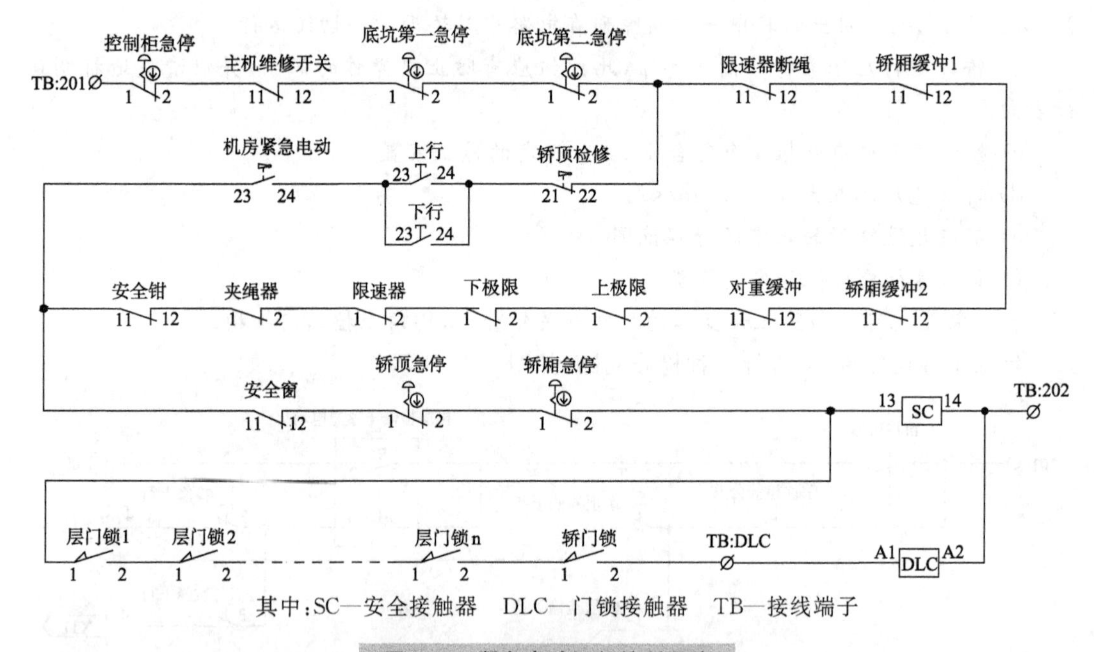

其中：SC—安全接触器 DLC—门锁接触器 TB—接线端子

图3-28 紧急电动运行控制回路

关于检修运行控制和紧急电动运行控制之间的逻辑关系问题，正确的做法为：在触发了检修运行开关后再触发紧急电动运行开关，则紧急电动运行无效，检修上下行按钮仍然有效。在触发了紧急电动运行开关之后再触发检修运行开关，则紧急电动运行失效，检修运行上下按钮开始有效。

3.4.5 制动器控制回路及各种反馈检测控制回路

GB 7588—2003中关于制动系统有如下描述：

12.4.2.3.1 切断制动器电流，至少应用两个独立的电气装置来实现，不论这些装置与用来切断电梯驱动主机电流的电气装置是否为一体。

当电梯停止时，如果其中一个接触器的主触点未打开，最迟到下一次运行方向改变时，应防止电梯再运行。

针对上述国家标准，设置一种制动器控制回路，如图 3-29 所示。

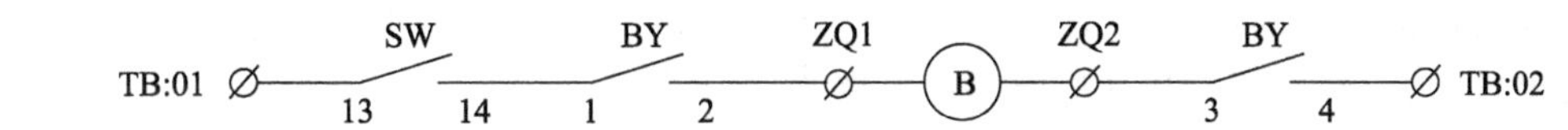

BY—抱闸接触器　SW—运行接触器　TB:01、TB:02—DC110 V 接线端子　ZQ1、ZQ2—抱闸接线端子

图 3-29　制动器控制回路

在某些场合，还可设计制动器强激控制回路，主要由抱闸接触器 BY 和延时断开继电器 KT 组成，如图 3-30 所示。

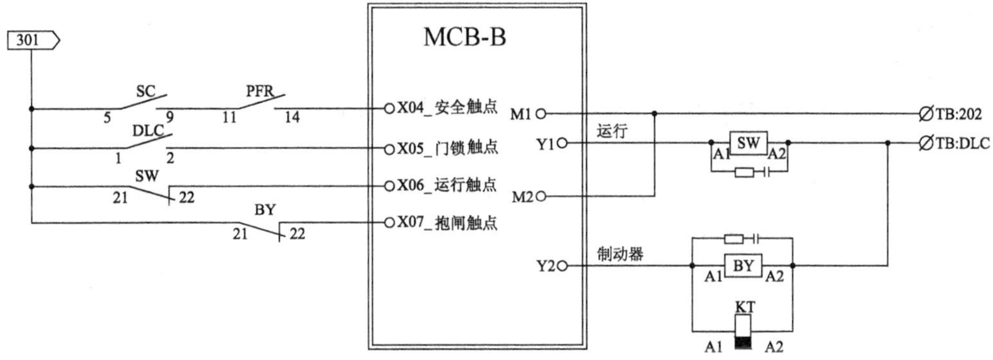

MCB-B—主控制板　PFR—相序继电器　DLC—门锁接触器　SW—运行接触器
BY—抱闸接触器　SC—安全接触器　KT—强激接触器

图 3-30　制动器反馈检测回路及抱闸强激控制回路

在电梯启动时，控制系统输出制动器强激接触器信号，强激接触器 KT 通电，短接滑动电阻部分阻值，同时运行接触器 SW 和抱闸接触器 BY 吸合，制动器得到完整的启动电压而打开。电梯再经过延时接触器延时之后，强激接触器 KT 释放，回路串入滑动电阻阻值进行分压，通过对滑动电阻 RZ1 的阻值调节，可使得制动器电压维持在需要的电压，如图 3-31 所示。

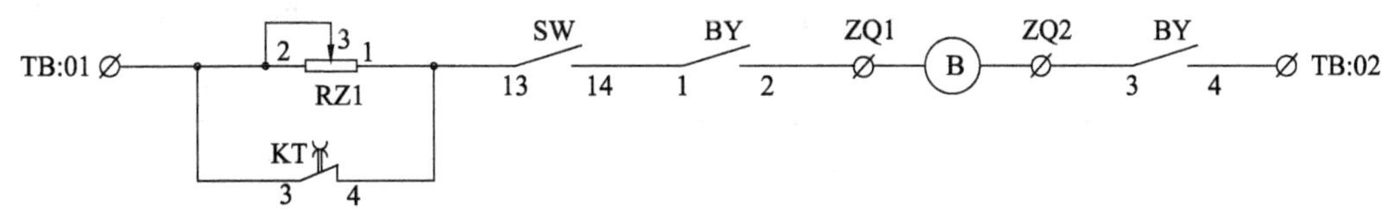

BY—抱闸接触器　SW—运行接触器　KT—强激接触器　TB:01、TB:02—DC110 V 接线端子
ZQ1、ZQ2—抱闸接线端子　RZ1—滑动电阻

图 3-31　制动器强激回路

3.4.6　五方通话装置控制回路

GB 7588—2003 中关于紧急解困有如下描述：

5.10　紧急解困

如果在井道中工作的人员存在被困危险，而又无法通过轿厢或井道逃脱，应在存在该危险处设置报警装置。

该报警装置应符合14.2.3.2和14.2.3.3的要求。

根据对以上条文的理解，底坑和轿顶都属于在井道中被困难以逃脱的危险处。所以应装设报警装置，该装置还可与外界及时取得联系。

GB 7588—2003中关于紧急报警装置有如下描述：

14.2.3　紧急报警装置

14.2.3.1　为使乘客能向轿厢外求援，轿厢内应装设乘客易于识别和触及的报警装置。

14.2.3.2　该装置的供电应来自8.17.4中要求的紧急照明电源或等效电源。注：14.2.3.2不适用于轿内电话与公用电话网连接的情况。

14.2.3.3　该装置应采用一个对讲系统以便与救援服务持续联系。在启动此对讲系统之后，被困乘客应不必再做其他操作。

14.2.3.4　如果电梯行程大于30 m，在轿厢和机房之间应设置8.17.4述及的紧急电源供电的对讲系统或类似装置。

根据对以上条文的理解，轿厢、救援服务(值班室)是必须安装报警和对讲装置的，机房对讲在电梯行程≤30 m时可装可不装。

综上，目前大多数电梯配置的五方对讲装置的所谓"五方"是指值班室、机房、轿厢、轿顶、底坑(或轿底)，如图3-32所示。

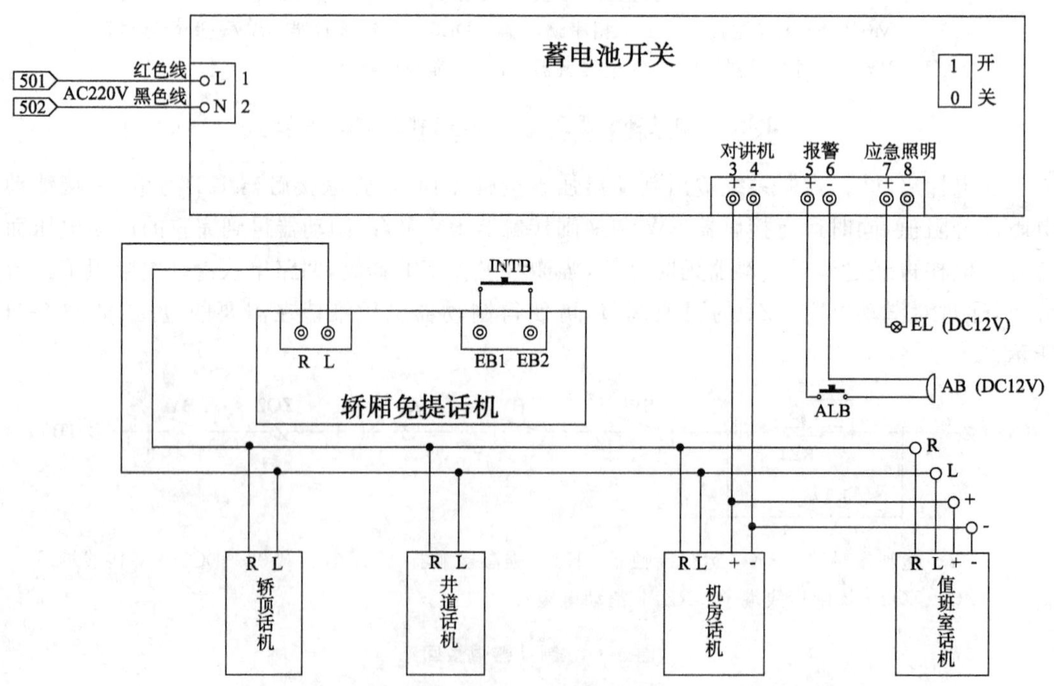

R、L—话机连接端子　INTB—通话按钮　KT—强激接触器

ALB—警铃按钮　AB—警铃　EL—应急照明灯

图3-32　五方对讲回路

思考题

1. 简述直流门机的工作原理。
2. 简述变频门机的工作原理。
3. 变频驱动电梯速度给定有哪些方式？有何区别？
4. 电梯运行主要控制回路有哪些？分别有何作用？

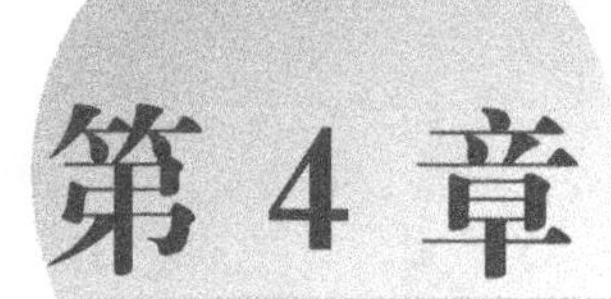

第 4 章 典型电梯控制系统设计

本章重点：介绍了电梯控制系统功能，分析了电梯典型控制功能的流程图，分别以交流双速电梯 PLC 控制系统和多网络微机控制变频电梯控制系统为实例介绍了电梯控制系统的设计。

4.1 电梯控制系统功能

电梯控制系统功能如表 4-1 所示。

表 4-1 电梯控制系统功能表

	序号	名　称	序号	名　称
标准功能	1	检修操作	21	触点粘连保护
	2	集选控制	22	驻停(退出运行)
	3	司机运行	23	测试运行
	4	司机直驶	24	井道数据自学习
	5	独立操作(专用服务)	25	时钟控制
	6	慢速自救运行	26	换站停靠
	7	本层呼梯开门	27	误指令消除
	8	关门按钮关门	28	模拟速度给定
	9	开门按钮开门	29	数字量多段速速度给定
	10	保持开门时间的自动控制	30	故障历史记录
	11	关门保护	31	服务层的任意设置
	12	满载直驶	32	多种楼层显示字符任意设定
	13	超载保护	33	点阵式层楼显示器
	14	防捣乱功能	34	运行方向的滚动显示
	15	重复开门	35	层楼位置信号的自动修正
	16	反向时自动消除指令	36	门区外不能开门保护措施
	17	待梯时轿内照明、风扇自动断电	37	火灾应急返回
	18	自动返基站	38	消防员服务
	19	运行时间限制器	39	前后门独立控制
	20	防终端越程保护	40	强迫关门

续表

	序号	名　称	序号	名　称
选配功能	41	提前开门	51	下班高峰服务
	42	微动平层(再平层)	52	分散待梯
	43	语音报站	53	轿厢到站钟
	44	小区(或大楼)监控	54	轿厢 IC 卡楼层服务控制
	45	并联控制	55	大厅 IC 卡呼梯服务控制
	46	群控	56	厅外到站预报灯
	47	紧急电源操作	57	厅外到站钟
	48	自动救援操作(停电自动平层)	58	VIP 贵宾层服务
	49	地震管制	59	密码控制功能
	50	上班高峰服务	60	残疾人操纵盘

1. 检修操作

检修操作是指在电梯检修状态下,手动操作检修控制装置使电梯轿厢以检修速度运行的操作。

这是在检修或调试电梯时使用的操作功能。系统具有三个(或两个)检修开关,优先级别由高至低分别为:轿顶检修开关、轿内检修开关(有的电梯设计时无此开关)、控制柜检修开关。优先级别高的检修开关置位后,优先级别低的检修开关将不起作用。将系统设置为检修状态后,当符合运行条件时,按下相应位置的"慢上"或"慢下"按钮,电梯会以检修速度向上或向下运行,松开按钮即停止运行。系统在检修状态时开关门为点动方式。

2. 集选控制

集选控制是指在信号控制的基础上把召唤信号集合起来进行有选择的应答。电梯可有(无)司机操纵。电梯在运行过程中可以应答同一方向所有层站呼梯信号和操纵盘上的选层按钮信号,并自动在这些信号指定的层站平层停靠。电梯运行响应完所有呼梯信号和指令信号后,可以返回基站待命,也可以停在最后一次运行的目标层待命。

将控制柜上的开关设置为"正常",轿厢操纵盘上的开关设置为"自动",在其他检修开关没有动作的情况下,电梯将工作在自动状态。登记外呼梯信号按照顺向截车、反向最高(低)截车的原则运行;平层停车后自动开门,延时一段时间(可以通过"开门保持时间"设置)后自动关门,如果自动关门时间未到,也可按手动关门按钮提前关门;本层呼梯自动开门;所有登记指令服务完毕后,电梯将自动延时返回待梯层。

3. 司机运行

将控制柜上的开关设置为"正常",轿厢操纵盘上的开关设置为"司机",在其他检修开关没有动作的情况下,电梯将工作在司机状态。在司机状态下,系统只登记内选信号。如有外呼信号,轿厢操纵盘内对应层的内选灯闪动,顺向外呼自动截车,平层停车后自动开门,但不自动关门,须由司机按动关门按钮。

4. 司机直驶

有司机状态运行时,按下直驶按钮则电梯只响应内选,不响应外呼。

5. 独立操作(专用服务)

通过专用转换开关转换状态,电梯将只接受轿内指令,不响应层站召唤(外呼)的服务功能。

6. 慢速自救运行

当电梯处于非检修状态,且未停在平层区时,只要符合起动的安全要求,电梯将自动以慢速运行至平层区,开门放客。

7. 本层呼梯开门

电梯未起动且门已关上或正在关闭时,如果本层召唤按钮被按下,轿门自动打开。如果按住按钮不放,门保持打开。延时时间通过"开门保持时间"参数设定。

8. 关门按钮关门

自动状态下,在保持开门的状态时,可以按关门按钮使门立即响应关门动作。

9. 开门按钮开门

电梯停在门区时,可以在轿厢中按开门按钮使电梯已经关闭或尚未关闭的门重新打开。

10. 保持开门时间的自动控制

无司机运行时,电梯到站自动开门后,延时若干时间自动关门。

11. 关门保护

在关门过程中,当安装在轿厢门口的光电信号或机械保护装置探测到有人或物体在此区域时,立即重新开门。

每台电梯都配有门光幕保护装置。当两扇轿门的中间有东西阻挡时,门光幕保护动作,电梯就会开门。但门光幕保护在消防操作时不起作用。

12. 满载直驶

轿厢载荷超过设定值时,电梯不响应沿途的层站召唤,按登记的轿内指令行驶。

13. 超载保护

电梯超载时,轿内发出音频或视频信号,并保持开门状态,不允许起动。

当电梯装有称重装置并且处于自动状态时,如果电梯超载,则电梯门打开,超载灯亮,蜂鸣器响(声光报警),并且关门按钮无效,超载消除后自动恢复正常。

14. 防捣乱功能

当检测到轿内选层指令明显异常时,取消已登记的轿内运行指令。

在轿底须加轻载开关,当轻载开关没有动作,轿厢指令数超过5个(缺省值,此数值可通过参数调整)时,系统将消除所有指令。

15. 重复开门

如果电梯持续关门一段时间后(该时间可设定),尚未使门锁闭合,电梯就会转换成开门状态。

16. 反向时自动消除指令

当电梯到达最远层站将要反向时,原来所有后方登记的指令全部消除。

17. 待梯时轿内照明、风扇自动断电

电梯无指令时或外召登记超过一段时间后(此时间可通过参数调整),轿厢内照明、风扇自动断电。但在接到指令或召唤信号后,又会自动重新上电投入使用。

18. 自动返基站

无司机运行时，如果设定自动返基站功能有效，当无指令和召唤时，电梯在一定时间(此时间可通过参数设置)延迟后自动返回基站。

19. 运行时间限制器

在非检修状态，电梯运行过程中，如果连续运行了运行时间限制器规定的时间后，其中没有平层开关动作过，系统就认为检测到钢丝绳打滑故障，所以就停止轿厢的一切运行，直到断电复位或转到检修状态时，才能恢复正常运行。

20. 防终端越程保护

电梯的上下终端都装有终端减速开关、终端限位开关和终端极限开关，以保证电梯不会越程。

21. 触点粘连保护

系统检测安全继电器、接触器触点是否可靠动作，如发现触点的动作和线圈的驱动状态不一致，将停止轿厢的一切运行，直到断电复位才能恢复正常运行。

22. 驻停(退出运行)

启动此功能开关后，电梯不再响应任何层站召唤，在响应完轿内指令后，自动返回指定楼层停梯。

若此时电梯正在运行且已有内选登记，则电梯不再响应任何外呼梯，将所登记的内选服务完毕后自动返回锁梯层(可设置)；若无内选登记，则电梯直接返回锁梯层。返回锁梯层后，电梯不再响应任何内选及外呼，10 s 后，电梯自动关门，切断轿内照明并且厅外及轿内层显熄灭。若此时有人员留在轿厢内，只需按下任一内选或开/关门按钮，轿内照明立即恢复；按动开/关门按钮开门后可以使轿内人员离开轿厢，10 s 后，电梯重新自动关门并切断轿内照明。

若关闭电锁时电梯处于检修状态，则电梯不能自动返回驻停层，其余与上述相同。

23. 测试运行

这是为测试或考核新梯而设计的功能。在主板上将某个参数设置为“测试运行”时，电梯就会自动运行。自动运行的总次数和每次运行的间隔时间都可通过参数设置。

24. 井道数据自学习

在电梯正式运行前，起动系统的井道学习功能，学习井道内各种数据(层高、保护开关位置、减速开关位置等)，并永久保存这些运行数据。

25. 时钟控制

系统内部有实时时钟，因此故障记录时可记下发生每次故障的确切时间。

26. 换站停靠

如果电梯在持续开门 8 s(缺省值，此时间可通过参数调整)后，开门限位尚未动作，电梯就会变成关门状态，并在门关闭后，响应下一个召唤和指令。

27. 误指令消除

该功能可以取消轿内误登记的指令。

乘客按下指令按钮被响应后，发现与实际要求不符，可在指令登记后连按 2 次错误指令的按钮，该登记的信号就被取消。

28. 模拟速度给定

通过选用模拟量速度曲线给定可自行产生速度曲线，采用距离原则减速，实现直接停靠，提高电梯运行效率。

29. 数字量多段速速度给定

对于无模拟量控制口的变频器可选用数字量多段速控制，抗干扰能力强。

30. 故障历史记录

可记录 20 条最近的故障，包括发生时间、楼层、代码。

31. 服务层的任意设置

通过手持操作器可以任意设置电梯能停靠哪些层站，不能停靠哪些层站。

32. 多种层楼显示字符的任意设定

通过手持操作器可以任意设置每一层楼显示的字符，如设置地下一楼显示“B”等。

33. 点阵式层楼显示器

系统厅外和轿内都采用点阵式层楼显示器，具有字符丰富、显示生动、字形美观等特点。

34. 运行方向的滚动显示

厅外和轿内的层楼显示器在电梯运行时都采用滚动的方式显示运行的方向。

35. 层楼位置信号的自动修正

系统运行时在每个终端开关动作点和每层楼平层开关动作点都对电梯的位置信号以自学习时得到的位置数据进行修正。

36. 门区外不能开门保护措施

为安全起见，在门区外，系统设定不能开门。

37. 火灾应急返回

操纵消防开关或接受相应信号后，电梯将直驶回到设定楼层，进入停梯状态。

38. 消防员服务

该功能通过操纵消防开关使电梯投入消防员专用状态。在该状态下，电梯将直驶回到设定楼层后停梯，其后只允许经授权人员操作电梯。

当遇到火灾时，将消防员操作开关置位后，电梯立即消除所有指令和召唤，运行返回消防基站，而后，进入消防员操作模式。在消防员操作模式下，没有自动开关门动作，只有通过开关门按钮点动操作才能使开关门动作。这时电梯只响应轿内指令，且到站后消除已登记的所有指令。只有当电梯开门停在基站时，将上述两开关都复位后，电梯才能恢复正常运行。

39. 前后门独立控制

前后门独立的含义有两点：一是指有后门操纵盘时的前后门独立操作。另一点是指当有后门召唤盒时的前后门独立操作：如果平层前有后门召唤盒的本层召唤登记，停下来时开后门；如果平层前有主召唤盒的本层召唤登记，停下来时开前门；如果两面都有本层召唤登记，则两扇门都开。同样，在本层开门时，按的是后门召唤盒的按钮，就开后门；按的是主召唤盒的按钮，就开前门。

40. 强迫关门

当开通强迫关门功能后，如果由于光幕动作或其他原因使电梯连续一分钟开着门而没有关门信号，电梯就强迫关门，并发出强迫关门信号。

41. 提前开门

这是为提高运行效率，在电梯进入开锁区域后，在平层过程中即进行开门动作的功能。

选配该功能后，电梯在每次平层过程中，当到达提前开门区（一般在平层位置的上下75 mm内），而且速度小于0.3 m/s时，就马上提前开门，从而提高电梯的运行效率。

42. 微动平层（再平层）

这是在电梯停靠开门期间，由于负载变化，检测到轿厢地坎与层门地坎平层差距过大时，电梯自动运行使轿厢地坎与层门地坎再次平层的功能。

当电梯楼层较高时，由于钢丝绳的伸缩，乘客进出轿箱也会造成轿箱上下移动，导致平层不准，系统功能同上。

43. 语音报站

语音报站是指语音通报轿厢运行状况和楼层信息的功能。

系统在配有语音报站功能时，电梯在每次平层过程中，语音报站器将报出即将到达的层楼，在每次关门前，报站器会预报电梯接下去运行的方向等内容。

44. 小区（或大楼）监控

通过RS485通信线，控制系统与装在监控室的PC机相连，再加上监控软件，就可以在PC上监控到电梯的楼层位置、运行方向、故障状态等情况。

45. 并联控制

并联控制时，两台电梯共同处理层站呼梯信号。并联的各台电梯相互通信、相互协调，根据各自所处的楼层位置和其他相关的信息，确定一台最适合的电梯去应答每一个层站呼梯信号，从而提高电梯的运行效率。

并联的要点是召唤信号的合理分配。本系统使用距离原则分配召唤，即任何召唤登记后，系统会及时把它分配给那台较近较快响应的电梯，以最大程度地减少乘客的等梯时间。本系统的并联控制中，有返基站功能，即当两台电梯均应答完所有指令和召唤后，靠近基站的电梯会自动返基站待梯。返基站功能根据用户需要选择，通过手持操作器很方便地设置成功。

46. 群控

群控是指将两台以上电梯组成一组，由一个专门的群控系统负责处理群内电梯的所有层站呼梯信号。群控系统可以是独立的，也可以隐含在每一个电梯控制系统中。群控系统和每一个电梯控制系统之间都有通信联系。群控系统根据群内每台电梯的楼层位置、已登记的指令信号、运行方向、电梯状态、轿内载荷等信息，实时将每一个层站呼梯信号分配给最适合的电梯去应答，从而最大程度地提高群内电梯的运行效率。群控系统中，通常还可选配上班高峰服务、下班高峰服务、分散待梯等多种满足特殊场合使用要求的操作功能。

47. 紧急电源操作

当电梯正常电源断电时，电梯电源自动转接到用户的应急电源，群组轿厢按流程运行到设定层站，开门放出乘客后，按设计停运或保留部分运行。

具备群控电梯和大楼有自备紧急供电的发电设备两个条件，才能选配该功能。

配有该功能时，一旦大楼正常电源发生故障，切换到紧急供电电源时，群控系统会调配电梯一台接一台地返回到基站，开门放客然后根据预先设置的参数，判定哪几台电梯在紧急供电电源时还继续运行，哪几台电梯此时停梯不能运行。等到正常电源恢复后，电梯才恢复正常运行。该功能的主要目的是防止紧急供电功率不够，多台电梯同时运行时会造成电源过载。

48. 自动救援操作(停电自动平层)

当电梯正常电源断电时，经短暂延时后，电梯轿厢自动运行到附近层站，开门放出乘客，然后停靠在该层站等待电源恢复正常。

49. 地震管制

这是地震发生时，对电梯的运行做出管制，以保障电梯乘客安全的功能。

配有地震操作功能时，如果发生地震，地震检测装置动作，该装置有一个触点信号输入到控制系统，即使在运行过程中控制系统也会控制电梯就近层停靠，而后开门放客停梯。

50. 上班高峰服务

只有配有群控系统才能选择该功能。如果系统选择该功能，在上班高峰时间(通过时间继电器设定，也可由人工操作开关)，当从基站向上运行的电梯具有 3 个以上的指令登记时，系统就开始进行上班高峰服务运行。此时，群控系统中的所有电梯都在响应完指令和召唤后自动返回到基站开门待梯。过了上班高峰时间(也由时间继电器设定或由人工控制)，电梯又恢复到正常状态。

51. 下班高峰服务

只有配有群控系统才能选择该功能。如果系统选择该功能，在下班高峰时间(通过时间继电器设定，也可由人工操作开关)，当从上下行到基站的电梯满载时，系统就开始进行下班高峰服务运行。此时，群控系统中的所有电梯都在响应完指令和召唤后自动返回到最高层闭门待梯。过了下班高峰时间(也由时间继电器设定或由人工控制)，电梯又恢复到正常状态。

52. 分散待梯

只有配有群控系统才能选择该功能。当群控系统的所有电梯都保持待梯状态一分钟后，群控系统就开始分散待梯运行：如果基站及基站以下层楼都没有电梯，系统就发一台最容易到达基站的电梯到基站闭门待梯；如果群控系统中有两台以上电梯正常使用，而且中心层以上层楼没有任何电梯，系统就分配一台最容易到达上方待梯层的电梯到上方待梯层闭门待梯。

53. 轿厢到站钟

在电梯减速平层过程中装在轿顶或轿底的上、下到站钟会鸣响，以提醒轿内乘客和厅外候梯乘客电梯正在平层，马上到站。

54. 轿厢 IC 卡楼层服务控制

配有该功能时，轿厢操纵盘上有一读卡器，乘客必须持卡才能登记那些需授权进入层楼的指令。有两种轿厢 IC 卡方式：第一种方式，每一张卡指定一个特定层楼，乘客进入轿厢后，刷卡就登记该制定的层楼指令，而要去那些开放的层楼，可和平时一样直接按指令按钮；第二种方式，每一张卡指定若干授权层楼，乘客进入轿厢刷卡后，在一段时间内(比如 5 s)，可以按该卡授权层楼的指令按钮来登记指令。

55. 大厅 IC 卡呼梯服务控制

配有该功能时，每一层楼的召唤盒上有一读卡器，乘客必须持卡才能登记该层楼的召唤信号。有两种大厅 IC 卡方式：第一种方式，每一张卡指定一个特定层楼的特定方向的召唤按钮，乘客在该层楼刷卡后，就登记了该召唤按钮的信号（等同于平时按一次该召唤按钮），而在那些不需刷卡的层楼，可和平时一样直接按召唤按钮；第二种方式，每一张卡指定若干授权层楼的授权召唤，乘客在卡所授权的层楼刷卡后，在刷卡后一段时间内（比如 5 s）或者在刷卡后到门关闭前，可以按该层楼的授权召唤按钮来登记该方向的召唤信号。

56. 厅外到站预报灯

选配该功能时，每一层的大厅里都装有上、下到站预报灯。当一台电梯在平层过程中，离目标层还有 1.2 m 左右距离时，该层站对应方向的到站预报灯就开始闪烁，以告诉乘客该电梯即将到站，同时也预报了该电梯接下去的运行方向，需乘同向电梯的乘客就可预先做好准备。闪烁的到站灯直到电梯门关闭后才熄灭。

57. 厅外到站钟

选配该功能时，每一层的大厅里都装有上、下到站钟。当一台电梯在平层过程中，到达门区时，该层站对应方向的到站钟就开始鸣响，以告诉乘客该电梯即将到站开门。

58. VIP 贵宾层服务

配 VIP 功能时，一般先设置一 VIP 层楼，在该层站的厅外装有一自复位的 VIP 钥匙开关。需要 VIP 服务时，转一下 VIP 开关，电梯就进行一次 VIP 服务操作：取消所有已登记的指令和召唤，电梯直驶到 VIP 层楼后开门，此时电梯不能自动关门，外召唤仍不能登记，但可登记内指令。护送 VIP 的服务员登记好 VIP 要去的目的层指令后，持续按关门按钮使电梯关门，电梯直驶到目的层后开门放客，之后恢复正常。

59. 密码控制功能

配有该功能时，在主操纵盘的分门内增加一密码层设置开关。当电梯在检修状态，门开毕，且将密码层设置开关置于 ON 位置时，电梯就处于密码层设置状态。此时，按下所要设置密码的层楼的指令按钮，该按钮灯会闪烁，接下去连按三个作为密码的指令按钮后，该按钮灯就变为点亮，说明该层楼的密码已经设好。将密码层设置开关复位后，点亮的按钮灯会熄灭，设置状态结束。在正常使用时，按下设置过密码的层楼的指令按钮时，该按钮灯会闪烁，如果在接下去的 6 s 左右时间内，连续按的三个指令按钮和设置的密码一致，该按钮灯就变为点亮，指令被登记；否则，按钮灯会熄灭，指令不能登记。

60. 残疾人操纵盘

残疾人操纵盘是特殊设计的轿厢操纵盘，以方便残疾人和乘坐轮椅的人员操作电梯。

残疾人操纵盘可装在主操纵盘的下方，也可装在门的左侧比主操纵盘略低的位置，它也有指令按钮和开关门按钮，按钮上除了一般字符，还应配有盲文字母。当电梯平层停梯时，如果该层楼有残疾人操纵盘的指令登记，则电梯停梯后开门保持时间增长（一般为 10 s 左右）；同样，如果在按了残疾人操纵盘的开门按钮后开门，开门保持时间也会增长。

4.2 电梯典型控制环节流程

4.2.1 检修流程(见图 4-1)

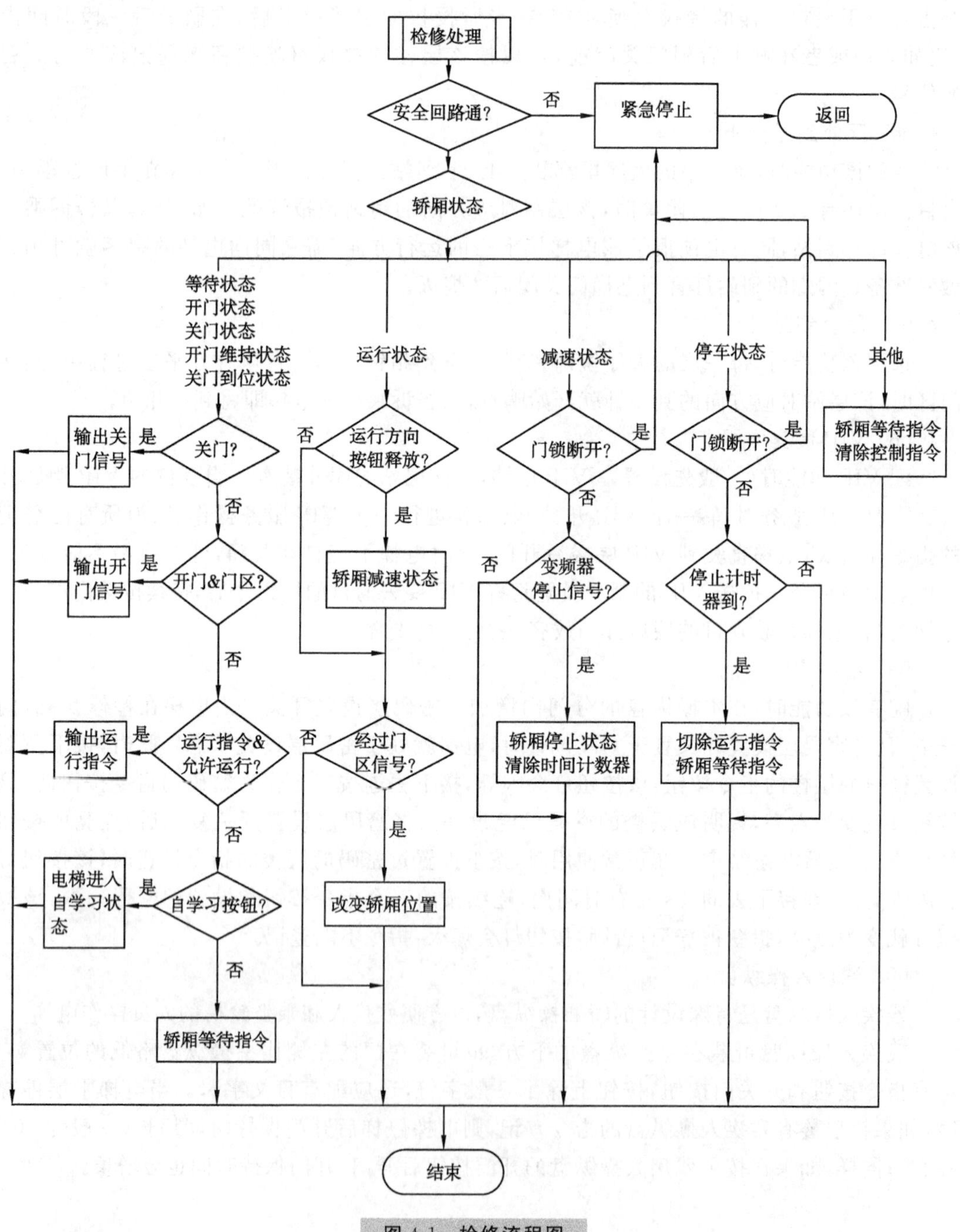

图 4-1 检修流程图

4.2.2　自学习处理流程(见图 4-2)

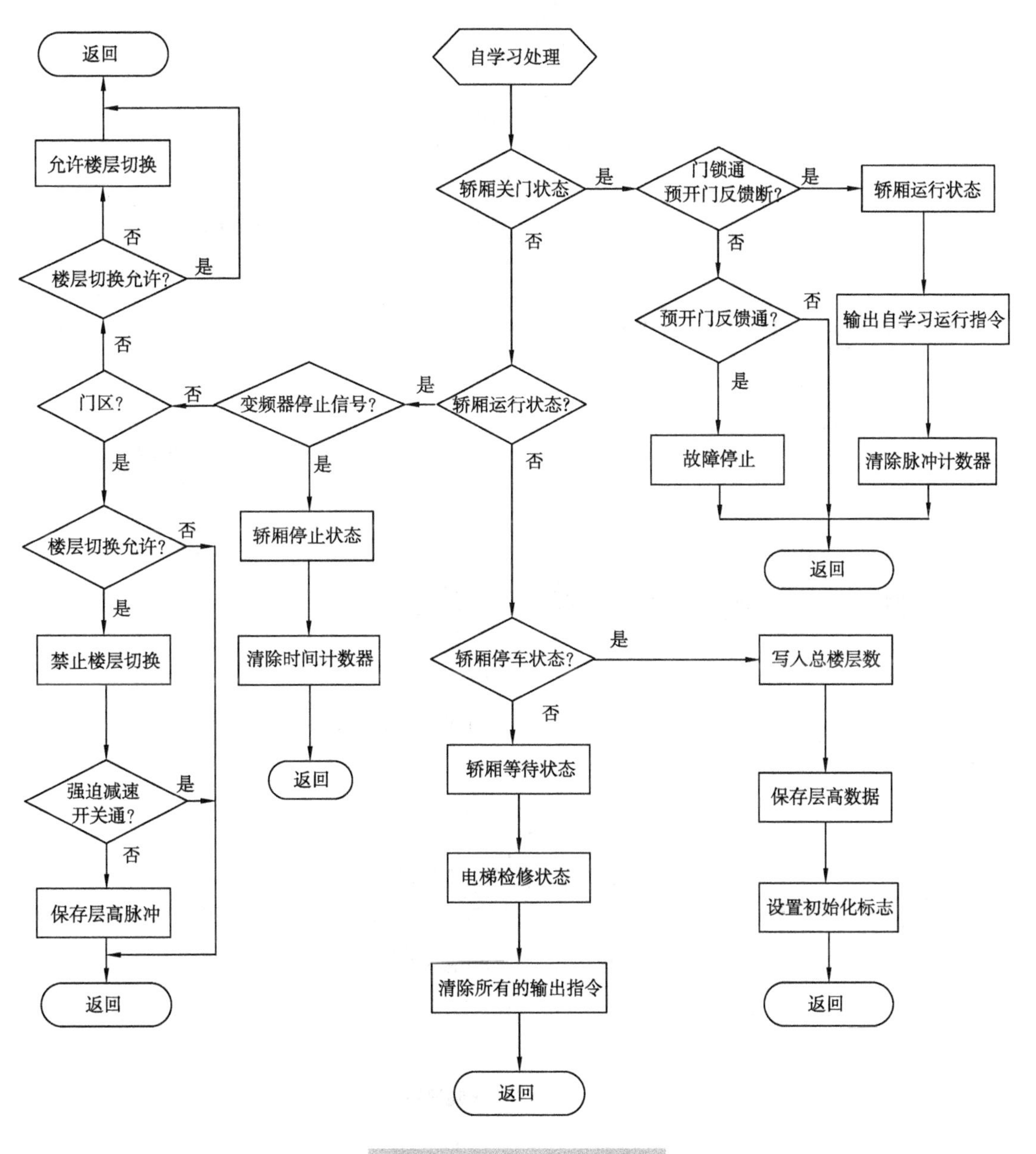

图 4-2　自学习处理流程图

4.2.3 开门处理流程(见图4-3)

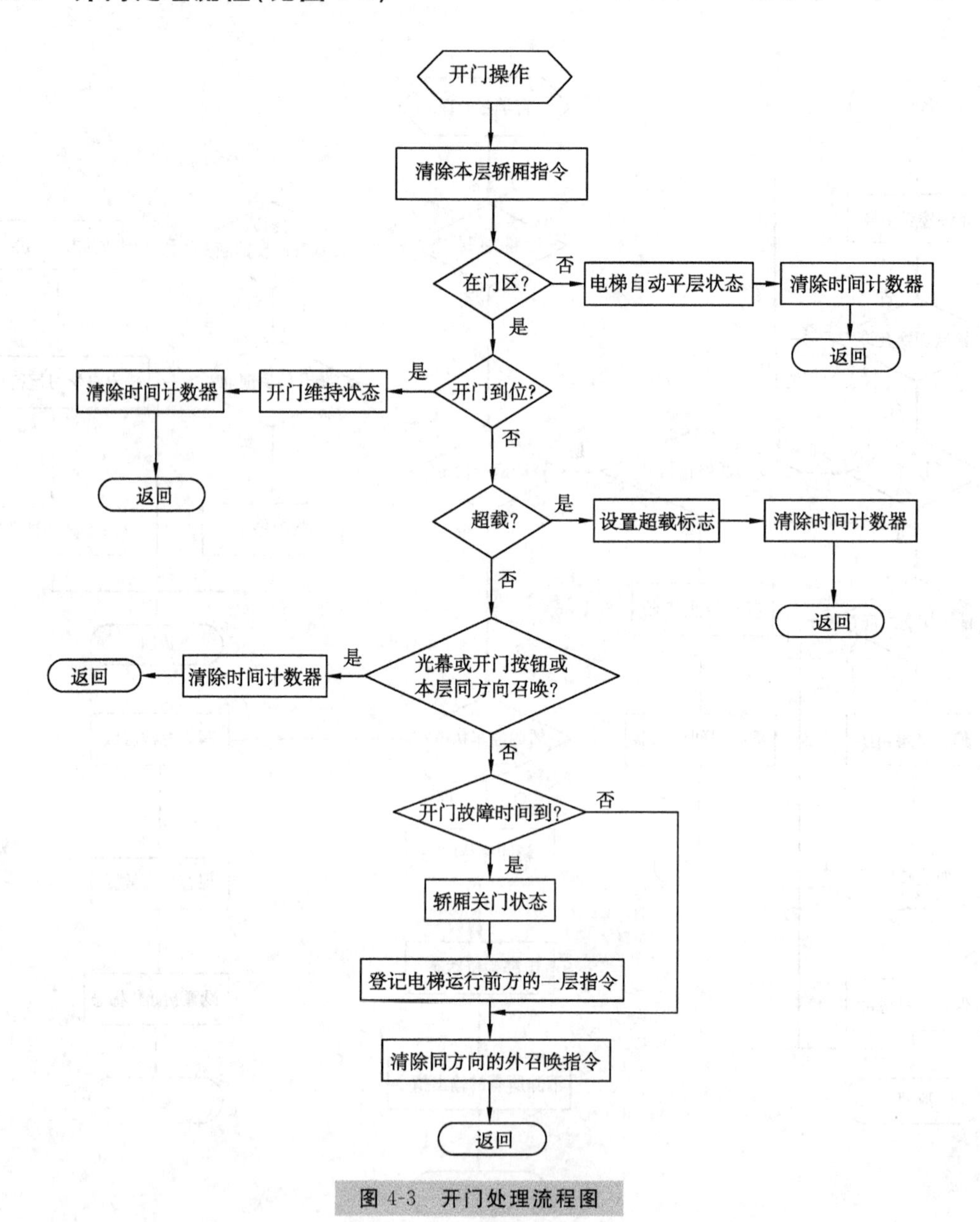

图4-3 开门处理流程图

4.2.4 关门处理流程(见图 4-4)

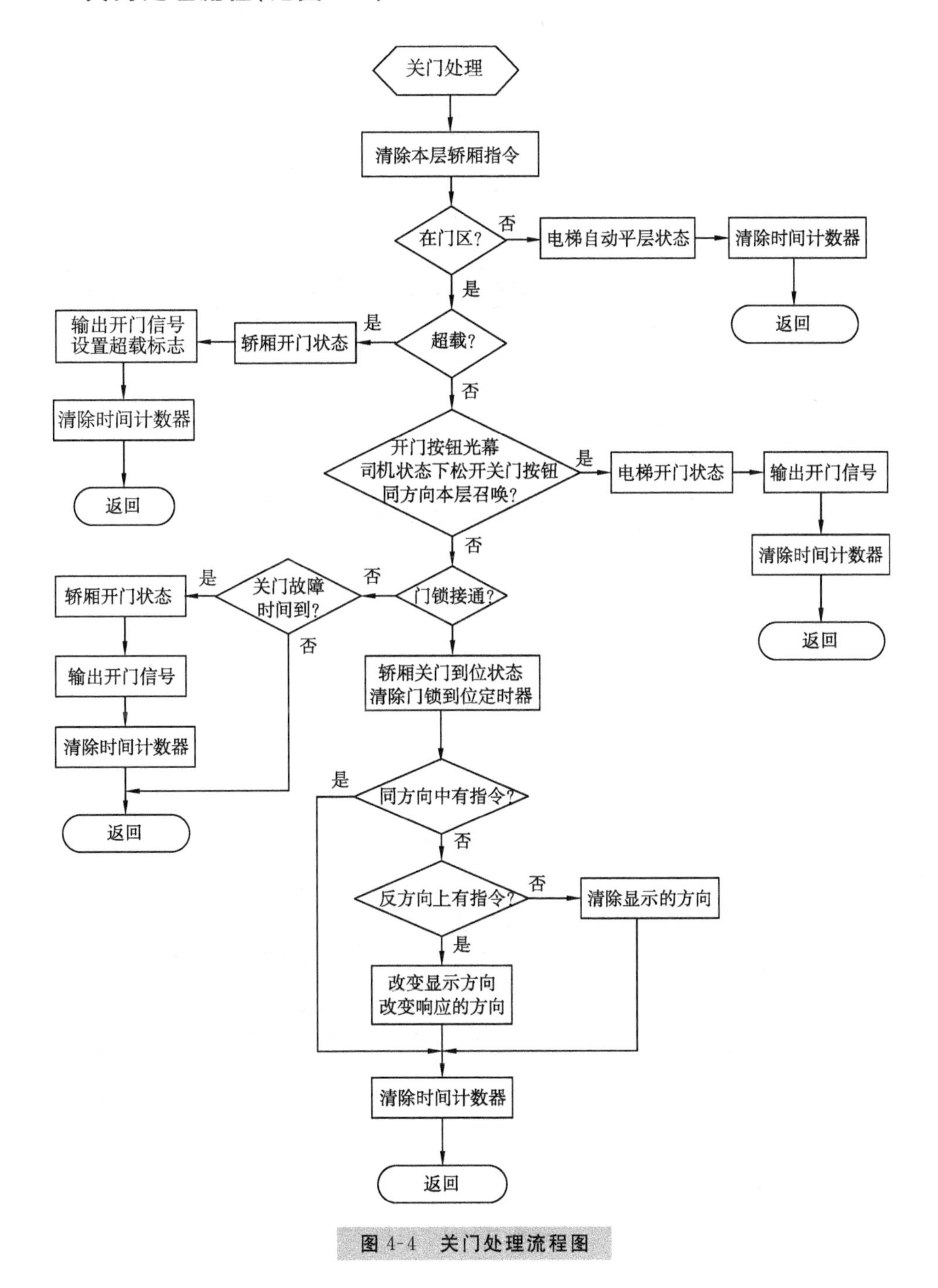

图 4-4 关门处理流程图

4.2.5 故障检修自平层流程(见图 4-5)

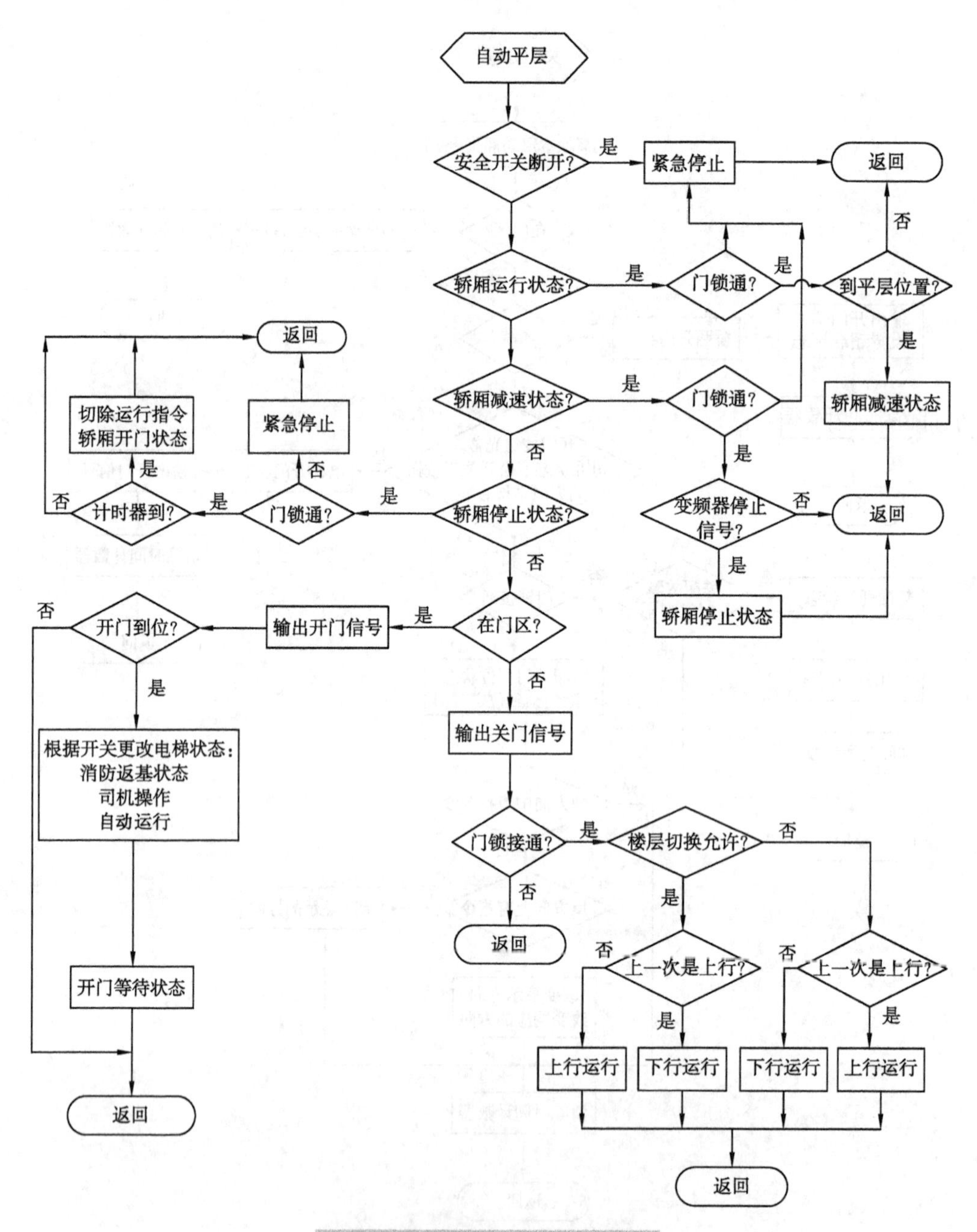

图 4-5 故障检修自平层流程图

4.3　交流双速电梯的 PLC 控制系统设计

4.3.1　硬件选型

交流双速电梯的输入输出规划见表 4-2。

表 4-2　输入输出规划表

输入				输出			
№	功能定义	№	功能定义	№	功能定义	№	功能定义
X0	触点粘连	X23	上减速	Y0	快车加速接触器	Y23	层显 D
X1	锁梯	X24	下减速	Y1	慢车一级减速	Y24	检修输出
X2	开门输入 1	X25	上平层	Y2	慢车二级减速	Y25	上箭头显示输出
X3	安全反馈	X26	下平层	Y3	慢车三级减速	Y26	下箭头显示输出
X4	消防	X27	门区	Y4	快车接触器	Y27	超载输出
X5	司机	X30	1 楼内召	Y5	慢车接触器	Y30	1 楼内召灯
X6	门锁反馈	X31	2 楼内召	Y6	上行接触器	Y31	2 楼内召灯
X7	保留	X32	3 楼内召	Y7	下行接触器	Y32	3 楼内召灯
X10	关门输入	X33	1 楼上召	Y10	前开门	Y33	1 楼上召灯
X11	门 1 开门到位	X34	2 楼下召	Y11	前关门	Y34	2 楼下召灯
X12	门 2 开门到位	X35	2 楼上召	Y12	后开门	Y35	2 楼上召灯
X13	开门输入 2	X36	3 楼下召	Y13	后关门	Y36	3 楼下召灯
X14	检修	X37	3 楼上召	Y14	抱闸	Y37	3 楼上召灯
X15	检修上行	X40	4 楼内召	Y15	到站钟	Y40	4 楼内召灯
X16	检修下行	X41	5 楼内召	Y16	召唤蜂鸣	Y41	5 楼内召灯
X17	满载	X42	4 楼下召	Y17	保留	Y42	4 楼下召灯
X20	超载	X43	4 楼上召	Y20	层显 A	Y43	4 楼上召灯
X21	上终端减速	X44	5 楼下召	Y21	层显 B	Y44	5 楼下召灯
X22	下终端减速			Y22	层显 C		

根据以上数据，可推荐选择对应的三菱或汇川 PLC，见表 4-3。

表 4-3　PLC 选型

层/站/门	三菱型号	汇川型号
2/2/2	FX_{2N}-48MR	H_{2u}-3624MR
3/3/3		
4/4/4	FX_{2N}-64MR	
5/5/5		

上述系列 PLC 具有从 16 路到 256 路输入/输出的多种应用的选择方案。在基本单元上连接扩展单元或扩展模块，可进行 16～256 点的灵活输入输出组合。程序内置 800 步 RAM 可使用存储盒，最大可扩充至 16K 步。丰富的软元件应用指令中有多个可使用的简

单指令、高速处理指令，且具有输入过滤常数可变、中断输入处理、直接输出等功能，使得软件编程和调试变得简单和方便。

4.3.2 硬件设计

图 4-6 为电梯控制系统的硬件电路示意图。

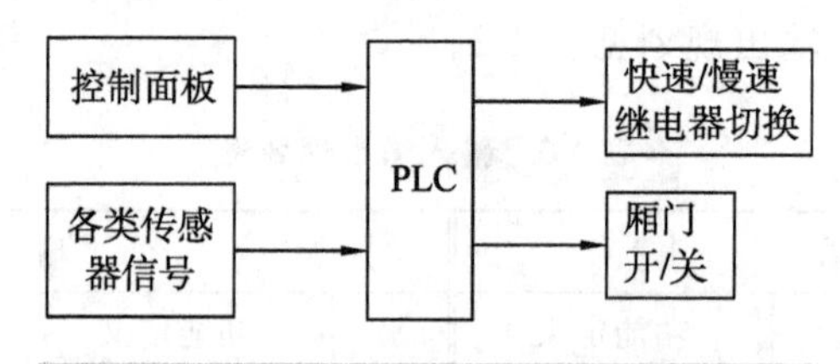

图 4-6 电梯控制系统的硬件电路示意图

4.3.3 软件编程

五层站交流双速电梯的控制流程图如图 4-7 所示。

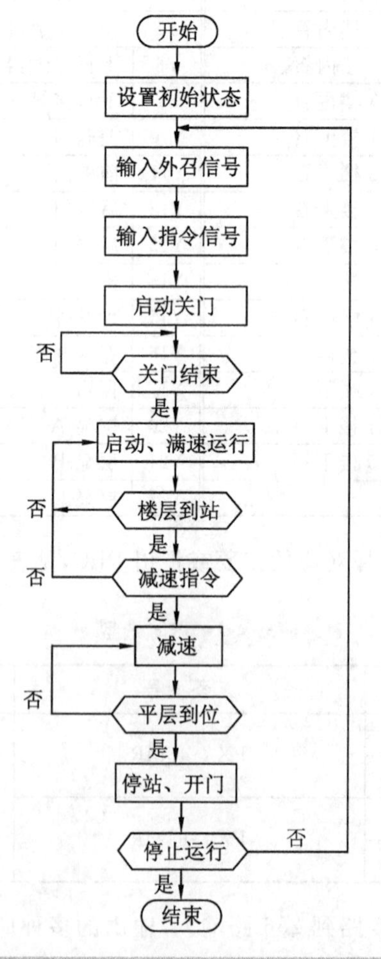

图 4-7 五层站交流双速电梯的控制流程图

4.4　多微机网络控制电梯控制系统设计

以新时达 F5021-32 位微机控制系统为例，介绍多微机网络控制电梯控制系统设计。图 4-8 为微机控制系统组成框图，微机控制系统主要由控制器、层站召唤及楼层显示等组成。

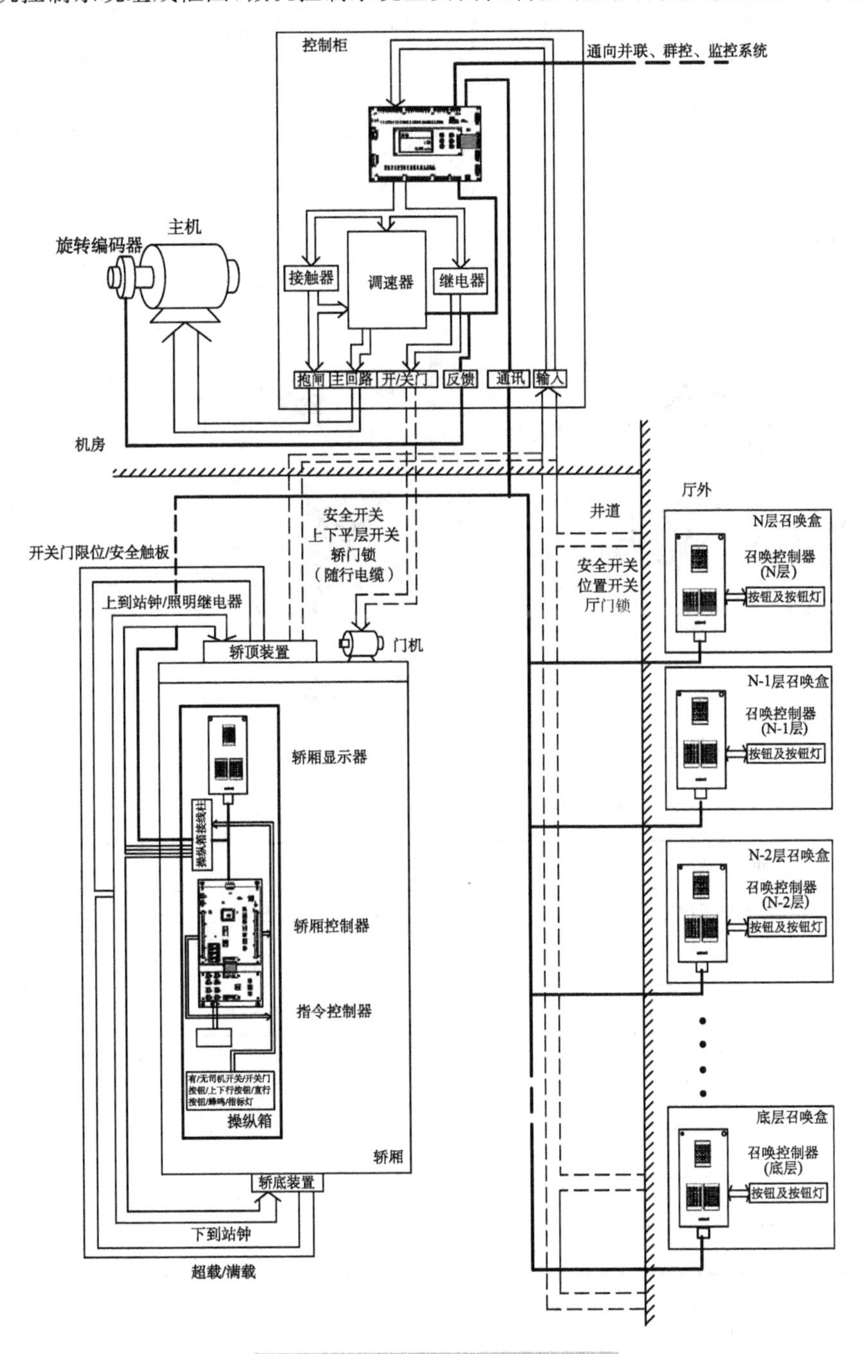

图 4-8　微机控制系统组成框图

4.4.1 硬件选型

1. 主控制板 F5021

(1) 外形(见图 4-9)

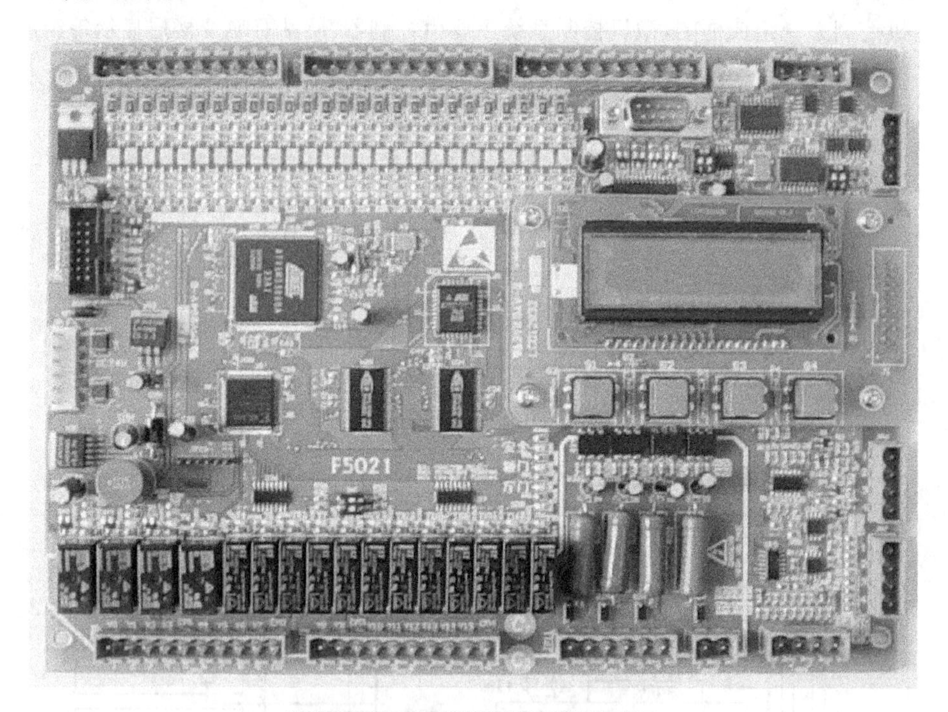

图 4-9 主控制板 F5021 的外形

(2) 接插件规格(见表 4-4)

表 4-4 主控制板 F5021 的接插件规格

插座号	型号
JP1、JP2、JP3、JP9、JP10	MSTB2.5-5.08-10
JP11	MSTB2.5-5.08-6
JP4、JP5、JP6、JP7、JP8	MSTB2.5-5.08-4
JP20	MSTB2.5-5.08-2
JP22	JST-B4B-XH-A
JP12	JSTP6B-VH
JP13	14 针双列排线直座
JP15	RS232 九针直座

(3) 主要元器件规格(见表 4-5)

表 4-5　主控制板 F5021 的主要元器件规格

元件标识	产品名称	产品规格	生产商
U15	CPU	AT91M55800A	ATMEL
U23	Flash Rom	AT49BV040A	ATMEL
U39	CPLD	XC95144XL	XILINX
U24,U25	RAM	IS61LV5128AL	ISSI
U34	RS232	MAX3243	TI
U3,U6	通信处理器	MCP2510	MICROCHIP
U4,U7	通信收发器	TJA1050	Philips
U19,U22	反向器	74HC14	Philips
U1	运放	LM224	TI
Y2	晶振	32K	CCS
X2,X3	晶振	16M	CCS
Q2-Q27	光耦	PC181	Toshiba
Q34-Q37	光耦	CNY17-3	Toshiba
U31	DC-DC	LM2596-5.0	MATIONAL

(4) 电源规格(见表 4-6)

表 4-6　主控制板 F5021 的电源规格

标准输入电压范围	22～26VDC	
功耗	继电器(16 路)全输出	3.2 W
	主板控制芯片运行	1.6 W
	光耦(26 路)全输入有效	4.5 W
PCB 端子位号	JP12-1、12-2、12-5、12-6 为 0 V;JP12-4 为 24 V	

（5）低压开关量输入规格（见表 4-7）

表 4-7　主控制板 F5021 的低压开关量输入规格

输入点	26 路	
输入形式	共阳，低电平输入有效	
输入电压阀值	绝对导通值	≤6 V
	绝对关断值	≥18 V
推荐有效输入电压值	0 V	
最大承载电流	20 mA	
输入示意图	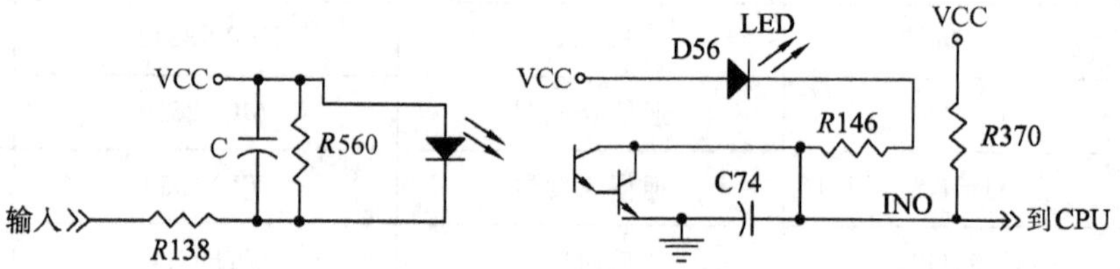	
PCB 板插座型号	MSTBVA2，5/10-G（Phoenix）（3 个）	
插头型号	FKC 2，5/10-STF-5，08（3 个）	
PCB 端子位号	JP1. 1-1. 10，JP2. 1-2. 10，JP3. 1-3. 6，依次为输入点 X0-X25；JP3. 7、3. 8、3. 9 为输入公共点（输入电源的 0 V），JP3. 10 为输入电源的 24 V	

（6）高压开关量输入规格（见表 4-8）

表 4-8　主控制板 F5021 的高压开关量输入规格

输入点	4 路	
输入方式	每路独立输入	
输入电压阀值	绝对导通值	≥85 VAC
	绝对关断值	≤25 VAC
推荐有效输入电压值	110 VAC	
承载电流	≤20 mA	
输入示意图	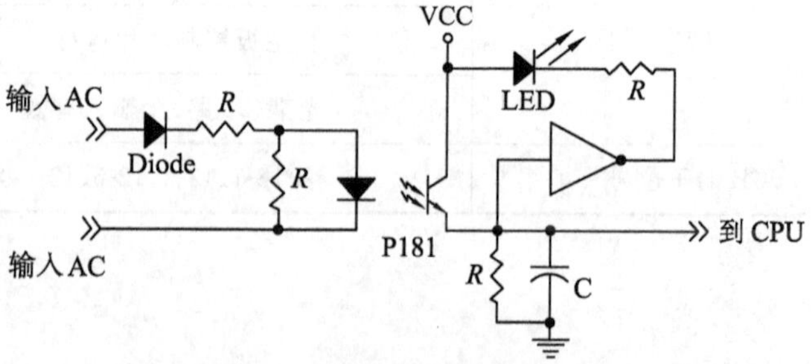	
PCB 板插座型号	MSTBVA2，5/6-G（Phoenix）（1 个），MSTBVA2，5/2-G（Phoenix）（1 个）	
插头型号	FKC 2，5/6-STF-5，08（1 个），FKC 2，5/2-STF-5，08（1 个）	
PCB 端子位号	JP11. 1、11. 3、11. 5，JP20. 1 依次为输入点 X26、X27、X28、X29；JP11. 2、11. 6，JP20. 2 在板子内部连通，为输入的公共端	

(7) 继电器输出 1(见表 4-9)

表 4-9　主控制板 F5021 的继电器输出 1

项目				
输出点	4 路			
输出形式	继电器常开触点输出			
继电器规格	继电器型号	OMRONG5SB 系列,G5SB-14-DC24		
	安全标准	UL508 (File No. E63614) CSA C22.2 No. 14 (File No. LR40304) VDE 0435 (License ＃6856 UG)		
	触点参数	形式	1 常开 1 常闭	
		材料	银合金(Silver Alloy)	
		接触阻抗(初始状态)	最大 100 mΩ (6VDC 1 A 时)	
		额定负载(阻抗)	250 VAC/30 VDC, 常开:5 A/5 A;常闭:3 A/3 A	
		最大承载电流	5 A(NO)/3 A(NC)	
		最大切换功率	1250 VA/150 W(NO),750 VA/30 W(NC)	
		最大切换电压	250 VAC/30 VDC	
		最大切换电流	5 A(NO)/3 A(NC)	
		最小切换负载	10 mA/5 VDC	
	线圈参数	正常功率(20 ℃)	0.4 W	
		动作功率(20 ℃)	0.22 W	
		工作温度(无霜)	−40～70 ℃	
	时间参数	动作时间(正常电压)	最大 10 ms	
		释放时间(正常电压)	最大 5 ms	
	绝缘参数	电阻(500 VDC)	最小 1 000 MΩ	
		电气绝缘能力	触点间	1 000 VAC(1 min)
			触点与线圈间	4 000 VAC(1 min)
		浪涌绝缘能力	线圈与触点间 8 kV/1.2×50 μs	
	寿命	机械寿命	$\geqslant 5\times10^6$	
		电气寿命(触点)	$\geqslant 200\times10^3$	
	振动性能	误动作	10～55 Hz(1.5 mm 的双振幅)	
		保持力	10～55 Hz(1.5 mm 的双振幅)	
	撞击性能	误动作	100 m/s^2 (11±1 ms)	
		保持力	1 000 m/s^2 (6±1 ms)	
	重量	约 6.5 g		
PCB 板插座型号	MSTBVA2,5/10-G(Phoenix)(1 个)			
插头型号	FKC 2,5/10-STF-5,08(1 个)			
PCB 端子位号(1)	JP9.1-Y0;JP9.2-Y1;JP9.3-Y2;JP9.4-Y3;JP9.5-Y0～Y3 输出的公共点			

(8) 继电器输出 2(见表 4-10)

表 4-10 主控制板 F5021 的继电器输出 2

<table>
<tr><td>输出点</td><td colspan="4">12 路</td></tr>
<tr><td>输出形式</td><td colspan="4">继电器常开触点输出</td></tr>
<tr><td rowspan="27">继电器规格</td><td>继电器型号</td><td colspan="3">FTR-F3 系列 F3AA024E</td></tr>
<tr><td>安全标准</td><td colspan="3">UL508 (File No. E63614)
CSA C22.2 No. 14 (File No. LR40304)
VDE 0435 (License # 6856 UG)</td></tr>
<tr><td rowspan="9">触点参数</td><td>形式</td><td colspan="2">1 常开</td></tr>
<tr><td>材料</td><td colspan="2">银合金(Silver Alloy)</td></tr>
<tr><td>接触阻抗(初始状态)</td><td colspan="2">最大 100 mΩ (6 VDC 1 A 时)</td></tr>
<tr><td>额定负载(阻抗)</td><td colspan="2">250 VAC/30 VDC,3 A/5 A</td></tr>
<tr><td>最大承载电流</td><td colspan="2">5 A</td></tr>
<tr><td>最大切换功率</td><td colspan="2">750 VA/90 W</td></tr>
<tr><td>最大切换电压</td><td colspan="2">277 VAC/30 VDC</td></tr>
<tr><td>最大切换电流</td><td colspan="2">5 A</td></tr>
<tr><td>最小切换负载</td><td colspan="2">10 mA,5 VDC</td></tr>
<tr><td rowspan="3">线圈参数</td><td>正常功率(20℃)</td><td colspan="2">0.2 W</td></tr>
<tr><td>动作功率(20 ℃)</td><td colspan="2">0.11 W</td></tr>
<tr><td>工作温度(无霜)</td><td colspan="2">−40～70 ℃</td></tr>
<tr><td rowspan="2">时间参数</td><td>动作时间(正常电压)</td><td colspan="2">最大 10 ms</td></tr>
<tr><td>释放时间(正常电压)</td><td colspan="2">最大 10 ms</td></tr>
<tr><td rowspan="4">绝缘参数</td><td>电阻(500 VDC)</td><td colspan="2">最小 1 000 MΩ</td></tr>
<tr><td rowspan="2">电气绝缘能力</td><td>触点间</td><td>750 VAC(1 min)</td></tr>
<tr><td>触点与线圈间</td><td>4 000 VAC(1 min)</td></tr>
<tr><td>浪涌绝缘能力</td><td colspan="2">线圈与触点间 10 kV/1.2×50 μs</td></tr>
<tr><td rowspan="2">寿命</td><td>机械寿命</td><td colspan="2">$\geqslant 5\times10^6$</td></tr>
<tr><td>电气寿命(触点)</td><td colspan="2">$\geqslant 200\times10^3$</td></tr>
<tr><td rowspan="2">振动性能</td><td>误动作</td><td colspan="2">10～55 Hz(1.5 mm 的双振幅)</td></tr>
<tr><td>保持力</td><td colspan="2">10～55 Hz(1.5 mm 的双振幅)</td></tr>
<tr><td rowspan="2">撞击性能</td><td>误动作</td><td colspan="2">100 m/s^2(11±1 ms)</td></tr>
<tr><td>保持力</td><td colspan="2">1 000 m/s^2(6±1 ms)</td></tr>
<tr><td>重量</td><td colspan="3">约 4 g</td></tr>
<tr><td>最大承载电流</td><td colspan="4">5 A</td></tr>
<tr><td>PCB 板插座型号</td><td colspan="4">MSTBVA2,5/10-G(Phoenix)(1 个)</td></tr>
<tr><td>插头型号</td><td colspan="4">FKC 2,5/10-STF-5,08(1 个)</td></tr>
<tr><td>PCB 端子位号(2)</td><td colspan="4">JP9.6-Y4;JP9.7-Y5;JP9.8-Y6;JP9.9-Y7;JP9.10-Y4～Y7 输出的公共点</td></tr>
<tr><td>PCB 端子位号(3)</td><td colspan="4">JP10.2-Y8;JP10.3-Y9;JP10.3-Y8～Y9 输出的公共点</td></tr>
<tr><td>PCB 端子位号(4)</td><td colspan="4">JP10.4-Y10;JP10.5-Y11;JP10.6-Y12;JP10.7-Y13;JP10.8-Y14;JP10.9-Y15;JP10.10-Y10～Y15 输出的公共点</td></tr>
</table>

(9) 模拟量输出(见表 4-11)

表 4-11　主控制板 F5021 的模拟量输出

类　型	规　　格
模拟电压输出 0	−10 ～10 V
模拟电压输出 1	0 ～10 V
模拟电流输出	4～20 mA
PCB 端子位号	JP6. 4-模拟称重补偿输出；JP6. 3-模拟速度给定输出；JP6. 2-模拟输出公共端(0 V)；JP6. 1-模拟电流输出

(10) 编码器输入(见表 4-12)

表 4-12　主控制板 F5021 的编码器输入

类　型	电气规格
集电极开路编码器	对应集电极开路输出的编码器，10～30 V
推挽输出编码器	对应推挽输出的编码器，10～30 V
差分编码器	对应差分编码器，0～5 V
绝对值编码器	对应绝对值编码器，SSI 通信
PCB 端子位号(OC& 推挽)	JP8. 1-+15V；JP8. 2-0V；JP8. 3-PA；JP8. 4-PB
PCB 端子位号(差分)	JP7. 1-PB-；JP7. 2-PB+；JP7. 3-PA-；JP7. 4-PA+
PCB 端子位号(绝对值)	JP7. 1-SSI_DATA-；JP7. 2-SSI_DATA+ JP7. 3-SSI_CLOCK-；JP7. 4-SSI_CLOCK+

(11) 通讯 1(见表 4-13)

表 4-13　主控制板 F5021 的通讯 1

通讯口	1 路(Flash 在线编程)
通讯方式	RS232
最大波特率	115 200 bps
插座	D 型 9 针直座
PCB 端子位号	JP15：1-DCD；2-RXD；3-TXD；4-DTR；5-GND；9-5V(通过 J2 供电)

(12) 通讯 2(见表 4-14)

表 4-14　主控制板 F5021 的通讯 2

通讯口	1 路 RS485
通讯方式	RS485
最大波特率	115 200 bps
插座	JST−B4B−XH−A
PCB 端子位号	JP22：2-GND；3-A+；4-B-

(13) 通讯3(见表4-15)

表4-15 主控制板F6021的通讯3

通讯口	2路CAN
通讯方式	CAN BUS
最大波特率	250Kbps
PCB板插座型号	MSTBVA2,5/4－G(Phoenix)(2个)
插头型号	FKC 2,5/4－STF－5,08(2个)
PCB端子位号	JP4:1－A－;2－A＋;3－V－;4－V＋
PCB端子位号	JP5:1－A－;2－A＋;3－V－;4－V＋

2. 轿厢控制板SM-02-D

(1) 外形(见图4-10)

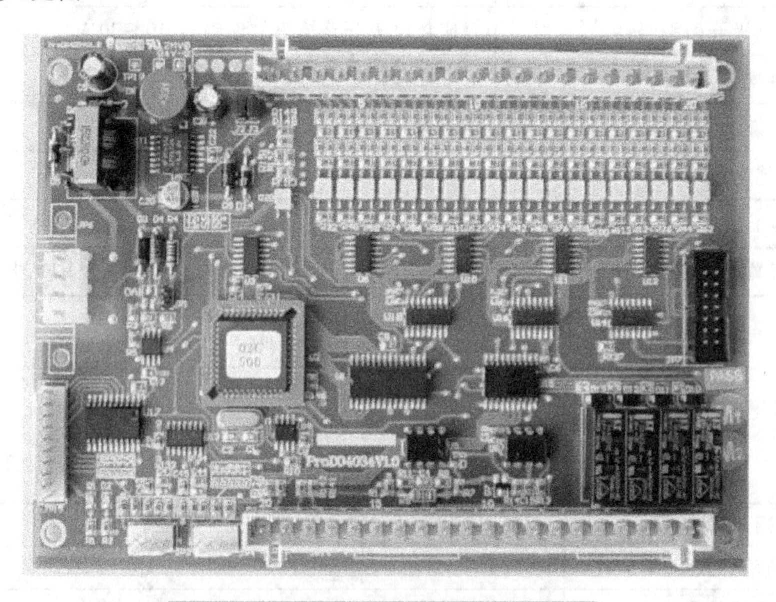

图4-10 轿厢控制板SM-02-D的外形

(2) 接插件规格(见表4-16)

表4-16 轿厢控制板SM-02-D的接插件规格

插座号	型号
JP2、JP5	WAGO 20P
JP3、JP4	CH2510-4
JP6	CH3.96-4
JP7	14针双列排线直座
JP15	CH2510-10

(3) 主要元器件规格(见表 4-17)

表 4-17　轿厢控制板 SM-02-D 的主要元器件规格

元件标识	产品名称	产品规格	生产商
U1	通信处理器	SJA1000T	Philips
U2	微处理器	AT89S52	ATMEL
U15、U17	移位输出处理器	TPIC6B595	TI
U14、U16、U18	移位输入锁存器	HC166	NEC
U3、U6、U10～U13	反向器	74HC14D	Philips
K1～K4	继电器	G6B－1114P	OMRON

3. 指令控制板 SM-03-D

(1) 外形(见图 4-11 和图 4-12)

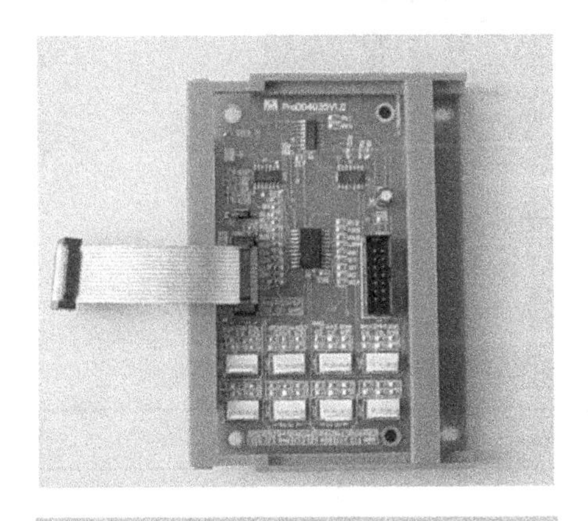

图 4-11　指令控制板 SM-03-D 的外形

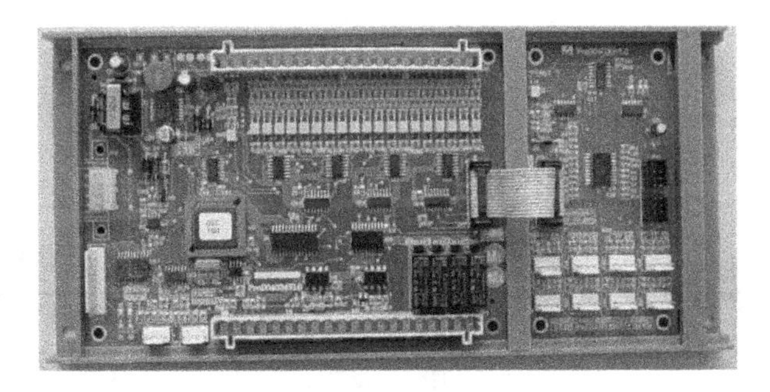

图 4-12　轿厢板和指令板连接图

(2) 接插件规格(见表 4-18)

表 4-18　指令控制板 SM-03-D 的接插件规格

插 座 号	型　　号
JP1-JP8	CH2510-4
JP9,JP10	14 针双列排线直座

(3) 主要元器件规格(见表 4-19)

表 4-19　指令控制板 SM-03-D 的主要元器件规格

元件标识	产品名称	产品规格	生产商
U2	移位输入锁存器	HC166	NEC
U3	移位输出驱动器	TPIC6B595	TI
U1	反向器	74HC14D	Philips

4. 显示板 SM-04-VRE

(1) 外形(见图 4-13)

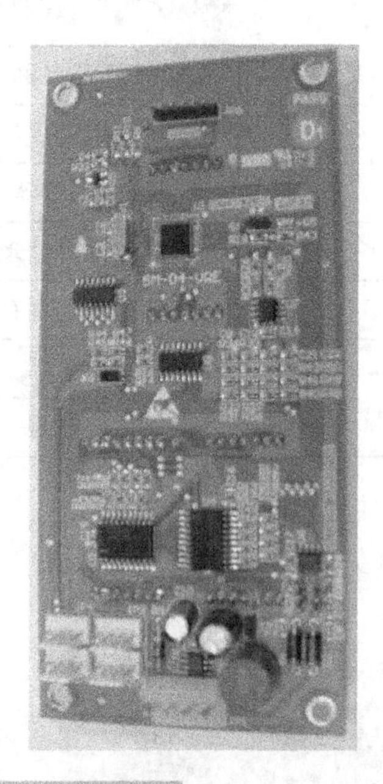

图 4-13　显示板 SM-04-VRE 的外形

(2) 接插件规格(见表 4-20)

表 4-20　显示板 SM-04-VRE 的接插件规格

插 座 号	型　号
JP1	CH3.96-4
JP2、JP3、JP4、JP5	CH2510-4

(3) 主要元器件规格(见表 4-21)

表 4-21　显示板 SM-04-VRE 的主要元器件规格

元件标识	产品名称	产品规格	生产商
U1	微处理器	MB90F387S	Fujitsu
U2、U4	输出锁存器	74AC7574	FAIRCHILD
U3、U9	锁存器	ULN2003A	Allegro
U7	存储器	CAT24WC02T	CATALYST
U5	复位芯片	IMP80YM	IMP
U6	can 收发器	TJA1050T	PHILIPS
U8	电源芯片	MC33063	Onsemi

4.4.2　硬件设计

1. 主控制板 F5021 设计

(1) 外部输入接口定义

主控制板 F5021 左上角的 JP1、JP2、JP3 端子为外部开关信号输入口，其中 JP3.9 和 JP3.10 需要外部＋24 V 电源输入，作为外部输入信号的隔离电源。具体每个输入点定义见表 4-22。

表 4-22　主控制板 F5021 外部输入接口定义

插座号	端子号	输入输出类型	定　　义	输入类型	LED
JP1	JP1.1	Input	X0，检修信号，断开为检修，闭合为自动	默认	X0
	JP1.2	Input	X1，上行信号，在检修时闭合为点动上行，在司机时闭合为上行换向	默认	X1
	JP1.3	Input	X2，下行信号，在检修时闭合为点动下行，在司机时闭合为下行换向	默认	X2
	JP1.4	Input	X3，上行双层终端换速开关，模拟量控制时 2 m/s 以上电梯要求安装，数字量多段速控制时 1.5 m/s 以上电梯要求安装	常闭	X3
	JP1.5	Input	X4，下行双层终端换速开关，模拟量控制时 2 m/s 以上电梯要求安装，数字量多段速控制时 1.5 m/s 以上电梯要求安装	常闭	X4
	JP1.6	Input	X5，上行限位开关	常闭	X5
	JP1.7	Input	X6，下行限位开关	常闭	X6
	JP1.8	Input	X7，上行单层终端换速开关	常闭	X7
	JP1.9	Input	X8，下行单层终端换速开关	常闭	X8
	JP1.10	Input	X9，上平层开关	常开	X9
JP2	JP2.1	Input	X10，下平层开关	常开	X10
	JP2.2	Input	X11，调速器故障信号检测	常开	X11
	JP2.3	Input	X12，火灾返回开关	常开	X12
	JP2.4	Input	X13，备用(F156 设 0 时定义安全回路继电器检测)	常开	X13
	JP2.5	Input	X14，备用(F156 设 0 时定义门锁回路继电器检测)	常开	X14
	JP2.6	Input	X15，调速器进线接触器检测	常闭	X15
	JP2.7	Input	X16，调速器出线接触器检测	常闭	X16
	JP2.8	Input	X17，制动器接触器检测	常闭	X17
	JP2.9	Input	X18，前门门区开关信号输入，当选择独立门区开关或有提前开门时用(当有前后门时，建议采用独立门区开关，F130 需设定)	常开	X18
	JP2.10	Input	X19，调速器运行信号检测，检测到此信号闭合则制动器可以张开	常开	X19

续表

插座号	端子号	输入输出类型	定　　义	输入类型	LED
JP3	JP3.1	Input	输入 X20,再平层或提前开门继电器检测	常开	X20
	JP3.2	Input	输入 X21,消防开关	常开	X21
	JP3.3	Input	输入 X22,制动器开关检测	常开	X22
	JP3.4	Input	输入 X23,电动机温度检测信号输入	常开	X23
	JP3.5	Input	输入 X24,下行第三终端换速开关，当采用数字量多段速给定,且速度超过 2 m/s 以上电梯要求使用	常开	X24
	JP3.6	Input	输入 X25,下行第三终端换速开关，当采用数字量多段速给定,且速度超过 2 m/s 以上电梯要求使用	常开	X25
	JP3.7		X0～X25 输入信号公共端		
	JP3.8		X0～X25 输入信号公共端		
	JP3.9		X0～X25 隔离电路电源负极,0 V		
	JP3.10		X0～X25 隔离电路电源正极,24 V		

(2) 工作电源接口定义

主控制板 F5021 左边偏下为 JP12 端子,它是为主控制器提供工作电源的接口,由外部 24V 开关电源供电。具体定义见表 4-23。

表 4-23　主控制板 F5021 工作电源接口定义

插 座 号	端 子 号	定　　义
JP12	JP12.1	主控制器工作的 0 V 电源
	JP12.2	主控制器工作的 0 V 电源
	JP12.3	空脚
	JP12.4	主控制器工作的＋24 V 电源
	JP12.5	主控制器工作的 0 V 电源
	JP12.6	主控制器工作的 0 V 电源

(3) 通信接口定义

主控制板 F5021 右上角为 JP4、JP5 端子,JP4 是连接外呼板和轿厢板的通信端口,必须采用双绞线,TXV1＋、TXV1－用一股双绞线,而 TXA1＋、TXA1－用另一股双绞线,其中 TXA2＋、TXA2－也必须使用一股双胶线;JP5 是并联或群控用接口,作并联时对应连接两台主机的 JP5.1、JP5.2 和 JP5.3 三根线。具体定义见表 4-24。

表 4-24　主控制板 F5021 通信接口定义

插 座 号	端 子 号	定　　义
JP4	JP4.1	外呼和轿厢串行通信信号端,TXA1－
	JP4.2	外呼和轿厢串行通信信号端,TXA1＋
	JP4.3	备用 0 V 输出
	JP4.4	备用＋24 V 输出
JP5	JP5.1	并联或群控串行通信信号端,TXA2－
	JP5.2	并联或群控串行通信信号端,TXA2＋
	JP5.3	并联或群控串行通信电源负端,TXV2－
	JP5.4	备用＋24 V 输出

为避免电源干扰，要求24 V通信电源从开关电源直接供电。

(4) 高压检测接口定义

主控制板F5021右下角的JP11端子，为安全回路和门锁回路的检测接口，JP20端子为备用输入接口，交流或直流110 V电压输入端口，具体定义见表4-25。

表4-25　主控制板F5021高压检测接口定义

插座号	端子号	输入输出类型	定　　义	LED
JP11	JP11.1	Input	X26，安全回路检测正电压端，110 V输入	X26
	JP11.2	Input	输入X26的0 V端	
	JP11.3	Input	X27，门锁回路检测正电压端，110 V输入	X27
	JP11.4	Input	输入X27的0 V端，内部和JP11.2连通	
	JP11.5	Input	X28，厅门锁回路检测正电压端，110 V输入	X28
	JP11.6	Input	输入X28的0 V端，内部和JP11.2连通	
JP20	JP20.1	Input	X29，备用输入正电压端，110 V输入	X29
	JP20.2	Input	备用输入X29的0 V端，内部和JP11.2连通	

(5) 输出接口定义

主控制板F5021上的JP9、JP10端子为主板输出接口，两端子输出形式为继电器开关量输出，共16点，分为4组。其中Y0、Y1、Y2、Y3四个点的公共端为COM1(JP9.5)；Y4、Y5、Y6、Y7四个点的公共端为COM2(JP9.10)；Y8、Y9两个点的公共端为COM3(JP10.3)，Y10、Y11、Y12、Y13、Y14、Y15六个点的公共端为COM4(JP10.10)。每个点的定义如表4-26所示。

表4-26　主控制板F5021输出接口定义

插座号	端子号	输入输出类型	定义	LED
JP9	JP9.1	Output	输出继电器Y0，制动器接触器输出	Y0
	JP9.2	Output	输出继电器Y1，制动器强激接触器输出	Y1
	JP9.3	Output	输出继电器Y2，调速器进线接触器输出	Y2
	JP9.4	Output	输出继电器Y3调速器出线接触器输出	Y3
	JP9.5		输出继电器Y0、Y1、Y2、Y3的公共端	
	JP9.6	Output	输出继电器Y4，前门开门继电器输出	Y4
	JP9.7	Output	输出继电器Y5，前门门关门继电器输出	Y5
	JP9.8	Output	输出继电器Y6，后门开门继电器输出	Y6
	JP9.9	Output	输出继电器Y7，后门关门继电器输出	Y7
	JP9.10		输出继电器Y4、Y5、Y6、Y7的公共端	
JP10	JP10.1	Output	输出继电器Y8，提前开门或开门再平层继电器输出	Y8
	JP10.2	Output	输出继电器Y9，消防信号输出	Y9
	JP10.3		输出继电器Y8、Y9的公共端	
	JP10.4	Output	输出Y10，调速器上行方向	Y10
	JP10.5	Output	输出Y11，调速器下行方向	Y11
	JP10.6	Output	输出Y12，调速器运行使能	Y12
	JP10.7	Output	输出Y13，调速器多段速端口1	Y13
	JP10.8	Output	输出Y14，调速器多段速端口2	Y14
	JP10.9	Output	输出Y15，调速器多段速端口3	Y15
	JP10.10		输出端口Y10、Y11、Y12、Y13、Y14、Y15的公共端	

对于输入 Xn，如果该输入点是常开信号，若此时 Xn 对应的 LED 点亮，则 Xn 信号闭合。如果该输入点是常闭的，平时此 LED 是点亮的，若该点动作，则 LED 熄灭。

对于输出 Yn，如果 Yn 发光 LED 点亮，说明对应的 Yn 输出点继电器吸合，即 Yn 输出了一个"ON"信号，如果 Yn 连接的是接触器或继电器，则该接触器或继电器的线圈通电。

所有输入输出端口定义内容根据程序版本不同会有所不同，以上所列为标准版本的端口定义。

（6）多段速输出编码定义（见表 4-27）

表 4-27 主控制板 F5021 多段速输出编码定义

速度定义	JP10.9(Y15)	JP10.8(Y14)	JP10.7(Y13)	真值表
停止	OFF	OFF	OFF	0
检修半速	OFF	OFF	ON	1
再平层	OFF	ON	OFF	2
爬行速度	OFF	ON	ON	3
检修速度	ON	OFF	OFF	4
单层速度	ON	OFF	ON	5
双层速度	ON	ON	OFF	6
多层速度	ON	ON	ON	7

（7）多段速输出编码定义（配 KEB 变频器）（见表 4-28）

表 4-28 主控制板 F5021 多段速输出编码定义（配 KEB 变频器）

速度定义	JP10.9(Y15)	JP10.8(Y14)	JP10.7(Y13)	真值表
停止	OFF	OFF	OFF	0
再平层	OFF	OFF	ON	1
爬行速度	OFF	ON	OFF	2
额定速度	OFF	ON	ON	3
检修速度	ON	OFF	OFF	4
单层速度	ON	OFF	ON	5
双层速度	ON	ON	OFF	6
不用	ON	ON	ON	7

（8）模拟速度和力矩补偿给定接口定义

主控制板 F5021 右下角的 JP6 端子为模拟速度给定信号输出和模拟负载补偿信号输出接口，具体定义见表 4-29。

表 4-29 主控制板 F5021 模拟速度和力矩补偿给定接口定义

插座号	端子号	输入输出类型	定　义
JP6	JP6.1	Output	模拟电流给定输出信号，4～20 mA
	JP6.2		模拟信号 0 V
	JP6.3	Output	模拟速度给定信号，输出到调速器的速度设定端，0～10 V 信号
	JP6.4	Output	模拟负载补偿信号，输出到调速器的力矩补偿端，0～10 V 信号

（9）编码器输入接口定义

主控制板 F5021 右下角的 JP7、JP8 为编码器输入接口，具体定义见表 4-30。

表 4-30　主控制板 F5021 编码器输入接口定义

插座号	端子号	定　　义
JP7	JP7.1	差分编码器 B－（绝对值编码器输入时定义 SSI_DATA－）
	JP7.2	差分编码器 B＋（绝对值编码器输入时定义 SSI_DATA＋）
	JP7.3	差分编码器 A－（绝对值编码器输入时定义 SSI_CLOCK－）
	JP7.4	差分编码器 A＋（绝对值编码器输入时定义 SSI_CLOCK＋）
JP8	JP8.1	＋15 V 电源输出，可用于编码器电源
	JP8.2	电源 0 V
	JP8.3	编码器 A 相，可以接受集电极开路输出或推挽输出，可接受频率为 0～100 kHz
	JP8.4	编码器 B 相，可以接受集电极开路输出或推挽输出，可接受频率为 0～100 kHz

（10）其他接口定义

JP15 为 RS232 手持编程器接口或 MODEM 远程监控接口，用于远程监控，在远程维修中心可直接了解现场电梯的情况，从而大大提高售后服务效率和质量。每个管脚的具体定义见表 4-31。

表 4-31　主控制板 F5021 JP15 接口定义

管脚	定　　义	管脚	定　　义
JP15.1	DCD	JP15.6	X
JP15.2	RXD	JP15.7	X
JP15.3	TXD	JP15.8	X
JP15.4	DTR	JP15.9	＋5V 输出（J2 跨接时有效）
JP15.5	SGND		

JP22 为 RS485 监控接口，用于小区现场监控，可直接了解现场电梯的情况，从而大大提高售后服务效率和质量，具体定义见表 4-32。

表 4-32　主控制板 F5021 JP22 接口定义

插 座 号	端 子 号	定　　义
JP22	JP22.1	X
	JP22.2	GND
	JP22.3	RS485-A
	JP22.4	RS485-B

2. 轿厢控制板 SM-02-D 设计

(1) 输入输出接口定义(见表 4-33)

表 4-33 轿厢控制板 SM-02-D 输入输出接口定义

插座号	端子号	输入/出类型	定　义	输入类型
JP2	01	Output	继电器输出 TY0,上到站钟	
	02		输出 TY0 公共端	
	03	Output	继电器输出 TY1,下到站钟	
	04		输出 TY1 公共端	
	05	Output	继电器输出 TY2,轿厢照明	
	06		输出 TY2 公共端	
	07	Output	继电器输出 TY3,强迫关门	
	08		输出 TY3 公共端	
	09	Output	晶体管输出 TY4,超载灯－	
	10	Output	晶体管输出 TY4,超载灯＋	
	11	Output	晶体管输出 TY5,蜂鸣器－	
	12	Output	晶体管输出 TY5,蜂鸣器＋	
	13	Input	输入模拟量负载信号＋	
	14	Input	输入模拟量负载信号－	
	15		RS485 A＋	
	16		RS485 B－	
	17		备用	
	18		备用	
	19	Input	隔离电源输入电源＋	
	20	Input	隔离电源输入电源－	
JP3	01	Output	开门指示灯电源－	
	02	Output	开门指示灯电源＋	
	03	Input	开门按钮 TX19 的一端	
	04	Input	开门按钮 TX19 的另一端	
JP4	01	Output	关门指示灯电源－	
	02	Output	关门指示灯电源＋	
	03	Input	关门按钮 TX20 的一端	
	04	Input	关门按钮 TX20 的另一端	

续表

插座号	端子号	输入/出类型	定 义	输入类型
JP5	01		输入 TX0～TX18 信号公共端,0 V	
	02	Input	输入 TX0,开门到位	常闭
	03	Input	输入 TX1,关门到位	常闭
	04	Input	输入 TX2,安全触板	常闭
	05	Input	输入 TX3,超载	常闭
	06	Input	输入 TX4,满员	常开
	07	Input	输入 TX5,NS-CB 开关设定	常开
	08	Input	输入 TX6,备用	常开
	09	Input	输入 TX7,轻载	常开
	10	Input	输入 TX8,司机	常开
	11	Input	输入 TX9,专用	常开
	12	Input	输入 TX10,司机直驶	常开
	13	Input	输入 TX11,后门开门到位(双开门)	常闭
	14	Input	输入 TX12,后门关门到位(双开门)	常闭
	15	Input	输入 TX13,后门安全触板(双开门)	常闭
	16	Input	输入 TX14,前门光幕	常开
	17	Input	输入 TX15,后门光幕	常开
	18	Input	输入 TX16,NS-SW 开关设定	常开
	19	Input	输入 TX17,密码层设定开关	常开
	20	Input	输入 TX18,HOLD 开门保持按钮	常开
JP6	01		与轿厢、召唤控制器等串行通信的+24 V 电源 此引脚的代码为 TXV+	
	02		与轿厢、召唤控制器等串行通信的 0V 电源 此引脚的代码为 TXV-	
	03		与轿厢、召唤控制器等串行通信的正端信号 此引脚的代码为 TXA+	
	04		与轿厢、召唤控制器等串行通信的负端信号 此引脚的代码为 TXA-	
JP15	1		并行语音接口 D0, LSB	
	2		并行语音接口 D1	
	3		并行语音接口 D2	
	4		并行语音接口 D3	
	5		并行语音接口 D4	
	6		并行语音接口 D5	
	7		并行语音接口 D6	
	8		并行语音接口 D7,MSB	
	9		公共端 0V	
	10		公共端+24 V	

JP2.05、JP2.06 断开时，轿厢照明打开；JP2.05、JP2.06 闭合时，轿厢照明关闭。JP2.01～JP2.08 共 4 个点为继电器触点输出。

JP1 为 CAN 通信口终端电阻跳线，如果轿内显示控制器已短接有终端电阻，则此处一定不短接。

如果输入电源由 JP6 的 1、2 脚（TXV＋、TXV－）提供，则短接 J2、J3；如果输入电源由 JP2.19、JP2.20 提供，则不短接 J2、J3。

JP7 连接轿厢扩展板。

(2) 轿厢控制板与电源和通信总线的连接

轿厢控制板的电源和通信由 JP6.01～JP6.04 引入。其中 JP6.01 和 JP6.02 为 TXV＋和 TXV－，JP6.03 和 JP6.04 为 TXA＋和 TXA－。TXV＋、TXV－为输入电源 DC24V，TXA＋、TXA－为通信线。通信线一定要用四芯双绞线。具体要求见表 4-34。

表 4-34 轿厢控制板与电源和通信总线的连接

事　项	要求或备注
用途	JP6 为连接机房和层站显示控制器的串行通信接口
接插件形式	CH3.96-4 型接插件
接口定义	1 脚为 TXV＋，2 脚为 TXV－，3 脚为 TXA＋，4 脚为 TXA－
连接线要求	一定要四芯双绞线连接，其中 TXA＋、TXA－为一组双绞，TXV＋、TXV－为一组双绞

(3) 轿厢控制板输入信号的连接

轿厢控制板主要采集轿顶、轿内与轿底的部分开关量信号，并将这些信号状态通过 CAN 总线传输到主控制板。这些开关量信号包括开关门输入、开关门到位、安全触板、司机、直驶、超载、满员等。

(4) 轿厢控制板输出信号的连接

轿厢控制板根据主控制板通过 CAN 总线传达的信号控制继电器和晶体管的输出，其中继电器输出控制到站钟继电器、照明继电器等，以控制到站预报、节能照明等功能。晶体管输出控制超载灯、蜂鸣器、开关门按钮灯的输出等。

(5) JP3 和 JP4 的接法（开关门按钮及指示灯接法）

JP3 和 JP4 的接线方法相似，1、2 脚分别接门指示灯的电源“－”和“＋”端，而 3、4 脚则接开关门的按钮端，如图 4-14 所示。

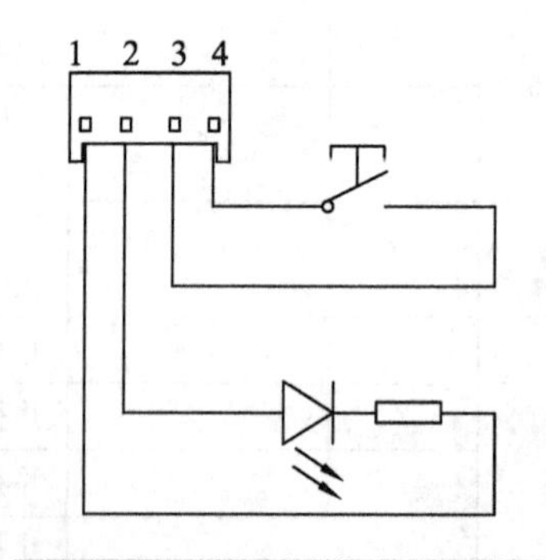

图 4-14 JP3 和 JP4 的接线方法

(6) 轿厢控制板和指令控制板的连接

指令扩展控制器与轿厢控制器的连接线在轿厢中已经做好，凸槽朝凹口方向插入即可。

3. 指令控制板 SM-03-D 设计

指令控制板在系统中的作用是接受指令按钮的输入并输出点灯的电压，每 8 层楼须接一块指令控制器，楼层高度超过 8 层时，指令控制器可以级联，最大级联数为 6 块。

指令控制板 SM-03-D 的输入输出接口定义见表 4-35。

表 4-35　指令控制板 SM-03-D 的输入输出接口定义

引脚号	1#指令控制器插脚定义	2#指令控制器插脚定义	3#指令控制器插脚定义	4#指令控制器插脚定义
JP1	接第 1 层指令按钮	接第 9 层指令按钮	接第 17 层指令按钮	接第 25 层指令按钮
JP2	接第 2 层指令按钮	接第 10 层指令按钮	接第 18 层指令按钮	接第 26 层指令按钮
JP3	接第 3 层指令按钮	接第 11 指令按钮	接第 19 层指令按钮	接第 27 层指令按钮
JP4	接第 4 层指令按钮	接第 12 层指令按钮	接第 20 层指令按钮	接第 28 层指令按钮
JP5	接第 5 层指令按钮	接第 13 层指令按钮	接第 21 层指令按钮	接第 29 层指令按钮
JP6	接第 6 层指令按钮	接第 14 层指令按钮	接第 22 层指令按钮	接第 30 层指令按钮
JP7	接第 7 层指令按钮	接第 15 层指令按钮	接第 23 层指令按钮	接第 31 层指令按钮
JP8	接第 8 层指令按钮	接第 16 层指令按钮	接第 24 层指令按钮	接第 32 层指令按钮

4. 显示板 SM-04-VRE 设计

(1) 输入输出接口定义(见表 4-36)

表 4-36　显示板 SM-04-VRE 的输入输出接口定义

端口、接插件	具体定义
JP1	串行通信接口,其中 1 脚为 TXV+,2 脚为 TXV−,3 脚为 TXA+,4 脚为 TXA−
JP2	上行召唤按钮接口(1、2 脚为按钮灯指示,1 为"−",2 为"+";3、4 脚为按钮输入)
JP3	下行召唤按钮接口(1、2 脚为按钮灯指示,1 为"−",2 为"+";3、4 脚为按钮输入)
JP4	停止指示灯及锁梯输入接口,其中作厅外显示时 1、2 脚为停止灯指示,作轿内显示时 1、2 脚为超载灯指示,1 为"−",2 为"+";3、4 脚为锁梯开关的常开触点输入
JP5	满员指示灯输入接口,其中作厅外显示时 1、2 脚为满员灯指示,作轿内显示时 1、2 脚为消防灯指示,1 为"−",2 为"+";3、4 脚为备用输入
JP6	程序烧录口/RS232 通讯口
S1	插上跳线器用来设置该块显示板的地址码,设置完拿掉跳线器
J1、J2	串行通讯终端电阻跳线,同时短接表示接入内置的 120 Ω 电阻

(2) 显示代码表(见表 4-37)

表 4-37　显示板 SM-04-VRE 的显示代码表

代码	0	1	2	3	4	5	6	7	8	9	10	11	12	13	14
显示	0	1	2	3	4	5	6	7	8	9	10	11	12	13	14
代码	15	16	17	18	19	20	21	22	23	24	25	26	27	28	29
显示	15	16	17	18	19	20	21	22	23	24	25	26	27	28	29

续表

代码	30	31	32	33	34	35	36	37	38	39	40	41	42	43	44
显示	30	31	32	33	34	35	36	37	38	39	40	41	42	43	44
代码	45	46	47	48	49	50	51	52	53	54	55	56	57	58	59
显示	45	46	47	48		−1	−2	−3	−4	−5	−6	−7	−8	−9	
代码	60	61	62	63	64	65	66	67	68	69	70	71	72	73	74
显示	B1	B2	B3	B4	B5	B6	B7	B8	B9	B	G	M	M1	M2	M3
代码	75	76	77	78	79	80	81	82	83	84	85	86	87	88	89
显示	P	P1	P2	P3	R	R1	R2	R3	L	H	H1	H2	H3	3A	12A
代码	90	91	92	93	94	95	96	97	98	99	100	101	102	103	104
显示	12B	13A	17A	17B	5A	G1	G2	G3	F	出口	C1	C2	C3	C4	C
代码	105	106	107	108	109	110	111	112	113	114	115	116	117	118	119
显示	D1	D2	D3	D4	D	1F	2F	3F	4F	5F	1C	2C	3C	4C	49
代码	120	121	122	123	124	125	126	127	128	129	130	131	132	133	134
显示	1B	2B	3B	4B	1A	2A	4A	CF	LB	E	A	UB	LG	UG	6A
代码	135	136	137	138	139	140	141	142	143	144	145	146	147	148	149
显示	6B	7A	7B	5B	6C				SB	15A	13B	K	U	S	EG
代码	150	151	152	153	154	155	156	157	158	159	160	161	162	163	164
显示	KG										CF	MZ	SR	19A	Z
代码	165	166													
显示	HP	AB													

所有端口定义和显示字符根据程序版本会有所不同，以上所列为标准版本下的端口定义和显示代码表。

思考题

1. 简述开门处理流程。
2. 简述关门处理流程。
3. 简述 PLC 控制电梯的器件选型原则。
4. 简述微机控制电梯的器件选型原则。

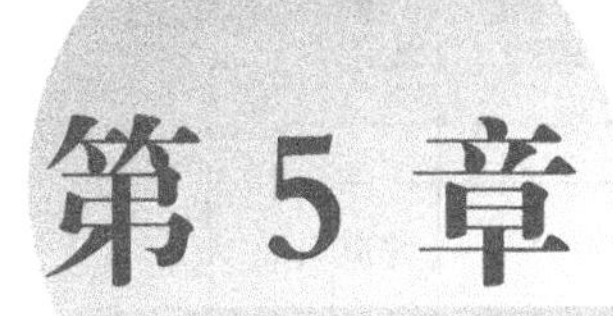

第 5 章 电梯一体化控制系统设计

本章重点：介绍了典型的电梯一体化控制系统以及一体化控制系统的优势，以远志科技 WISH8000 电梯一体化控制系统为例介绍了系统规划和设计计算。

5.1 电梯一体化控制系统概述

5.1.1 电梯控制系统的发展

自电梯诞生以来，电梯控制系统的发展经历了四代，见表 5-1。

表 5-1 电梯控制系统的发展

序号	组成方式	历史角色	特点
第一代	继电器＋驱动	1980 年代以前主导产品，但随着集成电路的高速发展，已退出历史舞台。	系统异常复杂，难以掌握，故障率高。
第二代	PLC＋驱动	在国外基本很少见，在国内仍被多数中小型企业使用。但随着国内微机板技术的成熟和成本下降，最终将被淘汰。	简单可靠，成本低，但保密性差，功能单调，性能一般。
第三代	微机＋驱动	2000 年前后国内品牌电梯企业的主流配置。	功能丰富，性能良好，但成本偏高，调试复杂，可靠性一般。
第四代	控制驱动一体化	早期少数跨国品牌的电梯拥有这项技术，2006 年电梯展后专业控制系统厂家的主流产品，它代表了未来发展的方向。	性价比高，功能丰富，性能卓越，接线简单，调试简单，可靠性高。

5.1.2 典型电梯一体化控制系统

1. OTIS 模块化控制系统

OTIS 模块化控制系统中设置有 4 个子系统，通过子系统之间的通信，实现对电梯的控制，如图 5-1 所示。

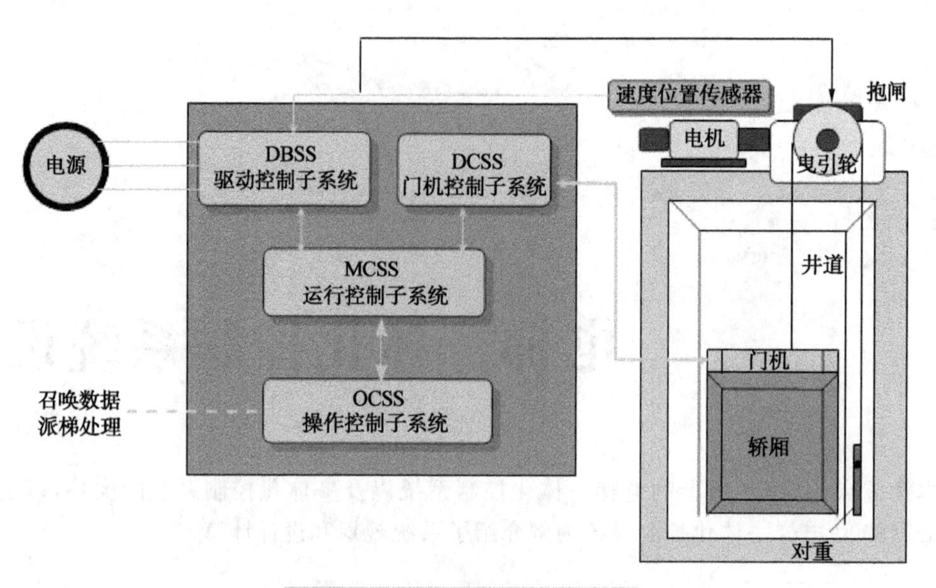

图 5-1 OTIS 模块化控制系统

2. 其他电梯一体化控制系统

其他电梯一体化控制系统是将子系统内部的驱动和逻辑控制合在一起，实现一个模块控制电梯的运行，使得电梯的控制和运行更加稳定、可靠，如图 5-2 所示。

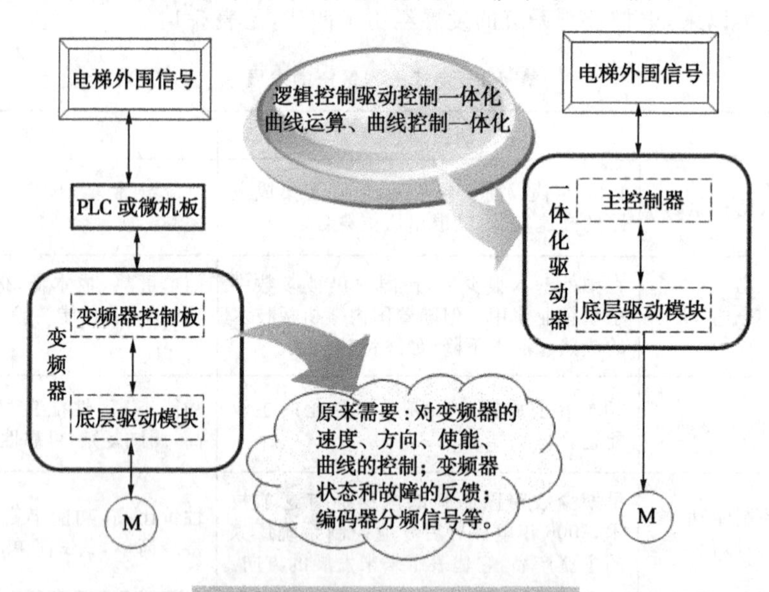

图 5-2 其他电梯一体化控制系统

5.1.3 一体化控制系统的优势

电梯一体化控制系统具有如下优势：

① 一体化控制的电梯系统，省去了控制板与变频器接口的信号线，方便了使用的同时，又减少了故障点。控制板与变频器之间的信息交换不再局限于几根线，可以实时进行大量的信息交换。

② 直接停靠，每次运行节省 3～4 s 的爬行时间，乘坐更舒适，减少焦躁心理。一些控制板也通过模拟量的方式作了直接停靠。不足之处是模拟量容易受到干扰。一体化的结构通过芯片之间的数据交换代替模拟量，解决了这个问题。

③ 传统的控制板加变频器的结构对曲线的数目作了约束，固定的速度段对于不同的层高不能够充分灵活利用。一体化控制系统对曲线的数目没有限制，可自动生成无数条曲线，再加上直接停靠的效果，将电梯运行的效率提高到极致。

④ 基于大量信息的交换，一体化控制系统可以更准确地判断电梯的状况，迅速地进行调整。且对电梯故障的判断更加准确，处理更加灵活。

5.1.4　国内主流一体化控制系统

国内主流的一体化控制系统如图 5-3 所示，分别有苏州默纳克控制技术有限公司（深圳市汇川技术股份有限公司全资子公司）生产的 NICE3000、NICE2000、NICE1000 系列控制器，上海新时达电气股份有限公司生产的 iAStar 系列控制器，沈阳市蓝光自动化技术有限公司生产的 BL3-U 系列控制器等。

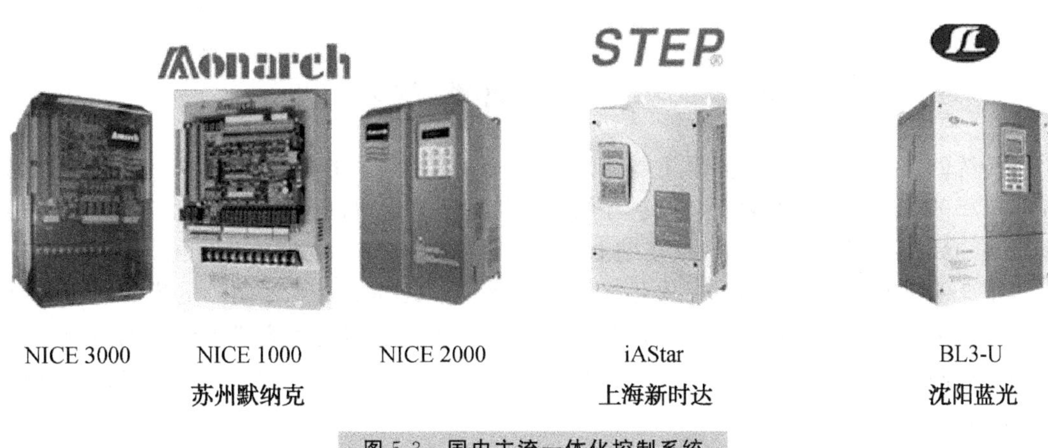

图 5-3　国内主流一体化控制系统

5.1.5　一体化控制系统的特点

电梯一体化控制系统的特点为：

① 电梯逻辑控制部分与驱动控制部分有机结合。

② 电气接口的节省，调试工具的统一。

③ 电梯参数在同一平台调用，CPU 级别的交互。

④ 电梯控制的所有状态参数可以灵活使用。

⑤ 许多控制细节固定，选择了最简单、便捷的实现方式。

5.1.6　一体化控制系统的发展

电梯一体化控制系统的发展经历了三代，见表 5-2。

表 5-2 电梯一体化控制系统的发展

序号	特　征	优　点	缺　点
第一代	a. 电梯控制板与变频器安装在一个结构空间内，不用厂家接线； b. 控制板与变频器的参数、功能各自独立。	a. 接线简单、调试简单； b. 成本降低。	a. 物理上一体化； b. 没有充分利用各种状态参数。
第二代	a. 根据电梯应用需求设计的产品，参数状态共享； b. 整合电梯应用需求，创新性设计产品。	a. 从方案上最大程度降低厂家应用成本； b. 电梯设计、调试简单化，故障率降低。	a. 仅能够满足现有电梯使用需求； b. 被动地满足日益进步的电梯市场需求。
第三代	a. 四象限的一体化； b. 会分析的系统； c. 对话式的调试； d. 电梯销售以及维保的需要。	节能、智能、简单、个性。	

5.2 电梯控制系统规划

传统的电梯控制系统大多采用微机板（或 PLC）与变频器的模式；而电梯一体化控制系统将电梯的逻辑控制与变频驱动控制有机结合和高度集成，将电梯专有微机控制板的功能集成到变频器控制功能当中，在此基础上，将变频器驱动电梯的功能充分优化。

图 5-4 为 WISH8000 电梯一体化控制系统各部件之间的组成框图。电梯一体化控制系统主要由主控制器、层站召唤、楼层显示等组成。主控制器高度集成了电梯的逻辑控制与驱动控制功能，接收并处理平层、减速等井道信息以及其他外部信号，输出控制运行接触器、抱闸接触器。

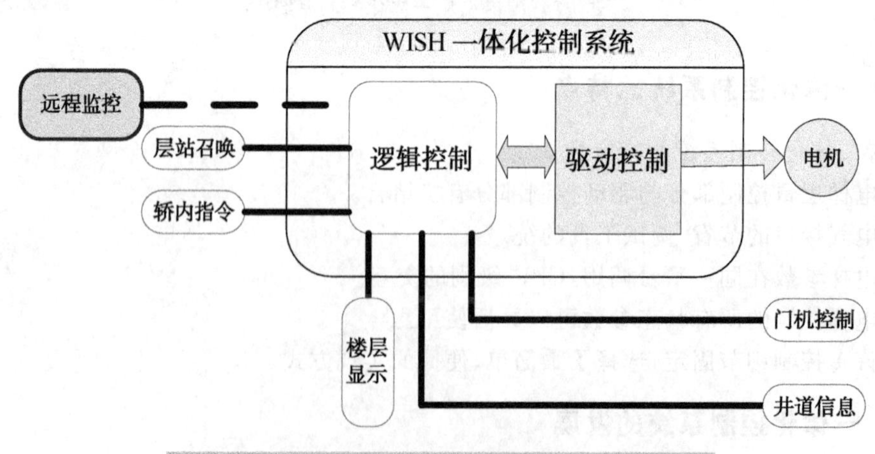

图 5-4　WISH8000 电梯一体化控制系统组成框图

5.2.1　主控板规划

1. 基本框图(见图 5-5)

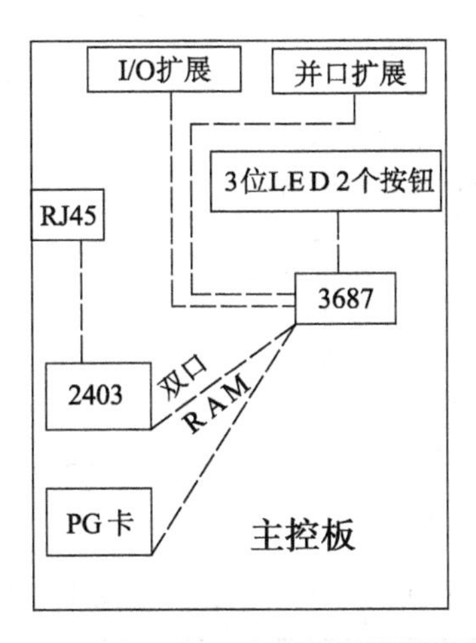

图 5-5　WISH8000 主控板组成框图

2. 基本尺寸

主控板的长度一般小于 300 mm，宽度一般小于 350 mm。

3. 基本输入输出接口要求

(1) 输入接口(见表 5-3)

表 5-3　WISH8000 主控板输入接口

序号	默认选择	输入端子功能选择	接口要求
X1	001	000:未使用 001:上平层信号 002:下平层信号 003:门区信号 004:安全回路反馈 005:门锁回路反馈 006:运行输出反馈 007:抱闸输出反馈 008:检修信号输入 009:检修上行信号输 010:检修下行信号输入 011:消防信号输入 012:上限位信号输入 013:下限位信号输入 014:上 1 级强迫减速信号 015:下 1 级强迫减速信号 016:光幕信号输入 017:开门限位信号输入 018:后门光幕信号输入 019:后门开门限位信号输入 020:上 2 级强迫减速信号 021:下 2 级强迫减速信号 022:上 3 级强迫减速信号 023:下 3 级强迫减速信号 024:封门输出反馈	X1～X4 无源，NPN、PNP 输入模式可以选择
X2	002		
X3	003		
X4	000		
X5	004		无源输入
X6	005		
X7	006		
X8	007		
X9	008		
X10	009		
X11	010		
X12	011		
X13	012		
X14	013		
X15	014		
X16	015		
X17	016		
X18	017		
X19	000		
X20	000		
X21	000		
X22	000		
X23	000		
X24	000		

(2) 输出接口(见表 5-4)

表 5-4　WISH8000 主控板输出接口

<table>
<tr><th>序号</th><th>默认选择</th><th>输入端子功能选择</th><th>接口要求</th></tr>
<tr><td>Y1</td><td>001</td><td rowspan="8">000:未使用
001:运行接触器输出
002:抱闸接触器输出
003:封门接触器输出
004:附加运行接触器输出
005:开门信号输出
006:关门信号输出
007:消防到基站信号
008:故障输出</td><td rowspan="4">继电器输出,主要用来推动接触器,触点最小承载电流 10 A</td></tr>
<tr><td>Y2</td><td>002</td></tr>
<tr><td>Y3</td><td>000</td></tr>
<tr><td>Y4</td><td>000</td></tr>
<tr><td>Y5</td><td>005</td><td rowspan="4">继电器输出,主要用来推动继电器等小负载,触点最小承载电流 5 A</td></tr>
<tr><td>Y6</td><td>006</td></tr>
<tr><td>Y7</td><td>000</td></tr>
<tr><td>Y8</td><td>000</td></tr>
</table>

4. 开关量输出接口(见表 5-5)

表 5-5　WISH8000 主控板开关量输出接口

<table>
<tr><th>序号</th><th>描　述</th><th>备　　注</th></tr>
<tr><td>1</td><td>安全接触器</td><td rowspan="4"></td></tr>
<tr><td>2</td><td>运行接触器</td></tr>
<tr><td>3</td><td>抱闸接触器</td></tr>
<tr><td>4</td><td>封门接触器</td></tr>
<tr><td>5</td><td>反馈输出 1</td><td rowspan="4">用作一般意义上的监控点输出</td></tr>
<tr><td>6</td><td>反馈输出 2</td></tr>
<tr><td>7</td><td>反馈输出 3</td></tr>
<tr><td>8</td><td>反馈输出 4</td></tr>
</table>

5. 其他接口(见表 5-6)

表 5-6　WISH8000 主控板其他接口

序号	描　述	备　　注
1	编码器接口	
2	CAN 总线接口 1	层楼显示,召唤,指令,远程 I/O 点
3	CAN 总线接口 2	群控,并联
4	CAN 总线接口 3	扩展功能接口
5	RS485 接口	键盘,上位机监控
6	以太网卡接口	
7	USB 接口	

在目前电梯界的控制系统中,除了几个大厂家采用控制和驱动一体化的控制板外,大多数采用控制板加变频器的框架结构,造成硬件重复设计,设计成本增加,同时变频器的厂

家不会提供最底层的技术支持，并且对用户的开放程度不够理想。

一体化的控制板性能卓越，采用标准配置：功率从 7 kW 到 100 kW，速度从 0.5 m/s 到 10 m/s，可以控制异步电机和永磁同步电机。标准配置能覆盖 70%的客户，其他的客户，20%使用扩展卡来满足要求，另外 10%使用非标发货来满足要求。

6. 技术要点

(1) 一体化方案

放弃微机板和变频器的通用解决方案，在控制柜中没有独立的变频器存在。一体化的控制板接受电梯的各种控制信号，并直接输出速度曲线控制驱动部分。

(2) 可宣传的硬件优势

① 基于控制器局部网(CAN)总线的双数字信号处理器(DSP)通信。

CAN 总线通信接口中集成了 CAN 协议的物理层和数据链路层功能，可完成对通信数据的成帧处理，包括位填充、数据块编码、循环冗余检验、优先级判别等工作。

CAN 总线是一种多主总线，通信介质可以是双绞线、同轴电缆或光导纤维。通信速率可达 1 MBPS。

CAN 协议采用 CRC 检验并可提供相应的错误处理功能，保证了数据通信的可靠性。CAN 卓越的特性、极高的可靠性和独特的设计，特别适合工业过程监控设备的互联，因此，越来越受到工业界的重视，并已公认为最有前途的现场总线之一。

② 基于 Internet 网络的远程监控。

能够通过 Internet 网络，实时监控电梯的运行状况。包括楼层显示、消防迫降状态、正常运行状态、检修状态、故障状态，以及监控室对电梯的消防、锁梯命令的控制。

③ 使用智能功率模块(Intelligent Power Module，简称 IPM)。

IPM 一般使用 IGBT 作为功率开关元件，内置电流传感器及驱动电路的集成结构。IPM 不仅把功率开关器件和驱动电路集成在一起，而且还内置过电压、过电流和过热等故障检测电路，并可将检测信号送到 CPU。

由于 IPM 由高速低功耗的管芯和优化的门极驱动电路以及快速保护电路构成，即使发生负载事故或使用不当，也可以保证 IPM 自身不受损坏。

(3) 行业先进的控制功能

① 最高 8 台群控(以时间为原则的动态分配、高峰服务)。

② 真实的直接停靠。

③ 再平层、提前开门。

④ 防捣乱、误登记取消。

⑤ 独立服务。

⑥ 紧急电源操作。

⑦ 保安楼层服务。

⑧ 语音报站。

⑨ 特快优先服务。

⑩ 断电自动平层(低成本、一体化解决)。

⑪ 故障自动检测、存储、显示。

⑫ 楼宇集中监控(500 m 内)。

⑬ 远程 Internet 监控。

(4) 标准和扩展

① 根据详细方案确定标准的 I/O 和通信接口数量。

② 标准的接口定义与控制程序分开，对接口的次序和开关状态的调整不影响控制程序，便于适应不同的需求。

③ 真实地从成本考虑控制柜功率等级，比如分为 15 kW 和 22 kW 两种，降低制造成本。

按速度区分不同的速度曲线和调试参数，标准的产品在现场除学习层高数据外不需要额外调整。

④ 利用软件实施的所有功能，标准设计在一体机的程序中，不需要客户另外编程。需要硬件辅助实施的所有功能，通过控制板硬件接口和扩展板实现。

⑤ 控制板允许扩展以下硬件接口：Internet 全双工监控板、楼宇集中监控板、停电援救装置、语音报站(可从门机板扩展)、附加的数字或模拟 I/O 板(实现特殊的潜在功能)。

5.2.2 显示板接口规划(见图 5-6 和表 5-7)

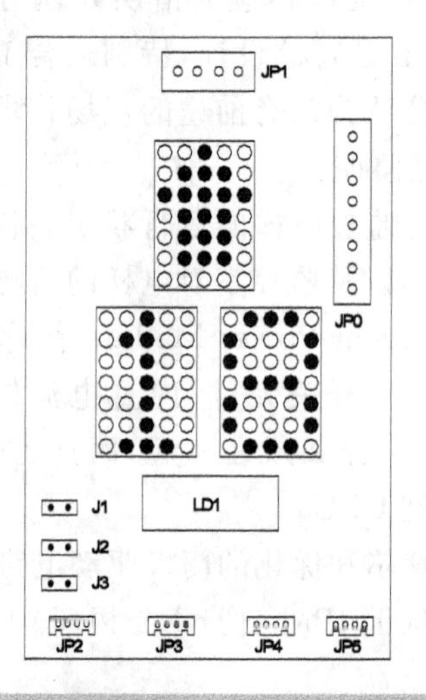

图 5-6 WISH8000 显示板接口图

表 5-7 WISH8000 显示板接口

序号	描 述	备 注
JP0	与指令板接口	仅作为轿厢指示使用
JP1	CAN 接口	
JP2	上召唤按钮	作为厅外使用
	开门按钮	作为轿厢使用
JP3	上召唤按钮	作为厅外使用
	关门按钮	作为轿厢使用

续表

序号	描　述	备　　注
JP4	停机开关	作为厅外使用
	直驶开关	作为轿厢使用
JP5	超载/召唤蜂鸣	作为厅外使用
	司机信号	作为轿厢使用
LD1	满载指示	作为厅外使用
	超载指示	作为轿厢使用
J1	功能跳线	当 J1 被短接时,进入功能设定状态,利用上下按钮或开关门按钮设置功能码:0 表示轿厢,1 表示其他各个层站
J2	停机功能跳线	作为厅外使用
	前后门跳线	作为轿厢使用
J3	备用	

5.2.3　指令板接口规划(见图 5-7 和表 5-8)

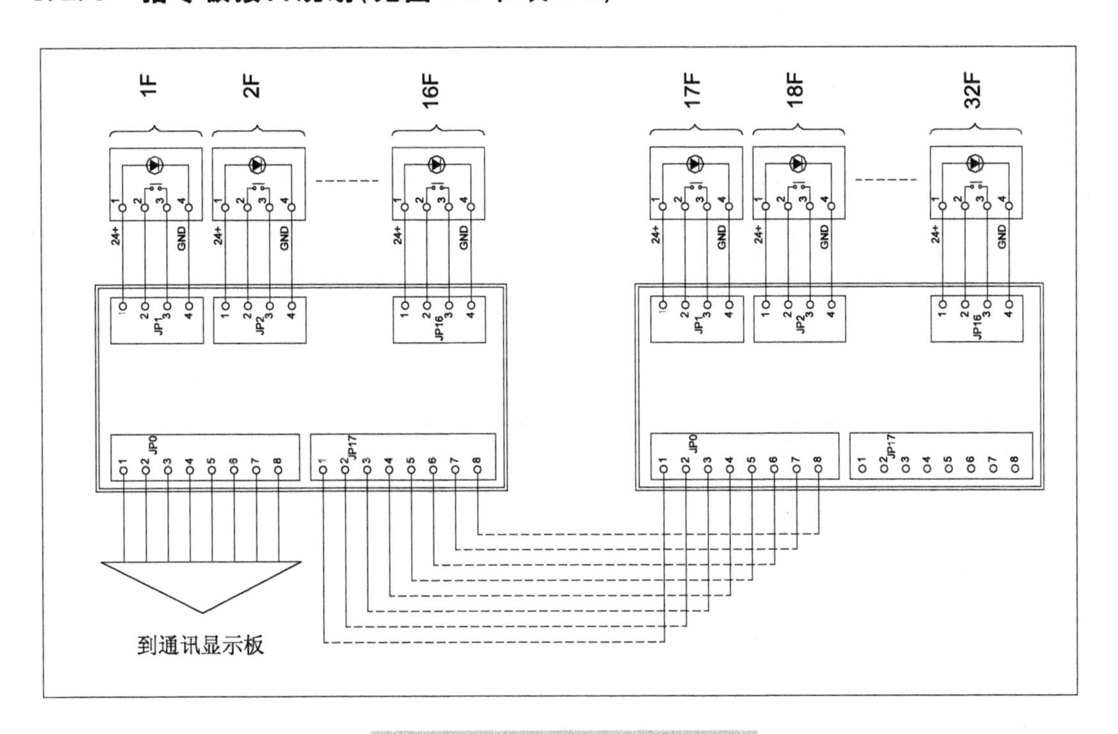

图 5-7　WISH8000 指令板接口图

表 5-8　WISH8000 指令板接口

序号	描　述	备　注
JP0	CAN 通信接口	
JP1	开门指令	前门输入输出
	关门指令	
	开门限位	
	关门限位	
	门保护开关	
JP2	开门指令	后门输入输出
	关门指令	
	开门限位	
	关门限位	
	门保护开关	
JP3	超载信号 100%	称重装置
	满载信号 80%	
	轻载信号 20%	
	轻载信号 30%	
	重载信号 70%	
	模拟量 0～10 V 信号	
JP4	自动照明	继电器输出
	自动风扇	继电器输出
	上到站钟	继电器输出
	下到站钟	继电器输出

注：一块板支持到 16 层，可以扩展到 32 层。

5.2.4　轿顶板接口规划

1. 构想 1(见表 5-9)

表 5-9　WISH8000 轿顶板接口(构想 1)

序　号	描　述	备　注
JP0	CAN 通信接口	
JP1	开门指令	前门输入输出
	关门指令	
	开门限位	
	关门限位	
	门保护开关	

续表

序　号	描　述	备　　注
JP2	开门指令	后门输入输出
	关门指令	
	开门限位	
	关门限位	
	门保护开关	
JP3	超载信号 100%	称重装置
	满载信号 80%	
	轻载信号 20%	
	轻载信号 30%	
	重载信号 70%	
	模拟量 0～10 V 信号	
JP4	自动照明	继电器输出
	自动风扇	
	上到站钟	
	下到站钟	

注:用作一般厂家的配置,可以选用各种标准门机,最好考虑语音报站的编码输出,或一体化解决方案。

2. 构想 2(见表 5-10)

表 5-10　WISH8000 轿顶板接口(构想 2)

序　号	描　述	备　　注
JP0	CAN 通信接口	
JP1	编码器接口	前门输入输出
JP2	门保护开关	后门输入输出
JP3	超载信号 100%	称重装置
	满载信号 80%	
	轻载信号 20%	
	轻载信号 30%	
	重载信号 70%	
	模拟量 0～10 V 信号	
JP4	自动照明	继电器输出
	自动风扇	
	上到站钟	
	下到站钟	
JP5	语音报站输出	

注:用作门机、轿顶通信、语音报站一体化解决方案(最佳方案)。

5.2.5 功能介绍(见表5-11)

表 5-11 WISH8000 功能介绍

序号	名称	备注	序号	名称	备注
标准功能(Standard)					
1	检修运行		41	电流斜坡撤除	
2	直接停靠运行		42	用户设定检查	
3	最佳曲线自动生成		43	高峰服务	
4	自救平层运行		44	实时时钟管理	
5	司机操作运行		45	分时服务	
6	消防返基站		46	夜间保安层	
7	消防员运行		47	司机换向	
8	测试运行		48	副操纵箱操作	
9	独立运行		49	轿厢到站钟	
10	紧急救援运行		50	厅外到站预报灯	配置 MCTC-HCB-B
11	开门再平层运行	配置 MCTC-SCB-A	51	厅外到站钟	配置 MCTC-HCB-B
12	自动返基站		52	同层双厅外召唤	
13	并联运行		53	强迫减速监测功能	
14	群控调度运行	配置 MCTC-GCB-A	54	外召粘连识别	
15	免脱负载电机参数识别	永磁同步机为旋转编码器角度识别	55	称重信号补偿	
16	井道参数自学习		56	平层微调	
17	锁梯功能		57	换站停靠	
18	满载直驶		58	故障历史记录	
19	照明、风扇节电功能		59	对地短路检测	
20	服务楼层设置		60	超载保护	
21	自动修正轿厢位置		61	门光幕保护	
22	错误指令取消		62	门区外不能开门的保护	
23	反向自动消号		63	逆向运行保护	
24	前后门服务楼层设置		64	防打滑保护	
25	提前开门	配置 MCTC-SCB-A	65	接触器触点检测保护	
26	重复关门		66	电机过电流保护	
27	本层厅外开门		67	电源过电压保护	
28	关门按钮提前关门		68	电机过载保护	
29	开关门控制功能选择		69	编码器故障保护	
30	保持开门时间分类设定		70	井道自学习失败诊断	
31	开门保持操作功能		71	驱动模块过热保护	
32	层楼显示按位设置		72	门开关故障保护	
33	运行方向滚动显示	配置 MCTC-HCB-H	73	运行中门锁断开保护	
34	电梯状态点阵显示	配置 MCTC-HCB-H	74	限位开关保护	
35	跳跃层楼显示	配置 MCTC-HCB-H	75	超速保护	
36	防捣乱功能	配置轿厢称重设备	76	平层开关故障保护	
37	全集选		77	CPU 故障保护	
38	上集选		78	输出接触器异常检测	
39	下集选		79	门锁短接保护	
40	分散待梯				

续表

序号	名　称	备　注	序号	名　称	备　注
选配功能(Optional)					
1	IC 卡用户管理		7	群控梯服务层切换	
2	小区监控	配置 MCTC-BMB-A	8	强迫关门	
3	电机温度保护		9	VIP 贵宾层服务	
4	语音报站		10	残疾人操纵厢操作	
5	地震功能		11	后门操纵厢操作	
6	前后门独立控制				

5.2.6　运行时序图介绍

图 5-8 为远志科技 WISH8000 的运行时序图。

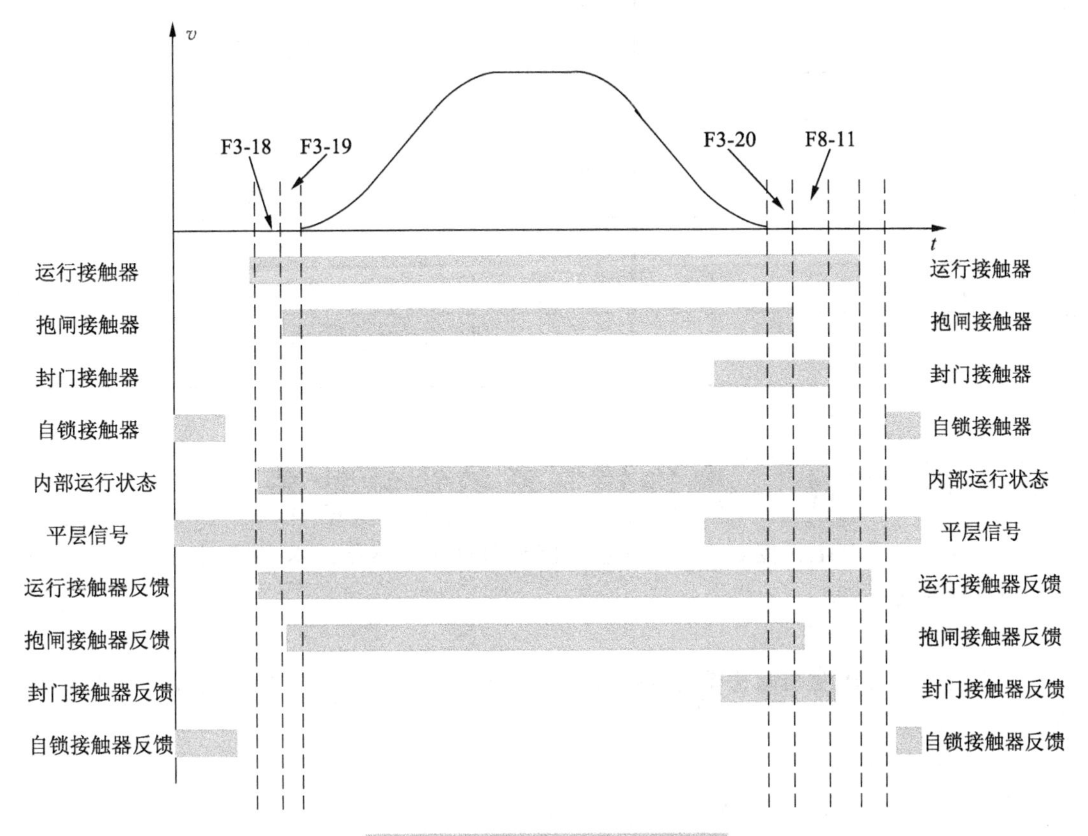

图 5-8　WISH8000 运行时序图

5.3 电梯控制系统设计输入输出文件

WISH8000 电梯一体化控制系统设计的输入输出文件目录如表 5-12 所示。

表 5-12 WISH8000 电梯一体化控制系统设计的输入输出文件目录

序号	设计输入	序号	设计输出
1	市场需求纲要	1	技术规格表、部件构成表
2	产品开发纲要	2	图纸目录(定义)
3	技术转让申请报告 RFT (转让项目时)	3	技术布置图
4	项目整体实施计划	4	产品图样:定单、图纸、材料单
5	有关电梯专业标准等	5	电气原理图及元器件代号表
		6	全系列控制系统设计计算书
		7	试验大纲
		8	企业产品标准
		9	销售文件
		10	现场文件、安装手册、调试手册、使用维护手册
		11	备件活页
		12	PDP 各阶段评审、确认记录(如 CDR 等)和 “GO”通过的证明记录

5.4 电梯控制系统设计计算

WISH8000 系列电梯控制柜采用先进的控制和驱动一体化技术，从根本上提高了电梯的运行性能和可靠性。

1. 驱动部分

本系统采用变压变频调速系统，由 NICE3000 电梯驱动器控制电梯的运行，实行距离原则运行。

(1) 驱动器的选择

为得到优良的调速性能，本系统选用苏州默纳克控制技术有限公司生产的高性能的 NICE3000 电梯驱动器。适配电机的最大功率为 55 kW，电梯最大速度可达 4 m/s。

驱动器功率的设定以驱动器额定输出电流不小于电机额定电流为原则。

① 制动电阻、制动单元的计算

从能量角度分析，驱动器在从高速减至零速的过程当中，大量机械动能和重力位能转化为电能，除部分消耗在电动机内部铜损和铁损上外，大部分电能经逆变器反馈至直流母线，这时，需要靠制动单元将过量的电能消耗在制动电阻上。

电阻功率选择是基于电阻能安全地长时间工作。

WISH8000 系列电梯驱动器采用 380 V 标准交流电机，其基本参数如下：

P——电机功率，单位 kW；

k——回馈时的机械能转换效率；

V——制动单元直流工作点，一般可取值 700 V；

R——制动电阻等效电阻值，单位 Ω；

s——制动电阻功率安全系数，一般可取值 1.4；

W——电机再生电能，单位 kW；

Q——制动电阻额定耗散功率，单位 kW；

K_c——制动频度，指再生过程占整个电机工作过程的比例，要根据负载特点估算。电梯 K_c 取值为 30%。

电阻计算是基于电机再生电能被电阻完全吸收

$$W = 1\,000Pk = \frac{V^2}{R} \tag{5-1}$$

在此，机械损耗可忽略，即认为机械效率 k 等于 1，使电气制动功率留有裕量。

变换式(5-1)得到制动电阻值：

$$R = \frac{V^2}{1\,000Pk} = \frac{490}{P} \tag{5-2}$$

电阻功率计算是基于电机再生电能能被电阻完全吸收并变为热能释放，即：

$$Q = P \times k \times K_c \times s = P \times 1 \times K_c \times 1.4$$

可近似为：

$$Q = P \times K_c \tag{5-3}$$

根据式(5-2)与式(5-3)可得出表 5-13。

表 5-13 制动电阻计算

电机功率/kW	制动电阻功率/W	制动电阻阻值/Ω
5.5	1 650	89
7.5	2 250	65
11	3 300	45
15	4 500	33
18.5	5 550	26
22	6 600	22
30	9 000	16
37	11 100	13
45	13 500	11
55	16 500	9

② 制动电阻推荐选型

根据以上计算结果，结合默纳克《NICE3000 电梯一体化控制器用户手册 V3.3》的推荐值,得到驱动器对应的制动电阻、制动单元的推荐选型,如表 5-14 所示。

表 5-14 制动电阻推荐选型

适配电机功率	型　号	制动电阻规格	制动单元
5.5 kW	NICEL-A/B-4005	1 600 W,90 Ω	标准配置
7.5 kW	NICE-L-A/B-4007	2 400 W,65 Ω	
11 kW	NICE-L-A/B-4011	3 600 W,43 Ω	
15 kW	NICE-L-A/B-4015	4 500 W,32 Ω	
18.5 kW	NICE-L-A/B-4018	6 000 W,25 Ω	
22 kW	NICE-L-A/B-4022	7 200 W,22 Ω	
30 kW	NICE-L-A/B-4030	9 600 W,16 Ω	
37 kW	NICE-L-A/B-4037	11 700 W,13 Ω	外置
45 kW	NICE-L-A/B-4045	13 500 W,10 Ω	
55 kW	NICE-L-A/B-4055	16 500 W,9 Ω	

(2) 主回路接触器容量的计算

本系统选用法国施耐德(Schneider)系列接触器,如表 5-15 所示。接触器触点额定电流按电动机额定电流选用。同时考虑产品的系列性,对某些型号的适用范围作了覆盖。

计算公式:接触器触点电流≥1.15×电动机额定电流。

表 5-15 主回路接触器容量

系统型号	主空开/A	额定输出/A	接触器型号	触点额定电流/A
NICE-L-A/B-4005	32	13.0	LC1D18F7C	18
NICE-L-A/B-4007	40	18.0	LC1D25F7C	25
NICE-L-A/B-4011	63	27.0	LC1D32F7C	32
NICE-L-A/B-4015	63	33.0	LC1D40F7C	40
NICE-L-A/B-4018	100	39.0	LC1D50F7C	50
NICE-L-A/B-4022	100	48.0	LC1D65F7C	65
NICE-L-A/B-4030	125	60.0	LC1D65F7C	65
NICE-L-A/B-4037	160	75.0	LC1D80F7C	80
NICE-L-A/B-4045	200	91.0	LC1D95F7C	95
NICE-L-A/B-4055	200	112.0	LC1D115F7C	115

(3) 主回路电缆选择

本系统选用上海长顺系列电缆,如表 5-16 所示。电缆线径根据控制柜额定功率选择。

表 5-16　主回路电缆

系统型号	主空开/A	输入侧主回路导线/mm²	输出侧主回路导线/mm²	控制回路导线/mm²	接地线/mm²
NICE-L-A/B-4005	32	4	4	0.75	4
NICE-L-A/B-4007	40	4	4	0.75	4
NICE-L-A/B-4011	63	6	6	0.75	4
NICE-L-A/B-4015	63	6	6	0.75	4
NICE-L-A/B-4018	100	10	10	0.75	6
NICE-L-A/B-4022	100	10	10	0.75	6
NICE-L-A/B-4030	125	16	16	0.75	10
NICE-L-A/B-4037	160	16	16	0.75	10
NICE-L-A/B-4045	200	25	25	0.75	16
NICE-L-A/B-4055	200	35	35	0.75	25

2. 控制部分

本系统采用苏州默纳克控制技术有限公司生产的 MCB-B 控制板，通过电磁兼容标准测试。大部分井道信息采用 RS-485 接口标准，轿厢信号采用 CAN 通信，不受楼层限制，传输距离远，安装调试简洁。

(1) 控制变压器容量计算

① AC220 V 绕组承载功率

AC220 V 绕组承载功率＝门电机功率＋光幕功率＋开关电源消耗功率

普通净开门宽度≤1 800 mm 时，门电机功率约为 100 W；

光幕以微科 917 A 系列为例，消耗功率低于 4 W；

开关电源的消耗功率，选择功率最大为 200 W。

由上述参数可得：AC220 V 绕组承载功率＝100＋4＋200＝304(W)

② AC110 V 绕组承载功率

AC110 V 绕组承载功率＝相关接触器线圈消耗功率＋安全回路和门锁回路线间消耗功率

其中：

接触器线圈消耗功率如下：

运行接触器，根据不同的功率选择不同的接触器，以施耐德 LC1D 系列接触器为例，线圈消耗功率如表 5-17 所示。

表 5-17　施耐德 LC1D 系列接触器线圈消耗功率

系统型号	运行接触器	启动吸合瞬间线圈消耗功率/W	维持时线圈耗功率/W
WISH8000-A/B-4005	LC1D18F7C	70	7
WISH8000-A/B-4007	LC1D25F7C	70	7
WISH8000-A/B-4011	LC1D32F7C	70	7
WISH8000-A/B-4015	LC1D40F7C	200	20
WISH8000-A/B-4018	LC1D50F7C	200	20
WISH8000-A/B-4022	LC1D65F7C	200	20
WISH8000-A/B-4030	LC1D65F7C	200	20

续表

系统型号	运行接触器	启动吸合瞬间线圈消耗功率/W	维持时线圈耗功率/W
WISH8000-A/B-4037	LC1D80F7C	200	20
WISH8000-A/B-4045	LC1D95F7C	200	20
WISH8000-A/B-4055	LC1D115F7C	300	22

另外，门锁、抱闸接触器触点电流一般选择为 6 A 的接触器，如施耐德品牌的 LC1D0601F7N。接触器吸合瞬间功率为 70 W，维持功率为 7 W，动作时间为 12～22 ms。

考虑运行、抱闸、门锁接触器同时吸合的情况（一般不会出现），启动吸合瞬间对应功率和维持时消耗功率如表 5-18 所示。一般变压器在设计时，输出绕组功率在瞬间至少可承受输出功率的 3 倍。

表 5-18 运行、抱闸、门锁接触器同时吸合的消耗功率

系统型号	启动吸合瞬间接触器线圈总功率/W	维持时接触器线圈总功率/W
WISH8000-A/B-4005	210	21
WISH8000-A/B-4007	210	21
WISH8000-A/B-4011	210	21
WISH8000-A/B-4015	210	21
WISH8000-A/B-4018	340	34
WISH8000-A/B-4022	340	34
WISH8000-A/B-4030	340	34
WISH8000-A/B-4037	340	34
WISH8000-A/B-4045	340	34
WISH8000-A/B-4055	440	36

根据表 5-18，考虑运行、抱闸、门锁接触器同时吸合的情况（一般不会出现）：

a. 接触器维持总功率为 21 W 时，对应的启动瞬间（功率为 210 W），考虑到变压器的特性，变压器在设计时，输出绕组功率在瞬间至少可承受输出功率的 3 倍，则此时选择变压器 AC110 V 输出电流为 0.8 A，对应功率为 88 W；

b. 同理，维持总功率在 34 W 时，对应的启动瞬间（功率为 340 W），计算得出，选择变压器 AC110 V 输出电流为 1.1 A，对应功率为 121 W；

c. 同理，维持总功率为 36 W 时，对应的启动瞬间（功率为 440 W），计算得出，选择变压器 AC110 V 输出电流为 1.4 A，对应功率为 154 W。

线间电缆消耗功率如下：

电阻率的计算公式为：

$$\rho=\frac{RS}{L} \tag{5-4}$$

式中：ρ——电阻率，Ω·m；

S——横截面积，m^2；

R——电阻值，Ω；

L——导线的长度，m。

常温时，铜的电阻率为 0.017 2(Ω · m^2/m)，安全回路及门锁回路上的信号线截面积为 $S=0.75\ mm^2$，则由公式 5-4 计算得信号线单位长度(1 m)电阻值 $R_o=0.023\ \Omega$。

楼层为 10 层时，其安全回路与门锁回路线长约为 200 m，那么其线上电阻为：

$$R_1=R_oL=0.023\times200=4.6\ \Omega$$

楼层为 20 层时，其安全回路与门锁回路线长约为 400 m，那么其线上电阻为：

$$R_2=R_oL=0.023\times400=9.2\ \Omega$$

楼层为 30 层时，其安全回路与门锁回路线长约为 600 m，那么其线上电阻为：

$$R_3=R_oL=0.023\times600=13.8\ \Omega$$

交流接触器制造标准规定，当线圈电压大于其额定电压的 80%时，交流接触器的铁心应该可靠吸合，因此，维持交流接触器吸合状态的最小电压不应该低于线圈额定电压的 80%，即，电压应不低于 88 V，那么在安全回路和门锁回路间线间压降不能大于 22 V。

根据上述楼层不同时算出的电阻值，可得出回路线上电阻产生的压降，如表 5-19 所示。

表 5-19　不同楼层回路线上电阻产生的压降

楼层	AC110V 输出电流	回路线上电阻产生压降
1～10	0.8	3.66
	1.1	5.06
	1.4	6.44
11～20	0.8	7.36
	1.1	10.12
	1.4	12.88
21～30	0.8	11.4
	1.1	15.16
	1.4	19.32

根据上述计算，线路上的压降在接触器的允许吸合的正常承受范围之内，可不予考虑。

综合上述计算，就 AC110 V 绕组而言，系统功率≤15 kW 时，可选择 AC110 V/1 A，其余功率段，可选择 AC110 V/1.5 A。

③ DC110 V 绕组消耗功率

DC110 V 绕组消耗功率＝制动器功率

普通客梯制动器，主流厂家适配制动器功率如下：通润 GTW 系列为 220～330 W，KDS 的 WJ 系列为 220 W，西子富沃德 GETM 系列为 160～390 W。综合上述情况，制动器功率可选择 250 W。

④ 控制变压器的选择

各路绕组承载电流(留有余量)如下：

系统功率≤15 kW 时，推荐选择变压器规格：输入 AC380 V，输出 AC220 V/2 A、AC110 V/1 A、DC110 V/2.5 A，如联创 TDB-860-01 型变压器。

系统功率＞15 kW 时，推荐选择变压器规格：输入 AC380 V，输出 AC220 V/2 A、AC110 V/1.5 A、DC110 V/2.5 A，如联创 TDB-920-01 型变压器。

(2) DC24 V 开关电源容量计算

① DC24 V 绕组承载功率

WISH8000 控制系统配套产品消耗功率如表 5-20 所示。

表 5-20 配套产品消耗功率

部件	型号	额定电压/V	额定电流/A	额定功率/W
点阵显示板	HCB-H	DC24 V	0.075	1.8
液晶显示板	HCB-D	DC24 V	0.07	2.52
液晶显示板	HCB-K	DC24 V	0.15	3.6
指令板	CCB-A	DC24 V,DC5 V	0.075	1.8
主控板	MCB-B	DC5 V	0.075	0.375
轿顶板	CTB-A	DC24 V	0.105	2.52
控制按钮		DC24V	0.02	0.5

DC24 V 绕组承载功率＝主控板消耗功率＋轿顶板消耗功率＋指令板消耗功率＋显示板消耗功率×(n＋1)＋控制按钮×(3n＋6)(n 代表楼层数)

楼层小于 8 层:

DC24 V 绕组承载功率＝0.5＋2.5＋1.8＋2.5×9＋0.5×30＝42.3(W)

楼层为 8～16 层:

DC24 V 绕组承载功率＝0.5＋2.5＋1.8＋2.5×17＋0.5×54＝74.2(W)

楼层为 17～30 层:

DC24 V 绕组承载功率＝0.5＋2.5＋1.8＋2.5×31＋0.5×96＝130.3(W)

楼层为 31～40 层:

DC24 V 绕组承载功率＝0.5＋2.5＋1.8＋2.5×41＋0.5×126＝170.3(W)

② 开关电源选型

根据上述计算,以施耐德品牌和明纬品牌的开关电源为例,推荐选择的电源型号如表 5-21 所示。

表 5-21 开关电源推荐选型

楼层	开关电源额定输出电流/A	施耐德品牌	明纬品牌
1～8	4.5	ABL2REM24045	S-100-24
8～16	6.0	ABL2REM24065	S-150-24
17～30	8.0	ABL2REM24085	S-201-24
31～40	10.5	ABL2REM24100	S-350-24

5.5　电梯控制系统故障防护说明

根据 TSG T7016《电梯控制柜型式试验细则》(以下简称《试验细则》)相关要求,对远志科技 WISH8000 系列电梯控制柜故障防护处理进行说明,见表 5-22 和表 5-23。

表 5-22　针对《试验细则》中第 8 部分安全电路故障防护的说明

№	可能出现的故障	防护说明	备注
8.1 安全电路的要求	安全电路应满足下列要求: a) 如果某个故障(第一故障)与随后的另一个故障(第二故障)组合导致危险情况,那么最迟应在第一故障元件参与的下一个操作程序中使电梯停止。 只要第一故障仍存在,电梯的所有进一步操作都应是不可能的。 在第一故障发生后而在电梯按上述操作程序停止前,发生第二故障的可能性不予考虑。 b) 如果两个故障组合不会导致危险情况,而它们与第三故障组合就会导致危险情况,那么最迟应在前两个故障元件中任何一个参与的下一个操作程序中使电梯停止。 在电梯按上述操作程序停止前发生第三故障从而导致危险情况的可能性不予考虑。 c) 如果存在三个以上故障同时发生的可能性,则安全电路应设计成有多个通道和一个用来检查各通道的相同状态的监控电路。 如果检测到状态不同,则电梯应被停止。 对于两通道的情况,最迟应在重新启动电梯之前检查监控电路的功能。如果功能发生故障,电梯重新启动应是不可能的。 d) 在恢复已被切断的动力电源时,如果电梯在上述 a)至 c)条的情况下在进入下一程序指令时能被强制再停梯,则电梯无需保持在停止的位置上。 e) 在冗余型安全电路中,应采取措施,尽可能限制由于某单一原因而在一个以上电路中同时出现故障的危险。	安全电路设计为所有安全开关常闭点串联。其中任一安全开关对应检测的点发生故障,都会使安全回路断开,电梯不再可能发生危险。 门锁电路设计为所有门锁开关常闭点串联。其中任一门锁开关对应检测点发生故障,都会使门锁回路断开,电梯不再可能发生危险。 在安全电路断开的情况下,主回路不再可以通电。运行接触器、抱闸接触器都从硬件电路上保证不会打开。 根据以上分析,安全电路设计符合 8.1 条要求。	见图 5-9 见图 5-10
8.2 电气故障防护	安全电路应满足出现《试验细则》5.1 条的故障时的要求。	详见下文《试验细则》5.1 电气故障防护说明	

表 5-23　针对《试验细则》第 5 部分电气故障防护的说明

№	可能出现的故障	防护说明	备注
5.1 电气故障的防护	a) 无电压；	控制系统无电压，控制柜内部所有电气元器件均无法工作。电梯主机、曳引机抱闸线圈均无法接通电源。不会导致电梯危险。	
	b) 电压降低；	符合 GB/T10058《电梯技术条件》第 3.2 条供电电压在额定电压的±7%范围之内时，控制柜内部电气元器件均可可靠工作。如果电压继续降低，电气元器件均不能正常工作。安全回路接触器、抱闸接触器均设计为通电接通，一旦电压降低使接触器不能工作，电气主回路、抱闸均不会通电，不会导致电梯危险。	
	c) 导线(体)中断；	会导致电气元器件不能正常工作。说明同 b)的分析。	
	d) 对地或对金属构件的绝缘损坏；	电气设计中充分考虑了接地或金属构件的绝缘损坏或对地短路保护，采用保险丝、空气开关双重保护。一旦发生绝缘损坏，对地构成回路时保险丝会熔断、空气开关也会实施保护。整个控制系统不再有电，不会导致电梯危险。(现场测试结果也会证实这一说明)	
	e)电气元件的短路或断路以及参数或功能的改变，如电阻器、电容器、晶体管、灯等；	电气元件的短路会由系统中包括保险丝、空气开关在内的各种配件保护。短路则参照 c)的说明。参数或功能的改变都不足导致电梯危险故障，因为控制系统本身已设定了多达 53 条的故障防护。	
	f) 接触器或继电器的可动衔铁不吸合或吸合不完全；	接触器或继电器的衔铁、触点不完全吸合或释放，都可归结为接触器、继电器的触点粘连。控制系统通过输入点对接触器、继电器的触点、工作状态进行实时检测，一旦工作状态与实际输出线圈控制状态异常，系统将自动保护，不输出任何信号，从而不会导致电梯危险。	见图 5-11
	g) 接触器或继电器的可动衔铁不释放；		
	h) 触点不断开；		
	i) 触点不闭合；		
	j) 错相。	本控制系统设计了相序监测器，一旦用户输入电源回路发生错相，相序监测器实施保护。其常闭触点被串入系统安全回路，安全回路不再通电，后续电气系统不再工作，从而不会导致电梯危险。	
5.2 接地故障的防护	如果包含有电气安全装置的电路接地或接触金属构件而造成接地，该电路应： a) 使电梯驱动主机立即停止运转；或 b) 在第一次正常停止运转后，防止电梯驱动主机再启动。 恢复电梯运行只能通过手动复位。	电气设计中充分考虑了接地或金属构件的绝缘损坏或对地短路保护，采用保险丝、空气开关双重保护。一旦发生绝缘损坏，对地构成回路时保险丝会熔断、空气开关也会实施保护。整个控制系统不再有电，不会导致电梯危险。	见图 5-12

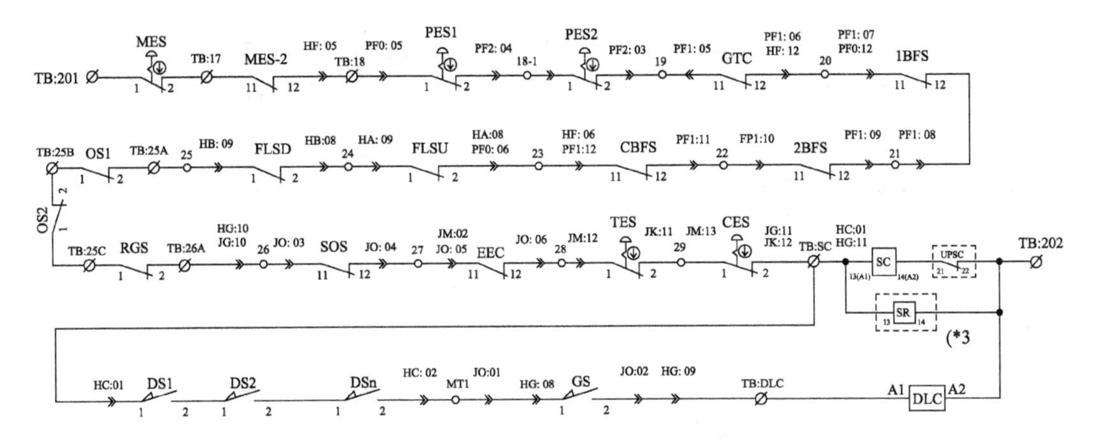

图 5-9 WISH8000 安全及门锁回路

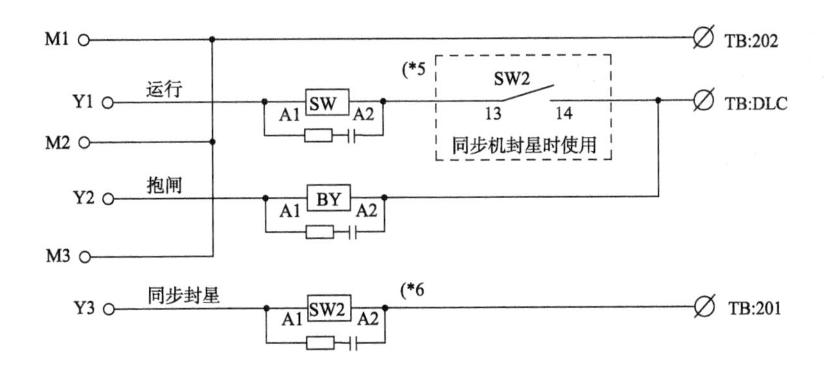

图 5-10 WISH8000 接触器输出控制回路

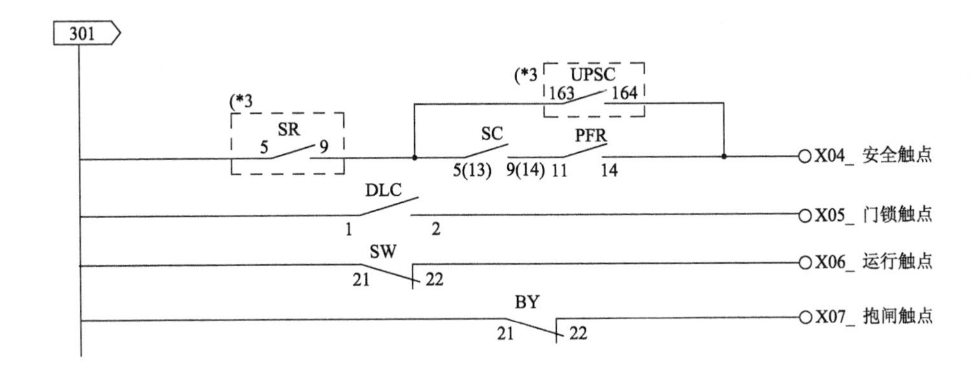

图 5-11 WISH8000 接触器反馈回路

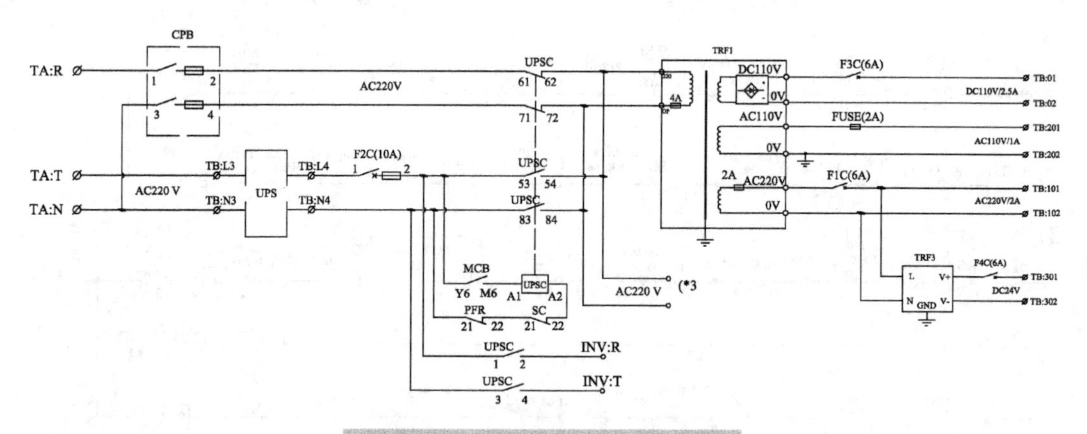

图 5-12　WISH8000 电源控制回路

思考题

1. 简述一体化控制系统的定义。
2. 简述一体化控制系统的特点及优势。
3. 简述电梯控制系统主要元器件的选型原则。
4. 安全电路故障防护有哪些？

第 6 章

家用电梯、液压电梯与杂物电梯控制系统设计

本章重点：分别以曳引式家用电梯控制系统、液压电梯控制系统和杂物电梯控制系统为例，介绍了产品特点、硬件选型以及设计计算。

6.1　家用电梯控制系统设计

6.1.1　家用电梯概述

随着经济的发展和城市化进程的推进，人们更加注重生活品质的提高。居民的出行在陆地公共交通设施服务方面得到了良好保证，更加便捷的垂直交通设施服务日益受到人们的青睐。同时，社会人口结构趋向老龄化，使得家用电梯越来越走俏。

家用电梯具有以下特点：它的机房不需要设在井道顶部，降低了建筑物的高度，因此可无底坑、无土建井道；载重小(不超过 400 kg)、速度低(额定速度不大于 0.4 m/s，无轿门的家用电梯额定速度不大于 0.3 m/s)、提升高度小(不超过 12 m)；运行平稳、成本低，耗电量约相当于一台冰箱。

目前市场上主要有两种驱动类型的家用电梯，一种是液压式，一种是曳引式。由于曳引机技术的成熟，尤其是小型永磁同步曳引机的广泛应用，曳引式家用电梯已成为家用电梯市场的新宠。目前市场上的曳引式家用电梯多采用一种俗称“背包架式”的布置方式，这种布置方式因其导轨和驱动部件集中在电梯轿厢的一侧，所以其井道利用率相对较高，井道底坑深度和顶层高度也比较小，而且开门位置也比较灵活。另外，在采用观光梯时.也可以获得更大、更好的视野。

图 6-1 为曳引式家用电梯井道布置图。

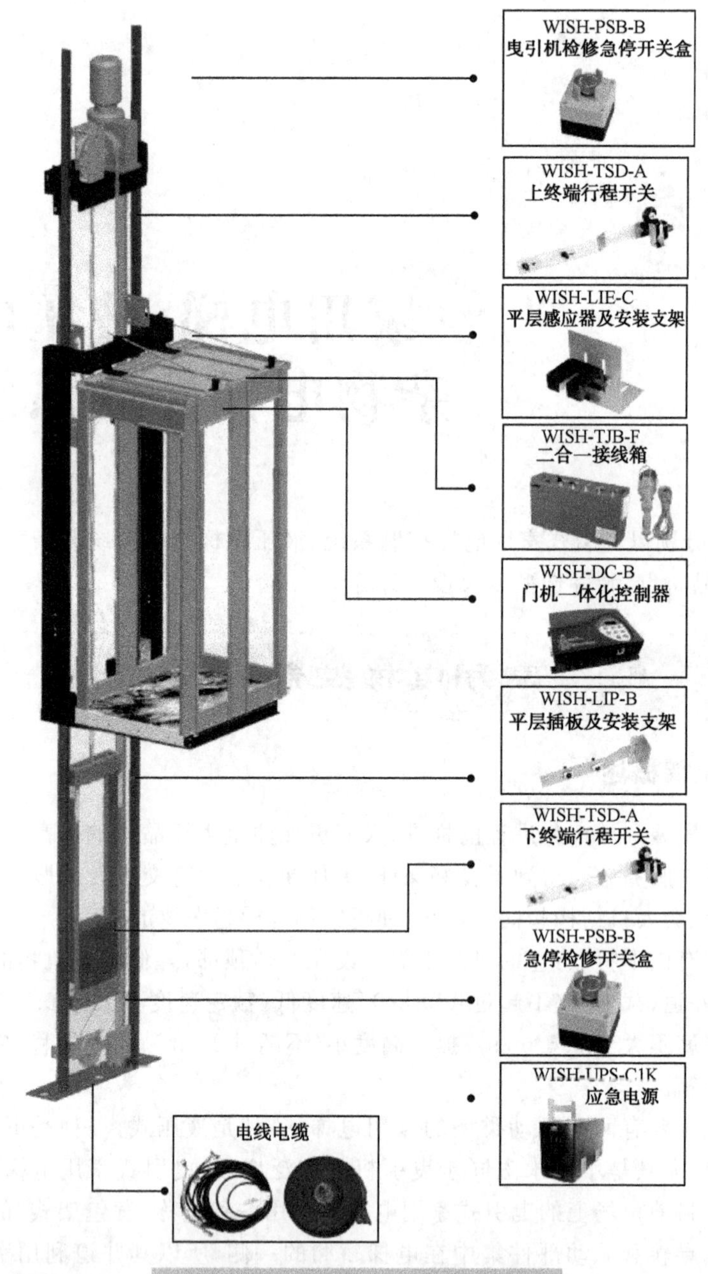

图 6-1 曳引式家用电梯井道布置图

6.1.2 家用电梯控制系统规划

1. 功率等级、适配电压及适配电机的规划

理论上，曳引电动机功率可按式(6-1)计算。

$$N=\frac{Qv(1-\psi)}{102\eta i} \tag{6-1}$$

式中：N——曳引电动机功率，kW；

Q——额定载重量，kg；

v——曳引轮节径线速度，m/s；

ψ——电梯平衡系数，一般为 0.4～0.5；

η——电梯机械传动总效率(包括减速箱、导向轮)；

i——钢丝绳绕绳倍率。

按极端情况计算，$Q=400$ kg，$v=0.4$ m/s，ψ 取 0.46，η 取 0.7，$i=1$，在此情况下曳引机功率 $N=1.2$ kW。

基于此，结合目前国内主流曳引机厂家的实际情况，系统的功率分可为 2.2 kW 和 3.7 kW两个等级。

考虑家用电梯的实际使用场所，控制系统既可适配单相 AC220 V 的供电，也可适配三相 AC220 V 、AC380 V 的供电。

驱动控制部分既可适配异步电动机，也可适配永磁同步电动机；编码器的接口信号通过选择不同的 PG 卡，也可分别适配增量型 AB 相编码器、混合型 sin/cos 信号的编码器以及混合型 UVW 信号的编码器。在匹配不同类型的电动机和编码器时，均设计成通过参数设定去选择。

2. 门机控制的规划

针对家用电梯的特点，对开关门的逻辑做了特殊处理，既考虑到手动门与自动门的选择，也考虑到自动门状态下分布于相邻轿壁呈 90°的双轿门的控制逻辑。

在手动门(手拉门)状态下，电梯门锁断开一次再闭合，或者电梯由运行转停车、门锁虽未断，但等待时间持续 5 s 以上，此时电梯具备再次响应召唤并运行的条件。任何运行过程中门锁断开，电梯会自动立即停车保护，确保了乘梯安全。

自动门的状态与普通的乘客电梯控制逻辑类似，设计时考虑采用类似“贯通门”的逻辑。

3. 输入输出口规划

考虑家用电梯一般层站不高，输入输出信号采用并行通讯方式。输入输出口借鉴了 PLC 的接口定义模式，将输入口定义为 X，输出口定义为 Y。输入口采用光耦隔离的方案。考虑输出口的不同功用，采用继电器输出。具体输入输出口见表 6-1。

表 6-1 家用电梯控制系统输入输出口规划表

输入				输出			
编号	功能定义	编号	功能定义	编号	功能定义	编号	功能定义
X1	门区	X14	开门到位 1	Y0	UPS(停电应急)	Y12	层显 C
X2	运行反馈	X15	光幕 1	Y1	运行接触器	Y13	保留
X3	制动器反馈	X16	关门到位 1	Y2	制动器接触器	Y14	保留
X4	检修	X17	UPS 检测	Y3	照明节电控制	Y15	保留
X5	检修上行	X18	开门到位 2	Y4	保留	Y16	检修输出
X6	检修下行	X19	光幕 2	Y5	保留	YM2	Y10～Y16 公共点
X7	消防	X20	关门到位 2	Y6	门 1 开门输出	Y17	上箭头显示输出

续表

输入				输出			
编号	功能定义	编号	功能定义	编号	功能定义	编号	功能定义
X8	锁梯	X21	保留	Y7	门 1 关门输出	Y18	下箭头显示输出
X9	上限位	X22	保留	Y8	门 2 开门输出	Y19	负号输出
X10	下限位	X23	保留	Y9	门 2 关门输出	Y20	保留
X11	上减速	X24	保留	YM1	Y6～Y9 公共点	Y21	蜂鸣器控制输出
X12	下减速			Y10	层显 A	Y22	超载输出
X13	超载			Y11	层显 B	YM3	Y17～Y22 公共点
楼层召唤按钮							
编号	功能定义	编号	功能定义	编号	功能定义	编号	功能定义
L1	开门按钮	L6	2 楼内指令	L13	1 楼上召唤	L17	2 楼下召唤
L2	关门按钮	L7	3 楼内指令	L14	2 楼上召唤	L18	3 楼下召唤
L3	保留	L8	4 楼内指令	L15	3 楼上召唤	L19	4 楼下召唤
L5	1 楼内指令	L9	5 楼内指令	L16	4 楼上召唤	L20	5 楼下召唤

6.1.3 家用电梯控制系统设计

1. 主电路设计(如图 6-2)

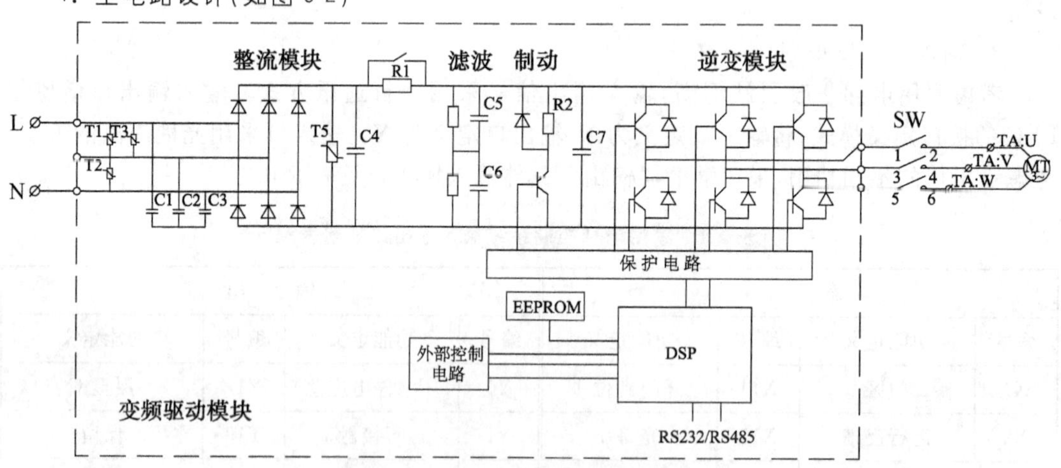

图 6-2 家用电梯控制系统主回路

主回路主要由一体化控制器、运行接触器(SW)、曳引电动机(MT)等组成。

2. 断电自动平层功能设计

考虑家用电梯的实际情况,将断电自动平层功能作为标准配置功能。选用成熟的 UPS 供电,提高了系统整体的可靠性。图 6-3 为家用电梯控制系统断电再平层电源回路。

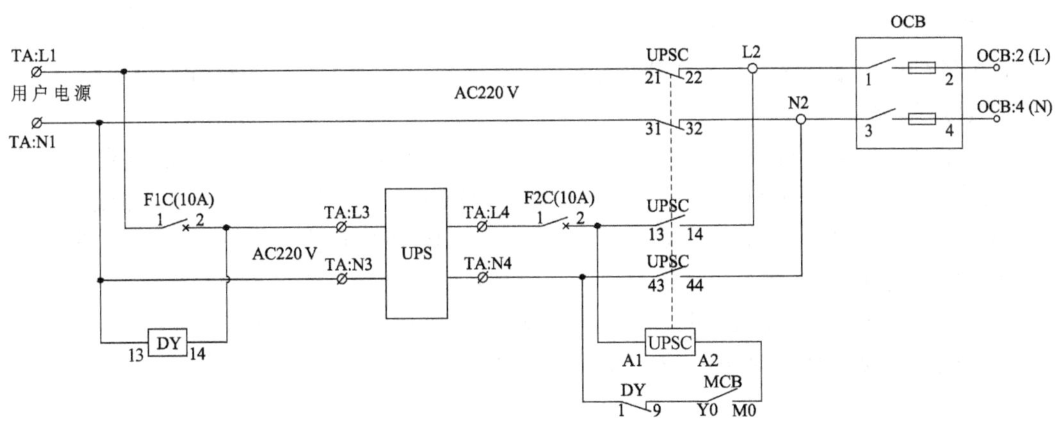

OCB—电源主空开　UPS—应急电源　UPSC—UPS 接触器　TA、TB—接线端子
DY—断电检测继电器　F1C～F4C—空气开关(低压断路器)

图 6-3　家用电梯控制系统断电再平层电源回路

图 6-3 中，DY 继电器线圈电压为 AC220 V，用来监测控制柜的供电状况。当用户电源可对控制柜正常供电时，DY 线圈得电，UPSC 接触器不会吸合；当用户电源无电压输出时，DY 继电器断开，一体化控制器 MCB 板的 Y0 继电器输出闭合，UPSC 接触器吸合，控制柜转为由 UPS 供电。UPS 选用在线式电源。

3. 输入口设计

低压输入端口的回路(如图 6-4)完全借鉴一般 PLC 的光耦输入回路；另外，考虑安全回路、层门锁回路、轿门锁回路，特别设计了 AC110 V 的输入检测回路(如图 6-5)，这样可省去传统的安全接触器和门锁接触器，让控制柜内部元器件布局更加简洁。

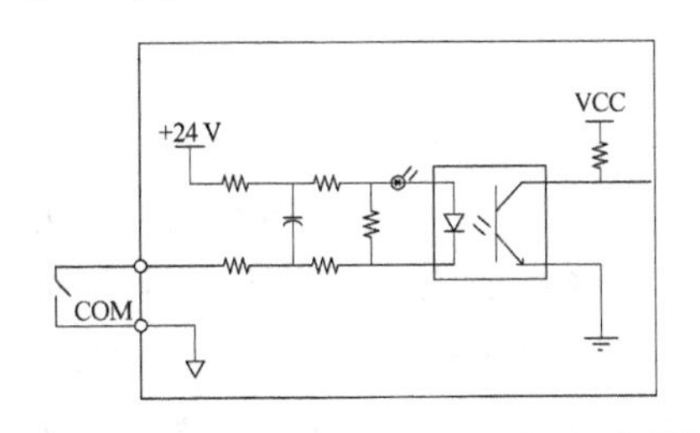

图 6-4　家用电梯控制系统低压输入回路

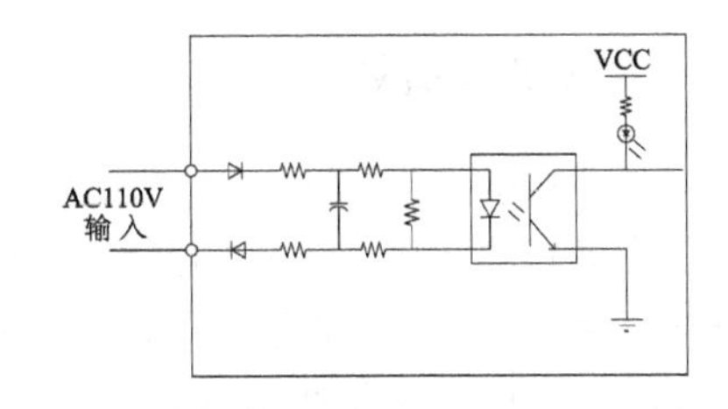

图 6-5　家用电梯控制系统高压输入回路

4. 启动时无称重自动补偿设计

传统的变频驱动器为了解决启动时的舒适感，往往需要启动补偿功能。其目的应该是在未知电梯载荷大小的情况下，根据电梯将要运行的方向，给电机施加以合适的转矩，使其平滑启动，使启动瞬间溜车降低到最小，增加电梯的启动舒适感。系统在程序设计中，预先产生一个基本的补偿控制量，变频器输出之后，通过在启动瞬间连续检测编码器输出的变化情况，快速判断电机的实际运行状况，在此预先产生的基本补偿控制量基础之上，连续对变频器输出进行快速的动态调节，从而使启动过程更平稳。

6.1.4 应用问题分析

1. 电磁兼容性

在电源的输入端加装输入滤波器，同时编码器与曳引电动机之间的连线采用屏蔽线。

2. 噪声的控制

对于采用永磁同步曳引机的背包式结构的曳引式家用电梯，由于曳引机的额定频率很低（如通润驱动型号为 ERSJ-30P4-1 的曳引机，额定频率 10.2 Hz），所以对于高低速 PI 值的分界频率应特别设计，一般低速切换频率设为 0.5 Hz，高速切换频率设为 2 Hz。为了降低电动机的运行噪声，可调节 PI 值、载波频率等参数。

对于控制柜内部的接触器，可选择静音接触器（如施耐德 LC1K1201F7），也可选择横移式动作的低噪声接触器（如西门子 3RT1017-1AF01）。

3. 手动门门锁的选型

可选择机械式的门锁装置（如 CarLift 的 CL-01 M，如图 6-6 所示），也可选择电磁触发式的门电锁装置（如 SAVARIA 的 KWIK LOCK）。

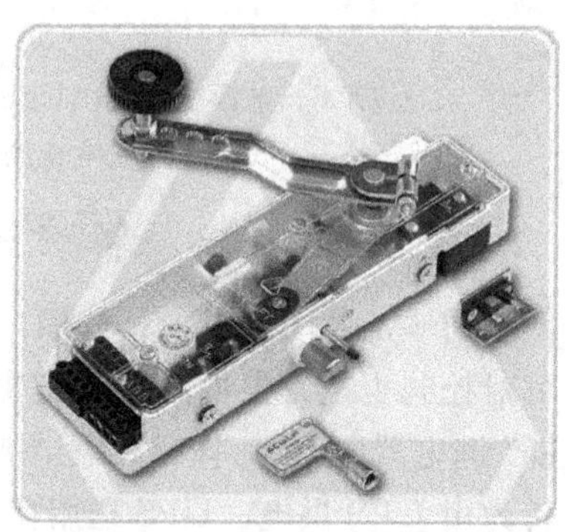

图 6-6 机械式门锁 CL-01 M

4. 安全光幕

对于无轿门、层门采用手拉门的情况，在轿厢的出入口设置光幕保护是最佳的选择。与普通乘客电梯采用的光幕保护有所不同，无轿门的光幕需要选择动作触点为安全继电器的安全光幕（如 CEDES 的 Cegard/Lift）。

6.2 液压电梯控制系统设计

6.2.1 液压电梯概述

液压驱动在电梯沿革中是较早出现的一种驱动方式。早期的液压电梯的液体是水，利用公用水管极高的水压推动缸体内的柱塞顶升轿厢，下降靠泄流。但由于水压波动及生锈问题难以解决，后来就用油为媒介驱动柱塞作直线运动。由于液压驱动对于大的提升力可以提供较高的机械效率而能耗较低，因此对于短行程、重载荷的场合，使用优点尤为明显。另外液压电梯不必在楼顶设置机房，因而减小了井道竖向尺寸，有效地利用了建筑物空间，所以液压电梯的应用前景较为宽广。目前液压电梯广泛用于停车场、仓库及小型的低层建筑中，有的国家四层以下的建筑物中，配置的液压电梯约占 70%。对于负载大、速度慢及行程短的场合，选用液压电梯比曳引电梯更经济、更适宜。

1. 液压电梯的布置型式

液压电梯通过液压动力源（泵站）把油压入油缸，使柱塞向上，直接或间接地作用在轿厢上，使轿厢上升。轿厢的下降一般靠轿厢自重使油缸内的油返回油箱中。

按轿厢和液压缸的联接方式，液压电梯可分为直顶式和侧顶式两种。

直顶式液压电梯的柱塞直接作用在轿厢上或轿厢架上，轿厢和柱塞之间的联接必须是挠性的。直顶式液压电梯可以不设紧急安全制动装置，也不必设限速器，所以轿厢结构简单，井道空间小。建筑物顶部不需要设钢丝绳，轿厢的总载荷都加在地坑的底部，故要为油缸做一个较深的竖坑，使油缸部分沉入地下。埋没油缸的底孔应采用套管，若油缸需外伸到井道外的其他空间，则应加以保护。

侧顶式液压电梯的柱塞通过悬吊装置（绳索、链条）联接到轿厢架上，一般柱塞和轿厢的位移比是 1∶2，也有采用 1∶4 和 1∶6 的。侧顶式液压电梯不需要竖坑，由于顶升油缸在轿厢侧面，因而所需的井道空间要比直顶式液压电梯的大。因为使用钢丝绳或链条，故要配置限速器和安全钳装置。对于采用多个油缸间接驱动的液压梯，任何一个油缸的悬挂绳破断，都应使安全钳动作。

液压电梯限速器的要求与电梯限速器基本一致，仅在安装位置的可接近性方面有所放宽。若限速器—安全钳联动试验时限速器的动作能够从井道外用远距离控制的方式来实现，或限速器的检查和维修能够从轿顶上进行，或限速器动作后提升轿厢或对重后能使限速器自动复位，则可等同视为限速器已具备了可接近性。

液压电梯驱动的另一种布置方式是将油缸装在对重下部，柱塞直接作用于对重，从而使轿厢上升或下降。由于存在对重，油缸直径较小，这种布置方式下，油缸一般采用双作用活塞式油缸。

侧顶式液压电梯的滑轮节圆直径与悬挂钢丝绳的公称直径之比应不小于 40。悬挂钢丝绳或链条不应少于两根。当钢丝绳（或链条）为两根时，应安装防止钢丝绳（或链条）松弛的电气安全装置，该装置动作时，液压电梯应不能启动或运行。钢丝绳直径不小于 8 mm，安全系数不小于 10；链条的安全系数不小于 10。钢丝绳绳端固定可靠，弹簧、螺母、开口销等部件无一缺损。

2. 液压传动系统

(1) 液压动力装置

油泵的功率与油的压力和流量成正比。对同一油缸而言，油压越高，负载越大，流量越大，柱塞行程速度越快。

一般液压电梯的油压为 1～6 N/mm^2，流量为 50～1 500 L/H，电机功率为 2～50 kW。用这个功率范围的油泵驱动直顶式电梯的能力为：载重量 300～1 000 kg，额定速度 0.1～1 m/s。

液压动力装置的最大问题是噪声大，一般泵站的声级为 85～90dB(A)。为了降低机房噪声，在驱动部分设置隔音罩，或在机房四壁采取隔音措施。目前国外较多地采用潜油型液压动力装置，将油泵和电动机轴直接相连并加以密封，然后全部悬挂或固定于油箱内并沉浸于油中。由于油的吸音及油箱铁板的隔音作用，机房噪声水平一般比干式（电机和油泵布置在油箱外部）的低 10～15 dB(A)，机房的噪声水平可控制在 75 dB(A)以下。

(2) 阀组

阀组是液压系统中的控制元件，它们对电梯的起动、运行、减速、停止及紧急情况起着控制作用。

下面介绍几种典型阀的作用。

① 溢流阀

溢流阀安装在泵站和单向阀之间的管路上，其作用是当压力超过一定值时使油回流到油槽内。溢流阀动作的压力一般调节到满负荷的140%，考虑到系统内部损耗（如压头损耗、摩擦损耗），可将溢流阀的压力数值定得高一点，但不得高于满负荷压力的170%。

② 单向阀

单向阀的作用是，当油源的压力下降到最低工作压力时，必须能够把载有额定负荷的电梯在任一位置加以制停并保持静止。单向阀应安装在联接液压泵和截流阀（截流阀应装在机房内）之间的管路上。

液控单向阀可以通过控制油压开启单向阀，使油在两个方向自由流动。

③ 安全阀

为了防止电梯超速或自由坠落，应设置安全阀（应为限速切断阀），或称管道破裂安全阀。该阀应满足：当液压系统出现较大的泄漏、轿厢速度达到了额定速度再加上0.3 m/s时，安全阀必须能够将超速的轿厢制停并保持静止状态。当有多个油缸工作时，设置的数个安全阀能同时动作。

安全阀的安装可以采用下列方式：和油缸组成一个整体；用法兰盘直接将油缸固接；将安全阀紧靠油缸，用一段较短的管子并采取焊接的方法，把法兰盘和油缸连接在一起；把安全阀和油缸直接用螺纹连接。不允许采用压紧装配等方法。

④ 限速切断阀

对于未装紧急安全制动装置的直顶式液压系统，应设置限速切断阀，防止轿厢超速。

限速切断阀的安装可采用下列四种方式：与油缸组成一个整体；用法兰盘直接与油缸作刚性连接；通过螺纹直接连接到油缸上；把它置于靠近油缸处，用一段较短的刚性管，采用焊接、法兰连接或螺纹连接的方法与油缸相连。

多缸并行工作的液压电梯，允许共同使用一个限速切断阀，但若采用几个限速切断阀，则需将它们从内部连接起来，使其能同时关闭，以避免轿厢地板的倾斜度超过正常位置的5%。

设有限速切断阀的液压电梯，机房应设有使限速切断阀达到动作流量的手动试验装置，该装置应有防误动作的保护。

切断阀的最大动作速度应不超过额定速度再加上0.3 m/s。

⑤ 速度控制阀

通过调节阀的流量来改变油缸的速度。这种阀与电气控制连在一起，可以连续控制电梯从起动到停止的全部速度变化。如贝林格控制阀是将流量控制阀、安全阀、手动下降阀组成一种复合阀组，以适应电梯的上升和下降。这种阀组内装有流量计，电梯在上行或下行时流量计反映出流量变化，流量变化转换成电信号再进行反馈控制。这种闭环的伺服控制系统可以保证油流稳定。

⑥ 手动下降阀和手动泵

当电源故障时，为了使乘客可以走出轿厢，应将电梯下降到最近的一个层站上。手动阀门操纵电梯的轿厢速度不得超过0.3 m/s。在此过程中为了防止间接式液压电梯的驱动钢丝绳或链条出现松弛现象，当系统压力低于该阀的最小操作压力时，手动下降操作应无效。手动下降阀必须在人力持续操作下才有效。手动控制的按钮（或其他操纵机构）均应加以保护，避免误动作使机件损坏。

凡在轿厢上装有诸如安全钳夹紧装置等安全设施的，系统中还应设置一个手动泵，可使轿厢向上升起。手动泵应当连接在单向阀或下向阀与截流阀之间的管路上。为了限制手动泵的超压工作，在手动泵的回路上应设一个溢流阀，使其压力限定在满负荷压力的 2.3 倍以下。

⑦ 极限位置保护开关

在与轿厢行程上端相对应的柱塞位置应设有一个极限位置保护开关。该开关应在柱塞缓冲制动之前起作用，并在柱塞进入缓冲制动区期间保持动作状态。极限开关动作后，即使轿厢以爬行速度运行而离开了动作区，液压电梯的呼梯及轿内运行指令仍应无效。对于间接驱动的液压电梯，极限开关应通过柱塞直接来操作，也可以利用一个与柱塞连接的装置（如钢丝绳、皮带或链条）间接来操作，但该间接操作装置上应安装一个电气开关，一旦连接件断裂或松弛，应使主机停转。

(3) 管路及其附件

液压管路及其附件应可靠固定并易于被检修人员接近。如果管路敷设时需穿过墙或地板，则在穿越墙或地板处应加金属套管保护，套管应无接头。

用于机房液压站到油缸之间的高压软管上应印有制造厂名（或商标）、试验压力和试验日期，且固定软管时软管的弯曲半径应不小于制造厂规定的最小弯曲半径。

油箱中的油位应符合设计要求且易于检查。

管路是液压系统中必不可少的附件，可以采用刚性的或柔性的。

在油缸、单向阀、下行方向阀之间采用刚性管件时，其计算压力应是满负荷压力的 2.3 倍，在规定的弹性极限应力下的安全系数至少为 1.7。在计算壁厚时，对油缸与安全阀之间的联接管道必须加厚 1 mm，对其他刚性管道，须加厚 0.5 mm。

在油缸、单向阀或下行方向阀之间采用软管时，其满负荷压力相对于爆裂压力的安全系数应至少为 8。其他软管及管接头必须能够经受得住 5 倍的额定负荷压力而不至于损坏。

(4) 油温过热的保护

油流速度与油黏度直接有关，而黏度又受温度影响，为了控制油温，液压系统中应装设一套检温和控温的装置。当油温超过预定值时，该装置应能立即将液压电梯就近停靠在平层位置上并打开轿门，只有经过充分冷却之后，液压电梯才能自动恢复上行方向的正常运行。

有的系统中为了保证油流速度的稳定，还增加一套泵站循环打油控制功能。当油温过低时，启动泵站，将油箱中的油循环空打，直至升温到规定值再使电梯运行。油温过高时，可采取风冷、水冷或其他冷却方法进行降温。

油温检测过去采用液体膨胀式油温检测仪，现在大多采用精度高、可靠性好的热敏电阻式油温传感器。

(5) 油缸

油缸和柱塞一般用厚壁钢管制造。油缸壁要承受液体的压力，柱塞要承受电梯的总重量。液压电梯上常用单作用柱塞缸，活塞缸很少使用。为了提高行程，也有采用二级乃至多级的伸缩缸。

油缸应按安装说明书的要求安装，若用多个油缸顶升轿厢时，必须将各个油缸的液压系统连接起来，以保证压力的均衡。

侧顶式液压电梯的柱塞（或油缸）端头应安装有限位装置，为防止柱塞脱缸，可以采用缓冲制动器或用一种机械联动机构来切断电源。

6.2.2 液压电梯控制系统设计

1. 输入输出规划表(见表 6-2)

表 6-2 液压电梯控制系统输入输出口规划表

输入				输出			
编号	功能定义	编号	功能定义	编号	功能定义	编号	功能定义
X0	油温保护	X23	上平层	Y0	上行接触器	Y23	层显 D
X1	安全反馈	X24	下平层	Y1	星型接触器	Y24	检修输出
X2	门锁反馈	X25	下减速	Y2	三角形接触器	Y25	上箭头显示输出
X3	触点粘连	X26	上终端减速	Y3	下行继电器	Y26	下箭头显示输出
X4	提前开门输入	X27	下终端减速	Y4	快速上升	Y27	超载输出
X5	消防	X30	1 楼内召	Y5	快速下降	Y30	1 楼内召灯
X6	锁梯	X31	2 楼内召	Y6	慢速上升	Y31	2 楼内召灯
X7	超载	X32	3 楼内召	Y7	慢速下降	Y32	3 楼内召灯
X10	门 1 开门输入	X33	1 楼上召	Y10	门 1 开门输出	Y33	1 楼上召灯
X11	门 2 开门输入	X34	2 楼下召	Y11	门 1 关门输出	Y34	2 楼下召灯
X12	关门输入	X35	2 楼上召	Y12	门 2 开门输出	Y35	2 楼上召灯
X13	司机	X36	3 楼下召	Y13	门 2 关门输出	Y36	3 楼下召灯
X14	检修	X37	3 楼上召	Y14	照明、风扇节能	Y37	3 楼上召灯
X15	检修上行	X40	4 楼内召	Y15	提前开门输出	Y40	4 楼内召灯
X16	检修下行	X41	5 楼内召	Y16	到站钟	Y41	5 楼内召灯
X17	保留	X42	4 楼下召	Y17	消防输出	Y42	4 楼下召灯
X20	开门到位 1	X43	4 楼上召	Y20	层显 A	Y43	4 楼上召灯
X21	开门到位 2	X44	5 楼下召	Y21	层显 B	Y44	5 楼下召灯
X22	上减速			Y22	层显 C		

2. 速度控制及液压阀(如图 6-7)

液压系统中的液压控制阀简称液压阀,用来对液压流的方向、压力的高低以及流量的大小进行控制,它是液压控制中的重要器件。外部控制器靠改变液压阀内通道的关系或改变阀口过流面积来实现流量控制。

从液压传动的特点可以知道,只要改变油泵向油缸输出的油量就可以改变电梯的运行速度。这种阀与电气控制联在一起,可以连续控制电梯从启动到停止的全部速度变化。所以液压电梯的速度控制实际上就是液压系统的流量控制。

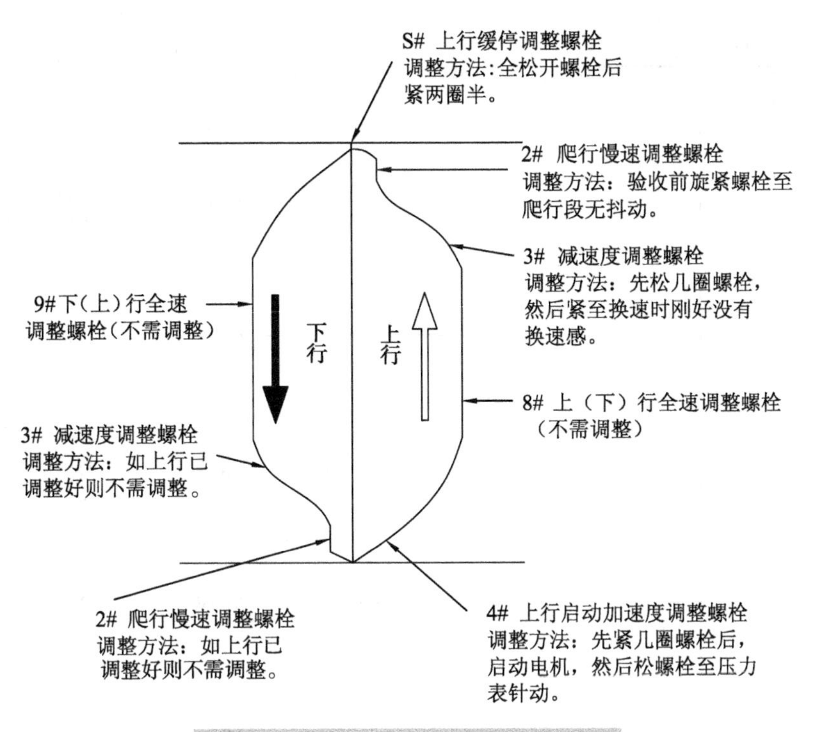

图 6-7　GMV 泵站控制系统运行时序

3. 控制主回路设计(如图 6-8)

控制液压电梯上行运动的电动机电源应至少由两个独立的、其主触点串联在电动机电源电路中的接触器来实现,或用一个接触器,但分流阀供电电源应至少有两个独立的电气装置,它们之间应串联连接。控制液压电梯下行阀的电源应至少由两个相互独立且串联的电气装置来实现,也允许直接使用电气装置,但它必须符合电气的额定值。

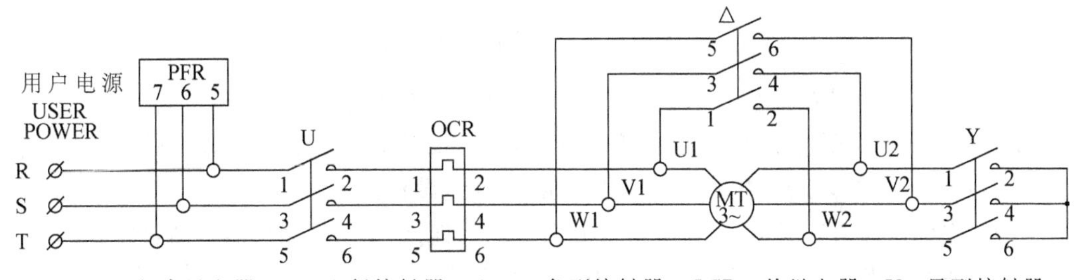

图 6-8　液压电梯控制系统主回路

4. 主要程序设计

(1) 程序初次运行初始值赋值(如图 6-9)

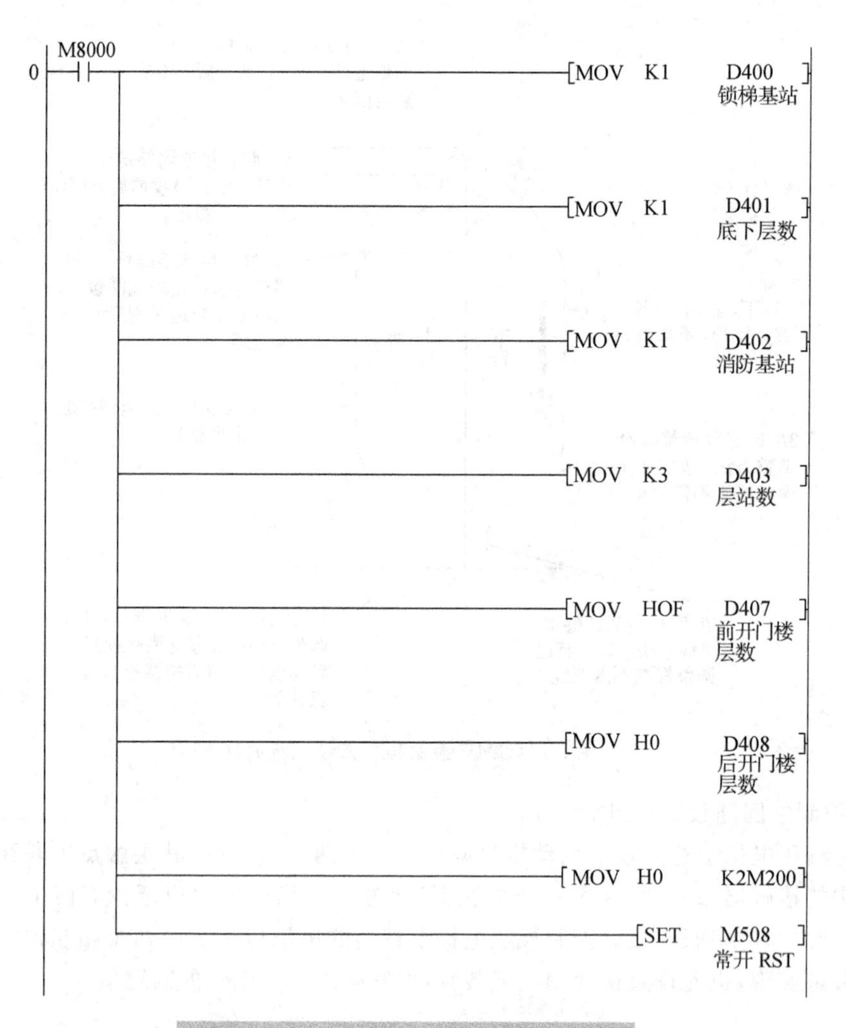

图 6-9 液压电梯控制系统程序初始赋值

D400:用于设置基站的位置,设定值比需求值少 1。(如:电梯 1 楼,设置为 K0)

液压电梯由于采用液压油做驱动的特殊性,所以 D400 通常设置为 K1,即电梯的第二层。

D401:用于设置地下层楼数。(如:电梯地下 1 层,设置为 K1)

D402:用于设置消防基站,设定值比需求值少 1。(如:电梯 2 楼是消防基站,设置为 K1)

D403:电梯总楼层由其设定,设定值为总楼层数减 1。(如:电梯总共 3 楼,设置为 K2)

D407:十六进制数对应的二进制数,表示允许前开门的楼层数。(如:H13—B00001101,表示电梯的 1/3/4 层楼可以开前门)

当电梯由于种种原因(如平层错误或检修完毕后)不在门区时,恢复电梯自动状态,电梯将自动返至上方的最近楼层。

(2) 平层感应器常开常闭的设计(如图 6-10)

平层感应器常开常闭的选择,当选用常开触点时,在开头设置[RST M508],当选择常闭触点时,将 RST 改为 SET 即可。

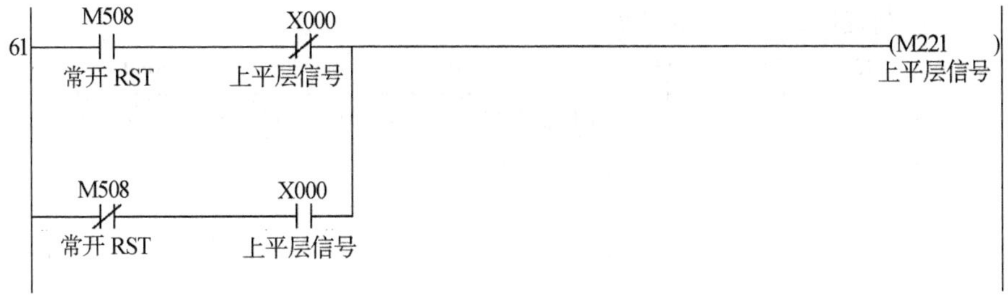

```
61  M508        X000
    --| |-------|/|---------------------------(M221      )
    常开 RST    上平层信号                      上平层信号
    M508        X000
    --|/|-------| |--
    常开 RST    上平层信号
```

图 6-10 液压电梯控制系统平层环节程序设计

(3) 楼层显示的设计(如图 6-11)

本程序使用 BCD 码编码方式。

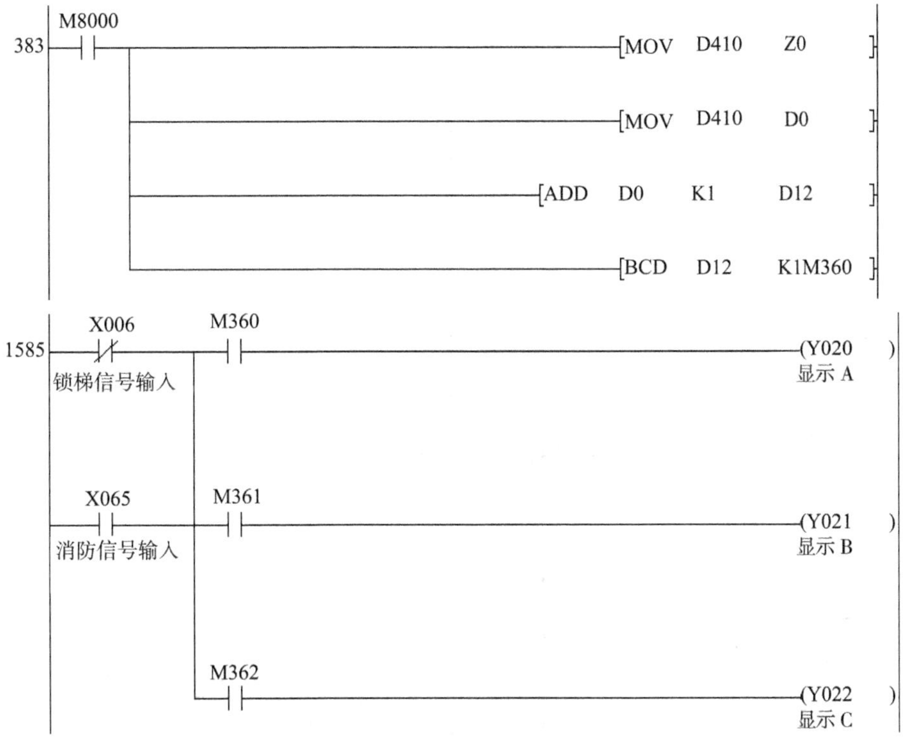

```
383  M8000
     --| |--+-------------------[MOV   D410   Z0     ]
            +-------------------[MOV   D410   D0     ]
            +-------------[ADD   D0    K1     D12    ]
            +-------------------[BCD   D12    K1M360 ]

1585  X006         M360
      --|/|----+----| |----------------------(Y020    )
      锁梯信号输入 |                          显示 A
      X065     |   M361
      --| |----+----| |----------------------(Y021    )
      消防信号输入 |                          显示 B
               |   M362
               +----| |----------------------(Y022    )
                                              显示 C
```

图 6-11 液压电梯控制系统楼层显示环节程序设计

如图 6-11 所示，由 M360、M361、M362 不同组合控制楼层的显示。

(4) 开门控制程序的设计(如图 6-12)

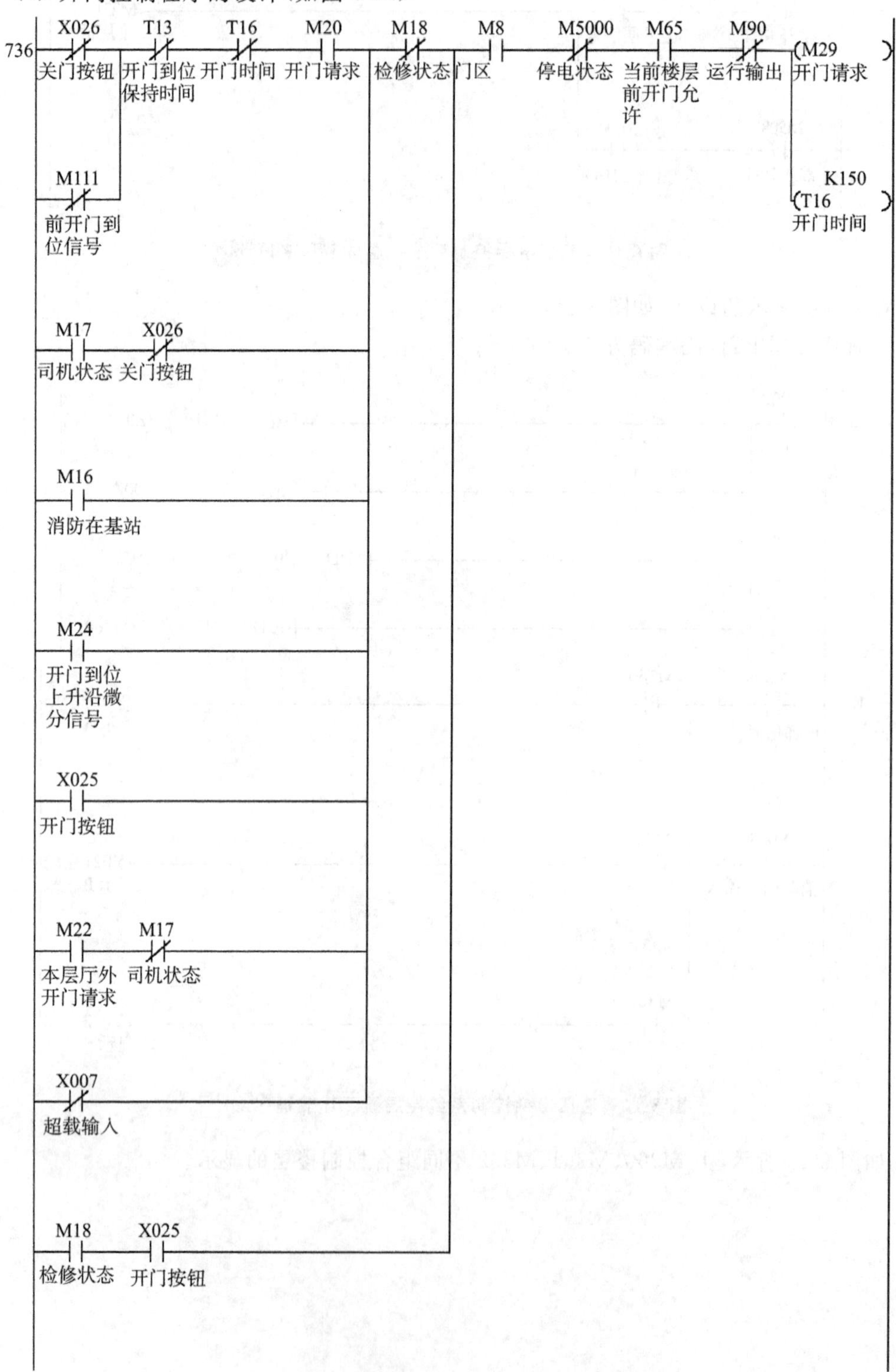

图 6-12 液压电梯控制系统开门控制环节程序设计

6.3 杂物电梯控制系统设计

6.3.1 杂物电梯概述

杂物电梯也是一种专供垂直运送货物而设计的永久性设备,如图6-13所示。杂物电梯的额定载重量不大于500 kg,额定速度不大于1.0 m/s。为了确保人员不能进入轿厢内,最大的轿厢底面积和轿厢高度分别控制在1.25 m^2和1.4 m以下。杂物电梯与其他电梯一样,也需设专用井道,轿厢运行于与垂直方向倾斜不大于15°角的两列刚性导轨之间。杂物电梯制作要求低,控制系统简单,广泛地用于食堂、餐馆、宾馆的食物搬运,以及医院、工厂、商店、仓库、银行、图书馆等处的小件货物运输。

图6-13 杂物电梯

6.3.2 杂物电梯的规格和类型

杂物电梯可按其结构型式、控制和驱动方式等作如下分类:

1. 按层站出口型式分

(1) 台型

台型杂物电梯的层站出口设置在层楼地面之上,离层楼地面约800 mm。为便于放置餐具、书籍等物,在层站口设置平台或搁板。台型杂物梯较多地用于食堂、餐馆、厨房、图书馆等场所,额定载重量一般不超过100 kg。

(2) 地面型

地面型杂物电梯的入口与普通电梯一样,层站出口与地面齐平,可用于运送手推车和成捆的杂物,它的轿厢尺寸要比台型的大。

2. 按控制方式分

(1) 基站控制型

这种控制方式只限于某特定层(即设定的基站)和其他一般楼层互相往返的操作。在基站的操纵盘上有各层的按钮,其他层站上有呼梯蜂鸣按钮。当按动蜂鸣按钮时,蜂鸣器响,基站获息后按下目的层按钮,则轿厢自动运行。当轿厢应答完后,关上该站层门,轿厢就自动返回基站待命。这种控制方式适用于低层建筑。

(2) 相互层控制型

相互层控制型杂物电梯在各层的操纵盘上都设有所有层的按钮。召唤轿厢时,只要揿按本层的按钮即可。发送货物时,只要揿按目的层站按钮,轿厢就自动地运行。采用这种控制方式可以自由选择层与层之间的运行,并能够根据记忆呼梯,发出轿厢。这种控制方式多用于高层建筑。

3. 按驱动方式分

(1) 曳引驱动式

这种驱动方式即以曳引轮驱动钢丝绳。

(2) 强制驱动式

常用的强制驱动式杂物电梯有两种型式:一种是使用卷筒和钢丝绳,但不用对重;另一种是使用链轮和链条,可以设置对重。

4. 按开门方式分

杂物电梯按开门方式分为单扇上开式(闸门式)和两扇直分式两种类型。

5. 按有无轿门分

杂物电梯按有无轿门分为有轿门式和无轿门式两种类型。

6.3.3 杂物电梯控制系统设计

1. 输入输出点规划表(见表 6-3)

表 6-3 杂物电梯控制系统输入输出口规划表

输入		输出	
编号	功能定义	编号	功能定义
X0	门锁	Y0	快车接触器
X1	检修	Y1	上行接触器
X2	检修上行	Y2	下行接触器
X3	检修下行	Y3	蜂鸣
X4	触点粘连	Y4	上方向灯
X5	备用	Y5	下方向灯
X6	1 层平层	Y6	1 楼楼层显示
X7	2 层平层	Y7	2 楼楼层显示
X10	3 层平层	Y10	3 楼楼层显示
X11	1 层呼梯按钮	Y11	1 层呼梯指示灯
X12	2 层呼梯按钮	Y12	2 层呼梯指示灯
X13	3 层呼梯按钮	Y13	3 层呼梯指示灯
X14	4 层平层	Y14	4 层呼梯指示灯
X15	5 层平层	Y15	5 层呼梯指示灯
X16	4 层呼梯按钮	Y16	4 楼楼层显示
X17	5 层呼梯按钮	Y17	5 楼楼层显示

2. 主回路设计

图 6-14 为杂物电梯主回路和电源控制回路图。

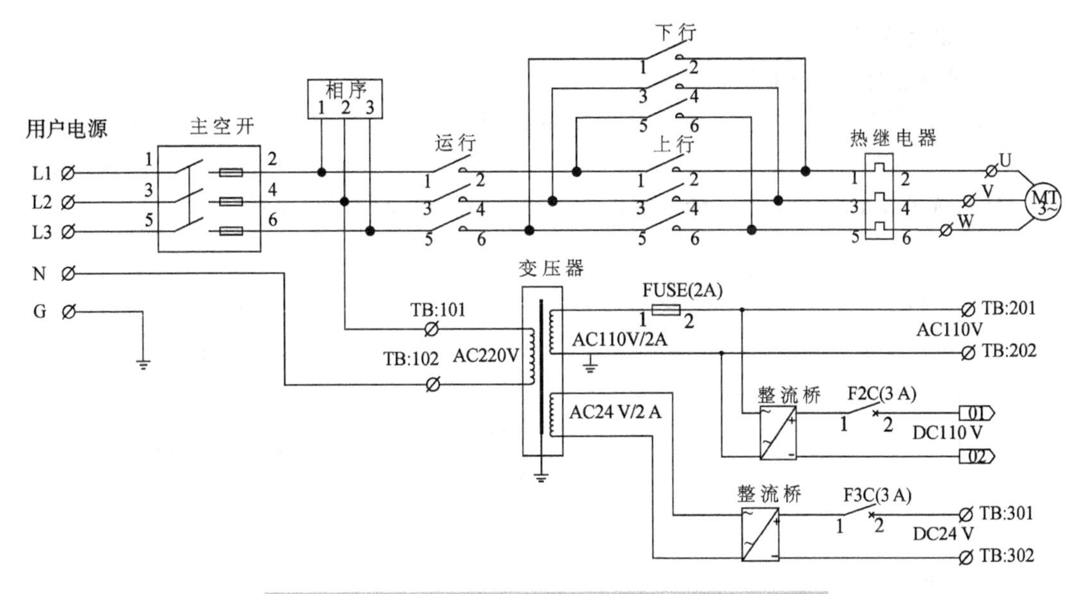

图 6-14　杂物电梯控制系统主回路及电源控制回路

3. 功能介绍(见表 6-4)

表 6-4　杂物电梯功能表

序号	功　能	备　注
1	检修运行	电梯进入检修状态,系统取消自动运行的操作。按上(下)行按钮可使电梯点动向上(向下)运行。松开按钮电梯立即停止运行。
2	自救平层运行	当电梯处于非检修状态下,且未停在平层区时,只要符合起动的安全要求,电梯将自动运行至平层区。
3	楼层显示	点对点显示,实现与用户楼层一致,可选配 BCD 码显示。
4	运行方向、占用显示	运行时呼梯盒内显示运行方向,门锁断开时显示“占用”。
5	呼梯	当呼梯工作后,相应楼层的呼梯灯点亮;当轿厢到达呼梯层站后,该指示灯熄灭。
6	任意楼层呼叫、顺向截梯	可在任意楼层呼梯,且能够顺向截梯。
7	到站提示、停梯等待	轿厢到达目的层站后,相应层站的蜂鸣器响 3 s,且到站后停 3 s,防止电梯刚到站后没有开门,即被其他楼层呼走。
8	电气门连锁	各层厅门均有电气连锁开关。任意一层厅门打开时,电梯停止运行。
9	错相、缺相保护	可防止由于电源相序的变化或者缺相导致电机的异常运行。
10	过流保护	由于轿厢卡住或者电源缺相而导致电机过电流时,切断电机电源。
11	接触器触点粘连保护	接触器出现粘连时,停止电梯的下一次运行。
12	运行超时保护	当电梯由于卡堵等原因运行超出正常运行时间,电梯停止运行。
13	电机及电磁制动器双回路控制	执行杂物电梯安全规范。
14	极限保护	可防止轿厢的冲顶、蹲底。
15	电锁	基站呼梯盒配备电锁,用于启动和关闭电梯的控制回路。

4. 主要程序设计

(1) 运行超时安全保护时间参数

在正常运行状态下，电梯在层与层之间的运行有一定的时间限制，本程序设置电梯在层与层之间的运行时间不能超过设置的时间 T3，超过这个时间，电梯将进入保护状态，停止运行，且系统需要断电再上电才能恢复正常运行。该程序设计如图 6-15 所示。

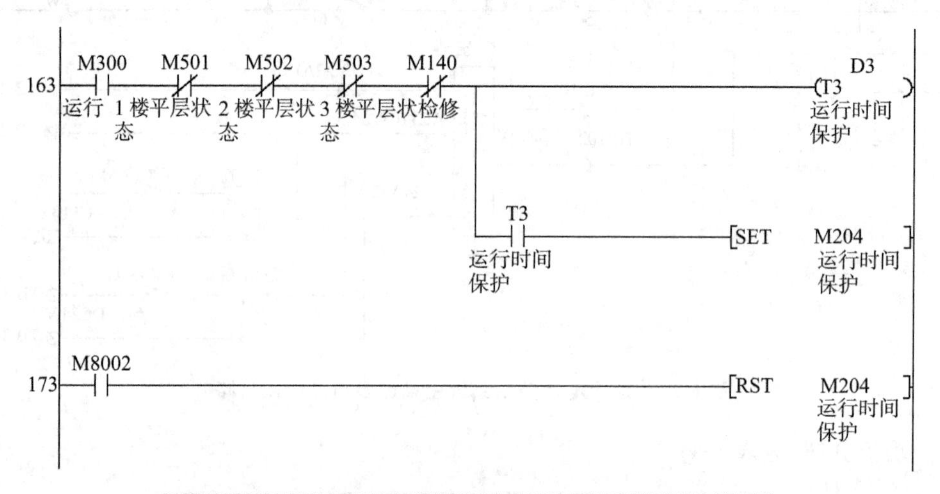

图 6-15 杂物电梯控制系统运行时间保护环节程序设计

(2) 手拉门到站自动断门锁

杂物电梯门锁为手拉门控制方式时，程序在每层到站后必须断一下门锁。考虑实际情况，在货物运送到目的楼层时，会出现没有人及时开门拿去货物，导致电梯持续停在目的楼层的情况，影响其他用户的使用。本程序设计为停车后即使不开门，程序内部也断一次门锁，从而有效避免了上述问题。该程序设计如图 6-16 所示。

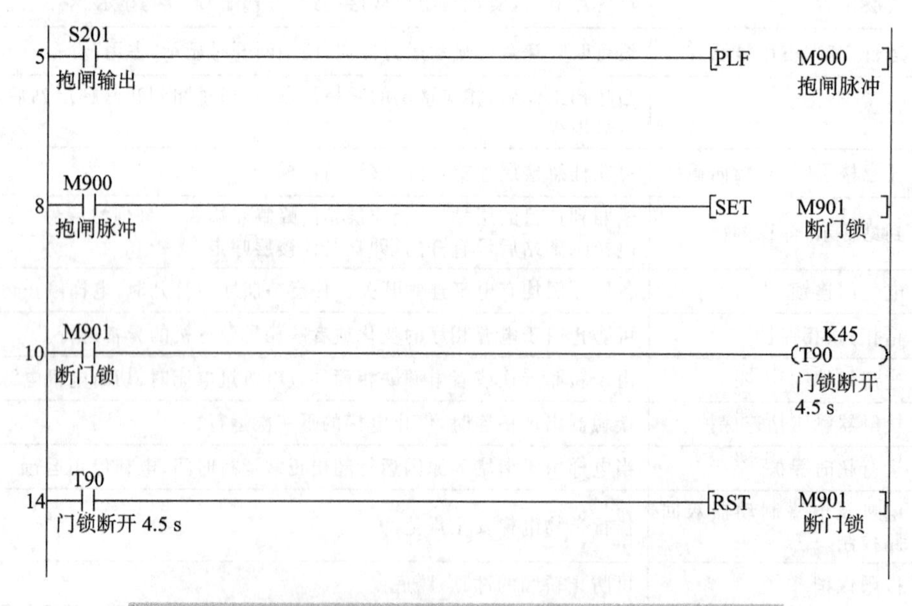

图 6-16 杂物电梯控制系统手拉门到站自动断门锁程序设计

（3）触点粘连保护

触点粘连保护是为防止接触器因频繁启动、电弧等原因导致触点粘连而设置的一种程序保护措施。电梯在启动运行时，接触器由于触点粘连没有在规定的时间内吸合，或者电梯在到站停梯时，接触器没有在规定的时间内释放，就会使程序进入保护状态。该程序设计如图 6-17 所示。

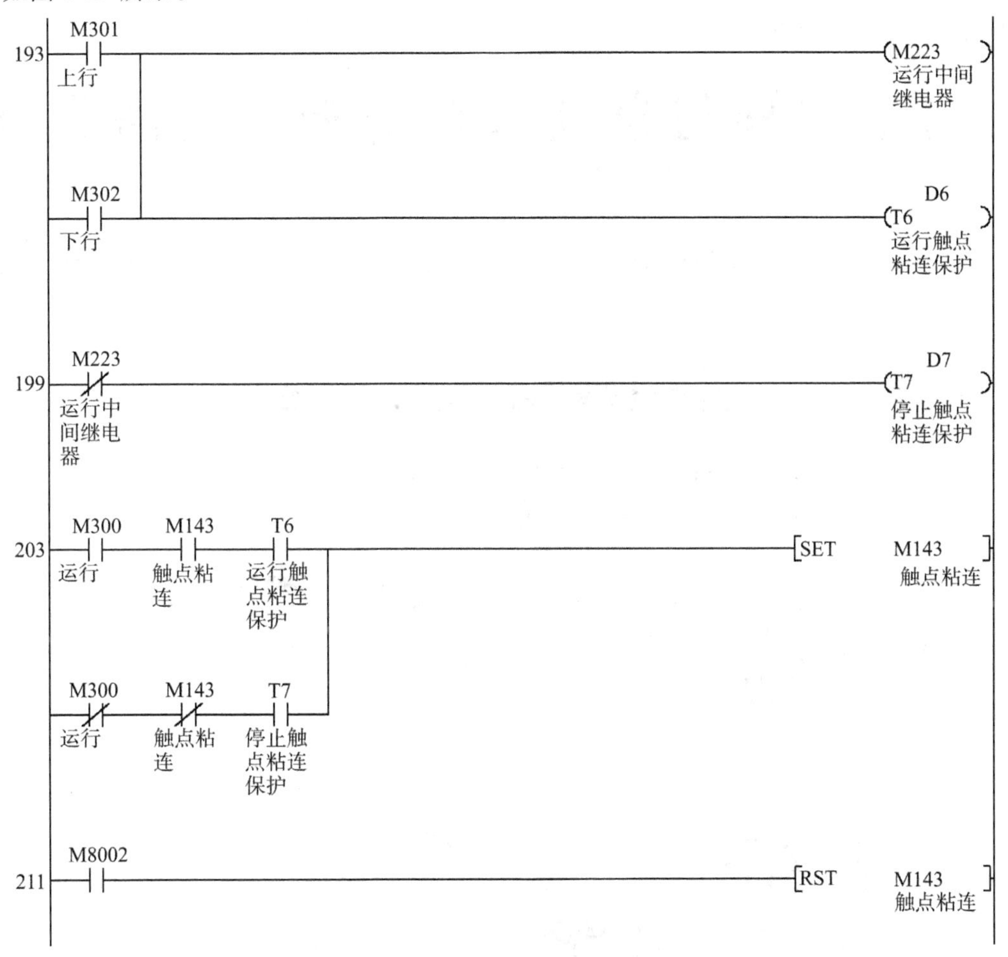

图 6-17　杂物电梯控制系统触点粘连保护环节程序设计

思考题

1. 简述家用电梯与普通乘客电梯的区别。
2. 简述家用电梯断电自动平层功能的实现方法。
3. 简述液压电梯泵站的工作原理。
4. 简述杂物电梯人机交换的特点。

第 7 章 自动扶梯与自动人行道控制系统设计

本章重点：介绍了自动扶梯及自动人行道的概况、电气部件的构成，分析了典型控制回路，并以自动扶梯和自动人行道的星三角驱动控制系统为例介绍了硬件选型和设计计算。

7.1 自动扶梯与自动人行道概况

图 7-1 为普通自动扶梯和自动人行道结构示意图。

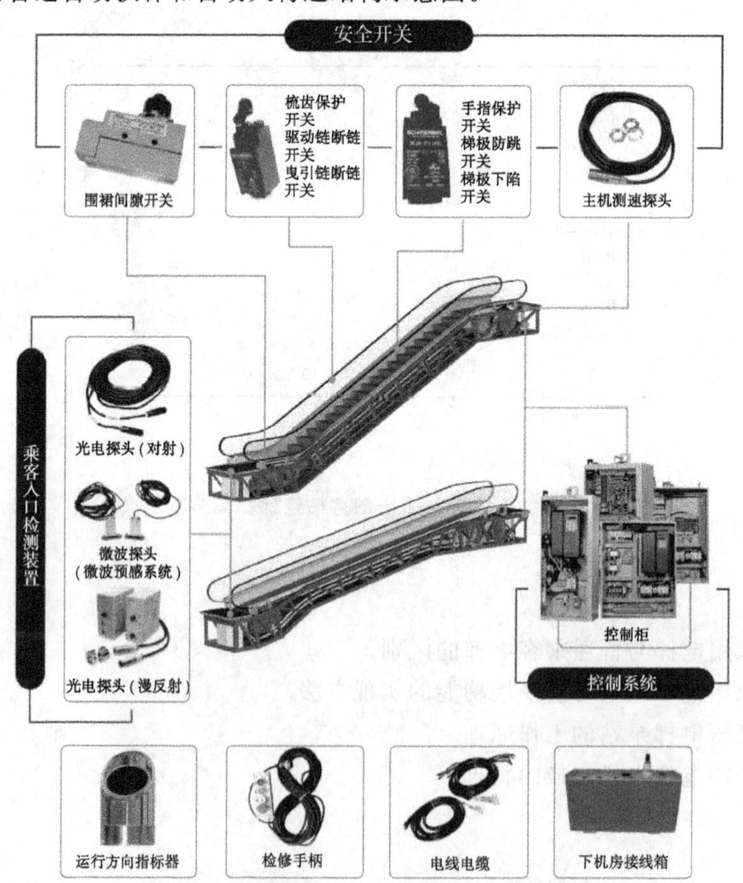

图 7-1 自动扶梯和自动人行道结构示意图

自动扶梯和自动人行道元器件见表 7-1。

表 7-1　自动扶梯和自动人行道元器件列表

驱动站	梯　路	转向站
控制屏	梯级(踏板)下陷检测开关	接线箱
曳引机	围裙开关	梯级(踏板)驱动链开关
制动器	梯级间隙照明	梳齿开关
主机测速探头	钥匙开关	扶手入口开关
制动器检测	停止按钮	踏板坠落检测开关(选配)
驱动链开关	故障采集及显示模块	乘客检测装置(选配)
梳齿开关	扶手测速	
扶手入口开关	梯级或踏板缺失传感器	
踏板坠落检测开关(选配)	梳齿照明(选配)	
加油电机(选配)	交通信号灯(选配)	
乘客检测装置(选配)		

7.2　自动扶梯与自动人行道电气部件

7.2.1　控制屏

控制屏(如图 7-2)是整个自动扶梯(自动人行道)的控制中心,所有的控制信号和驱动信号皆由此发出。

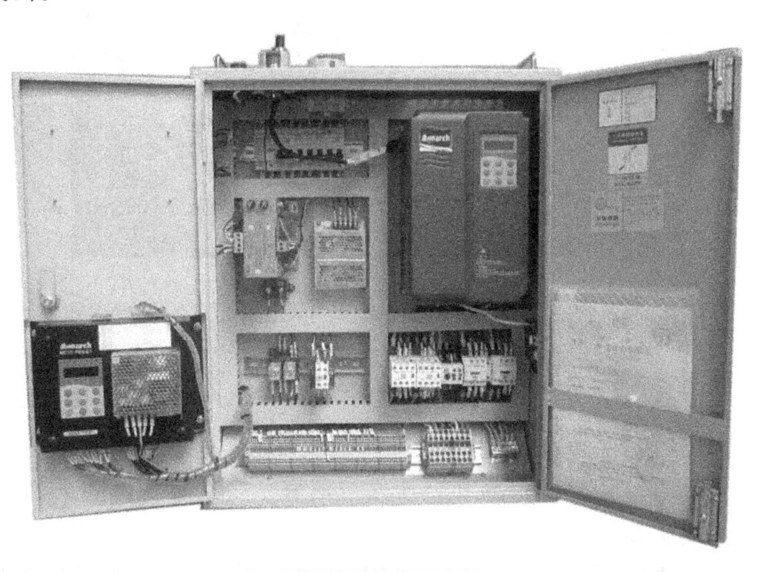

图 7-2　控制屏

7.2.2 曳引机

自动扶梯和自动人行道采用的驱动电机为六极三相异步电机,电压等级和频率可以根据使用国家的电源情况选择。

1. 单驱动曳引机(如图 7-3)

图 7-3 单驱动曳引机

2. 双驱动曳引机(如图 7-4)

图 7-4 双驱动曳引机

7.2.3 制动器

制动器是自动扶梯(自动人行道)的工作制动装置。自动扶梯和自动人行道设置有一个制动系统,该制动系统使自动扶梯和自动人行道有一个接近匀减速的制停过程直至停机,并使其保持停止状态(工作制动)。

图 7-5 为两种不同制动器的实物图,(a)为电磁铁控制,(b)为三相异步电机控制。

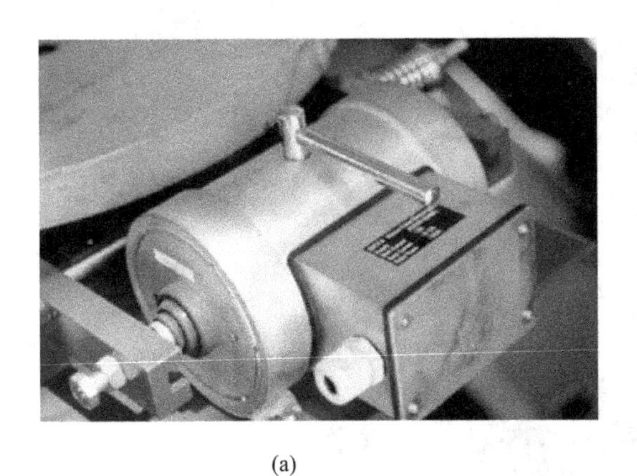

(a)

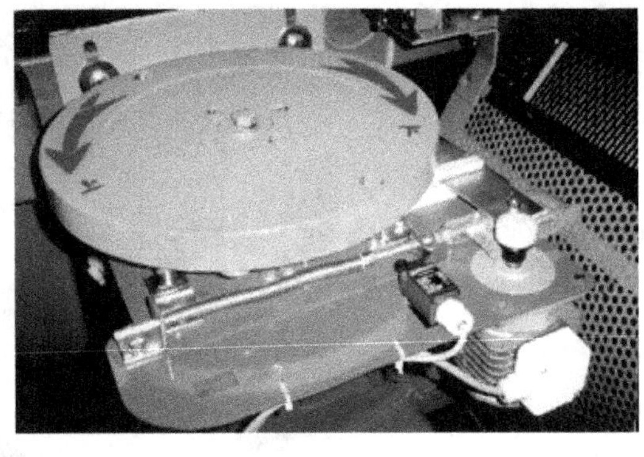

(b)

图 7-5　制动器

7.2.4　主机测速传感器

主机测速传感器利用磁感应监测电动机或减速机次级的转速，自动扶梯和自动人行道在速度超过名义速度 1.2 倍之前，停止扶梯运行。主机测速传感器安装位置示意图和实物图分别如图 7-6 和图 7-7 所示。

1. 传感器安装方法

主机测速传感器正对牵引链轮轮齿安装，一个传感器感应面中心正对牵引链轮轮齿中心，另一个传感器边缘正对相邻轮齿中心轴（如图 7-6）。

2. 安装距离

推荐的主机测速传感器安装距离为：3 mm≤$LA=LB$≤8 mm。

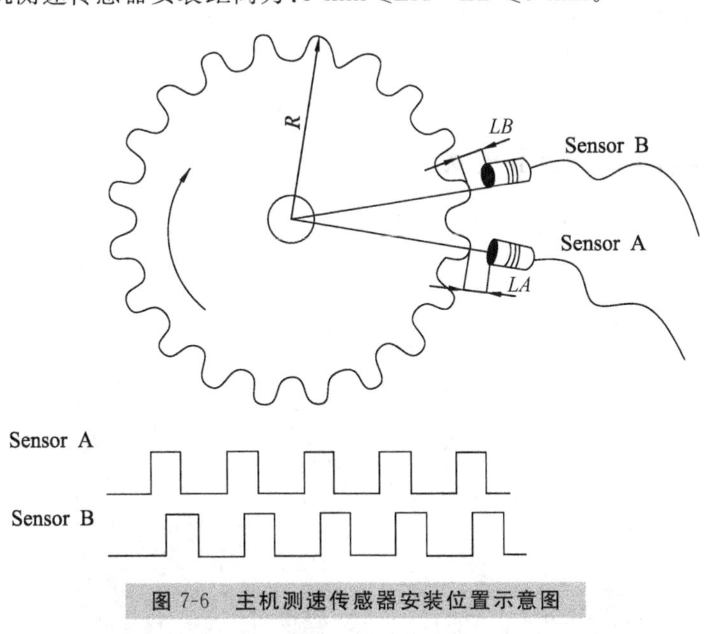

图 7-6　主机测速传感器安装位置示意图

图 7-7　主机测速传感器实物图

3. 检测原理

(1) 超速保护功能

通过使用两个传感器 Sensor A 和 Sensor B 检测牵引链轮的速度来判断电梯的运行速度是否超速并执行超速安全保护功能。当驱动站工作，牵引链轮转动时，每个轮齿遮断一次传感器，传感器就发出一个脉冲。通过检测传感器的脉冲时间间隔，可以计算出扶梯的运行速度。其中 Sensor A、Sensor B 作为相互冗余的速度检测通道，通过设定一定的脉冲周期或频率阈值，可以分别检测 1.2 倍或 1.4 倍超速，并进行保护。

(2) 防逆转功能

通过正确地安装两个传感器的相对位置，可以使得 Sensor A 的相位超前于 Sensor B，并保证两传感器脉冲有重叠部分，此时检测这两个传感器的逻辑顺序，只需通过逻辑顺序的判断，就可以检测梯级即扶梯的实际运行方向，防止逆转运行。

7.2.5　曳引驱动链断链保护开关

曳引驱动链断链保护开关(如图 7-8)用来检测曳引驱动链的张紧情况，并串入安全回路。在安装有附加制动器的情况下，该开关的动作也被用来触发附加制动器。

图 7-8　曳引驱动链断链保护开关

7.2.6　梳齿开关

如图 7-9 所示，梳齿开关安装在自动扶梯和自动人行道两端出入口处，上部和下部入口处各设置有两个梳齿开关(共 4 个)，用来检测上部梳齿板是否有异物夹入，并串入安全回路。梳齿板卡入异物，或梳齿板与梯级或踏板发生碰撞时，自动扶梯或自动人行道自动停止运行。

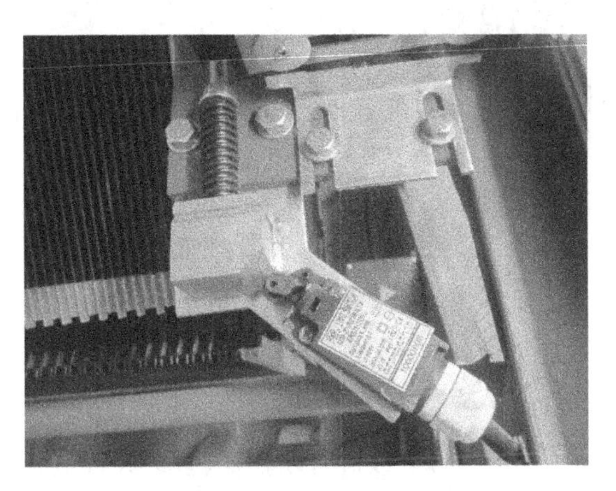

图 7-9　梳齿开关

7.2.7　扶手带入口保护开关

在自动扶梯(自动人行道)每根扶手带上、下进出口(如图 7-10)附近各安装一个自复位开关(如图 7-11，共 4 个)，该开关用来检测扶手带进出口处是否有异物夹入，并串入安全回路。扶手带入口夹入异物时，自动扶梯自动人行道停止运行。

图 7-10　扶手带入口

图 7-11　扶手带入口保护开关

7.2.8　踏板坠落保护开关

在自动人行道踏板回转处下方安装有一个检测开关(如图 7-12)，用来检测是否有踏板坠落下来，该开关串入安全回路。

自动扶梯中无此开关。

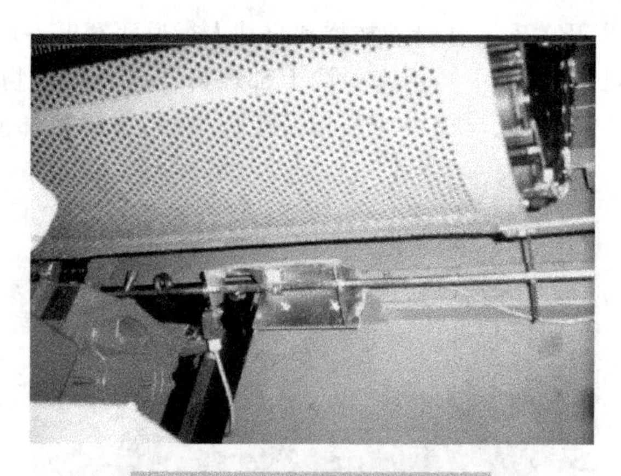

图 7-12 踏板坠落保护开关

7.2.9 加油电机

利用该装置(如图 7-13、图 7-14)可以对自动扶梯(自动人行道)的驱动链和曳引链进行自动或手动加油。

图 7-13 加油电机

图 7-14 自动润滑装置

7.2.10 自启动装置

1. 乘客探测传感器

在自动扶梯(自动人行道)上、下部各安装一个乘客探测传感器,该传感器可以为对射型(如图 7-15 和图 7-16)或漫反射型(如图 7-17 和图 7-18),该传感器的作用是探测乘客进入和离开的信号,以实现节能运行的切换。根据所选功能和梯种的不同,乘客探测传感器可能被安装在围裙板内、活动盖板下或自起动立柱内。

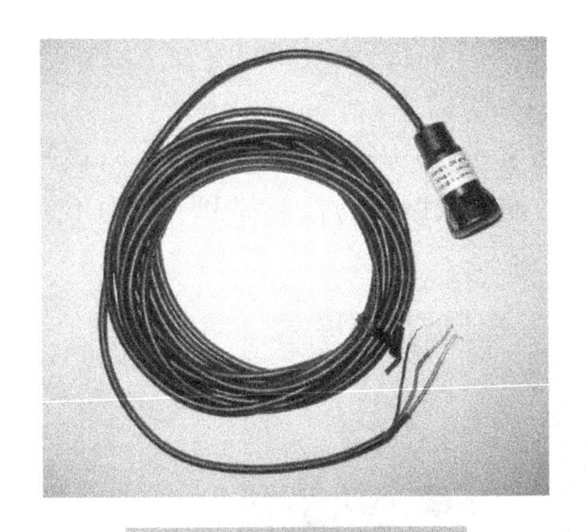

图 7-15　对射型传感器

图 7-16　对射型传感器安装位置示意图

图 7-17　漫反射型传感器

图 7-18　漫反射型传感器安装位置示意图

2. 交通信号灯

在自启动的节能功能中，需要在自动扶梯(自动人行道)上、下部各安装一个交通信号灯(如图 7-19)，信号灯具有“允许通行”和“禁止通行”两种指示，该信号灯的作用是引导乘客正确乘梯。根据所选功能和梯种的不同，交通信号灯可能被安装在内盖板上、外盖板上、扶手盖板上或自起动立柱上(如图 7-20)。

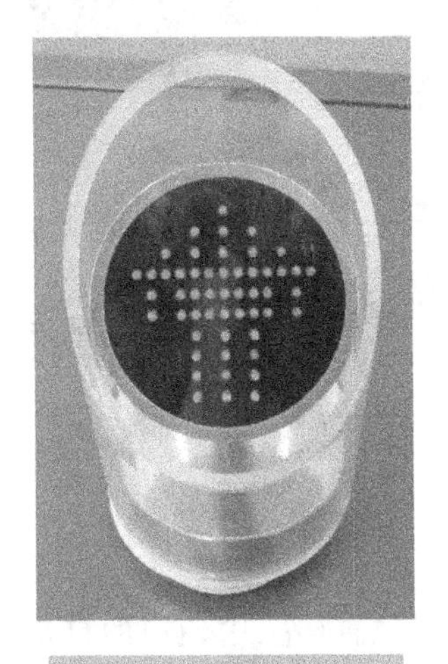

图 7-19　交通信号灯

图 7-20　交通信号灯安装位置示意图

7.2.11 梯级(踏板)下陷开关

在自动扶梯(自动人行道)上、下梯级(踏板)的下方各安装一个开关(如图 7-21),该开关用来检测梯级(踏板)下陷的位置,并串入安全回路。梯级或踏板的任何部分下陷而不能再保证与梳齿板的啮合时,自动扶梯或自动人行道停止运行。

图 7-21 梯级(踏板)下陷开关

7.2.12 围裙开关

为保证自动扶梯梯级在运动过程中不和围裙板(如图 7-22)发生摩擦,在围裙板的上部和下部的左、右方向各安装一个自复位的微动开关(如图 7-23),并串入安全回路。当有异物卡入梯级与裙板之间时,安全开关会受到裙板的压力而被触发,自动扶梯停止运行。

自动人行道中该开关为选配功能。

图 7-22 围裙板

图 7-23 微动开关

7.2.13 自复位钥匙开关和停止按钮

自动扶梯(自动人行道)的上部和下部各安装一个三位置(左、中、右)的自复位钥匙开关和停止按钮(如图 7-24)。自复位钥匙开关用来设定自动扶梯(自动人行道)的运行方向,停止按钮用于停止自动扶梯(自动人行道)运行。根据所选功能和梯种的不同,自复位钥匙开关和停止按钮可能被安装在围裙板、内盖板、扶手盖板或自起动立柱上。

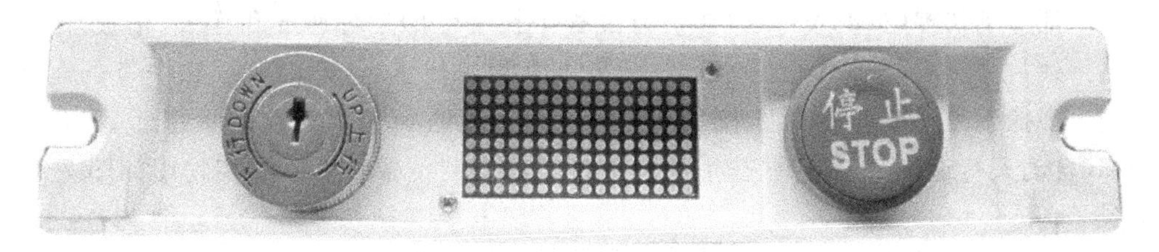

图 7-24　自复位钥匙开关与停止按钮

7.2.14　故障采集板及故障显示模块

为使维修和保养人员能迅速排除自动扶梯(自动人行道)可能出现的故障,在自动扶梯(自动人行道)的适当位置安装一个故障采集板(如图 7-25),配置故障显示模块(如图7-26)。故障显示模块可以实时地显示自动扶梯(自动人行道)当前的运行状态、正常运行时间或出现的故障信息,还可以查出自动扶梯(自动人行道)正常上、下行的次数。根据梯种的不同,故障显示模块可能被安装在上部的内盖板、外盖板或围裙板上。

图 7-25　故障采集板

图 7-26　故障显示模块

7.2.15 扶手带测速传感器

为保证自动扶梯(自动人行道)在运行过程中扶手带的运行速度和梯级(踏板)运行速度保持一致,在左、右扶手带的托轮上各安装一个测速传感器,随时监控扶手带的运行速度。当出现扶手带速度低于梯级、踏板或胶带实际速度的85%且持续时间超过15 s时,自动扶梯(自动人行道)停止运行。扶手带测速传感器安装位置示意图和实物图如图7-27和图7-28所示。

1. 传感器安装位置

正对测速轮上的感应装置固定传感器(如图7-27)。如果测速轮为塑胶质,则使用铁质器件作感应装置;如果测速轮为铁质,则挖孔作为感应装置。感应装置的截面应与传感器感应头截面大小相近。

2. 安装距离

推荐的扶手带测速传感器安装距离为:1 mm≤$L3=L4$≤4 mm。

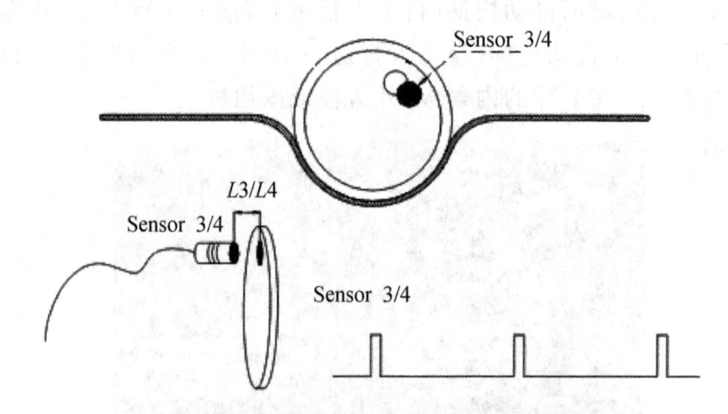

图7-27 扶手带测速传感器安装位置示意图

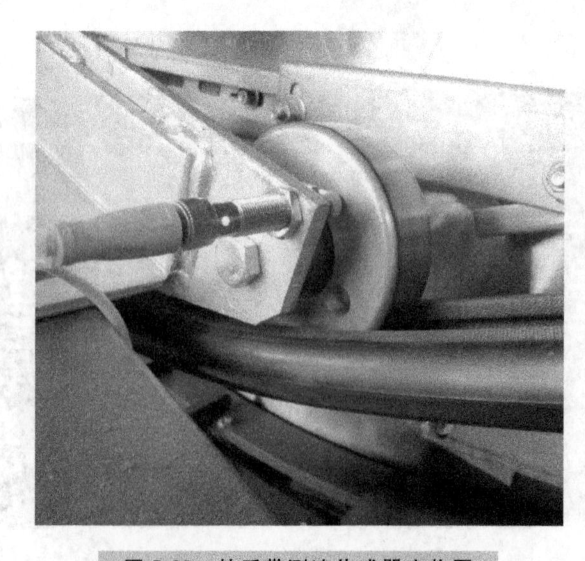

图7-28 扶手带测速传感器实物图

3. 检测原理

设测量左右扶手带速度的传感器为 Sensor 3/4。测速轮在扶手带驱动下被动旋转，其线速度与扶手带的速度基本一致。在测速轮上设置一个感应装置，将 Sensor 3/4 固定于不运行部件上，并使其感应端正对此感应装置，当测速轮随扶手带转动时，Sensor 3/4 输出脉冲信号(测速轮每转一圈输出一个脉冲)，结合检测半径可检测测速轮的转速，并进一步计算出扶手带的速度，再同梯速比较，在扶手速度低于对应的梯速的 85%，并持续 15 秒时，切断自动扶梯或自动人行道的安全回路的电源，使其立即停止运行，从而实现扶手带测速保护。

7.2.16　梯级(踏板)缺失传感器

装设在驱动站和转向站的传感器检测梯级或踏板的缺失，在缺口(由梯级或踏板缺失所导致的)从梳齿板位置出现之前，自动扶梯(自动人行道)停止运行。梯级缺失传感器安装位置示意图和实物图如图 7-29 和图 7-30 所示。

1. 传感器安装方法

上下机房各一个梯级(踏板)缺失传感器，正对与踏板对立侧的踢板长边边缘的截面安装(如图 7-29)。

2. 安装距离

推荐的梯级(踏板)缺失传感器安装距离为：5 mm≤$L5=L6$≤15 mm。

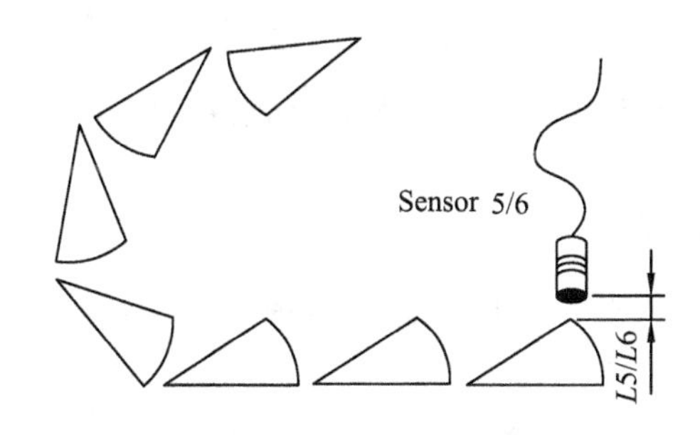

图 7-29　梯级缺失传感器安装位置示意图(自动扶梯应用)

图 7-30　梯级缺失传感器实物图(自动扶梯应用)

3. 检测原理

设检测梯级缺失的传感器为 Sensor 5/6。通过在自动扶梯上/下部机房内的梯级回转端安装 Sensor 5/6，配合主机测速传感器 Sensor A/B 的信号，通过计算 Sensor A/B 在 Sensor 5/6 相邻脉冲宽度内的脉冲数量来判断梯级是否缺失。当梯级经过时，Sensor 5/6 接收到信号，输出脉冲。设同一个 Sensor 两个相邻脉冲的时间间隔为 T，设 T 时间间隔内主机测速上 Sensor A 或 B 的脉冲计数为 X。不管梯速如何，在梯级不缺失的情况下，T 时间间隔内的 X 值是在一定阈值内的，如果 X 值超出阈值，则判断为梯级缺失故障，自动扶梯紧急停止后进入安全状态。

对于踏板缺失的检测，传感器安装位置以及检测位置如图 7-31 所示。

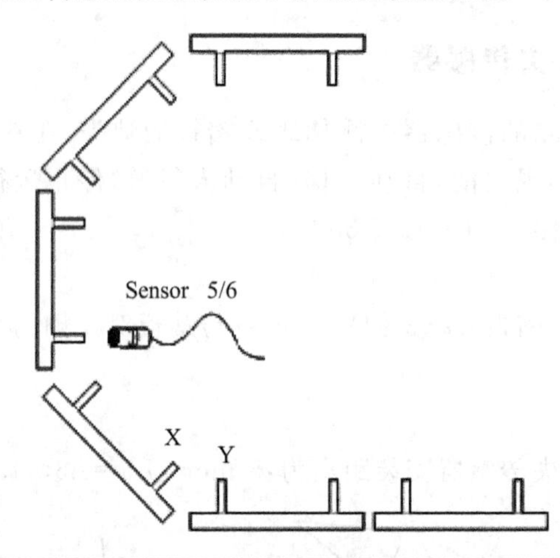

图 7-31 踏板缺失传感器安装位置示意图(自动人行道应用)

7.2.17 梳齿照明荧光灯

在自动扶梯(自动人行道)上、下梳齿处的围裙板上(如图 7-32)各安装一对荧光灯管(如图 7-33)照明，方便乘客正确乘坐。

图 7-32 梳齿照明荧光灯安装位置示意图

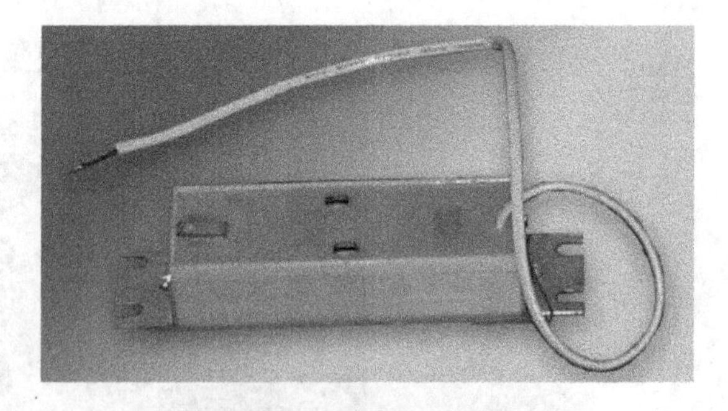

图 7-33 梳齿照明荧光灯

7.2.18 梳齿板加热装置

梳齿板加热装置(如图 7-34)一般用于室外梯，安装在自动扶梯的梳齿板下方，防止雨雪天气下落到梳齿板上的雨雪产生打滑而影响乘客的安全乘坐。

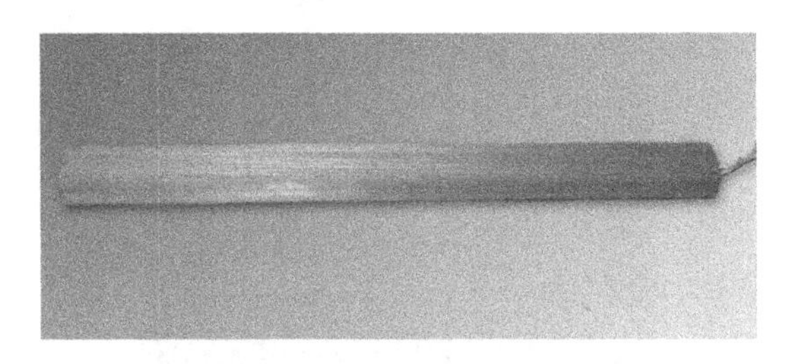

图 7-34　梳齿板加热装置

7.2.19　梯级(踏板)驱动链断链保护开关

在下机房设置有左、右两个开关(如图 7-35 和图 7-36)用来检测梯级(踏板)驱动链的张紧情况,并串入安全回路。梯级和踏板的驱动链条张紧移动超过±20 mm 之前,自动扶梯(自动人行道)自动停止运行。

图 7-35　梯级(踏板)驱动链断链保护装置

图 7-36　梯级(踏板)驱动链断链保护开关

7.2.20　检修盖板(楼层板)打开开关

桁架区域检修盖板打开或楼层板移走时,自动扶梯(自动人行道)仅能在检修状态下运行。检测检修盖板(楼层板)的打开可利用开关(如图 7-37 和图 7-38)或传感器实现。

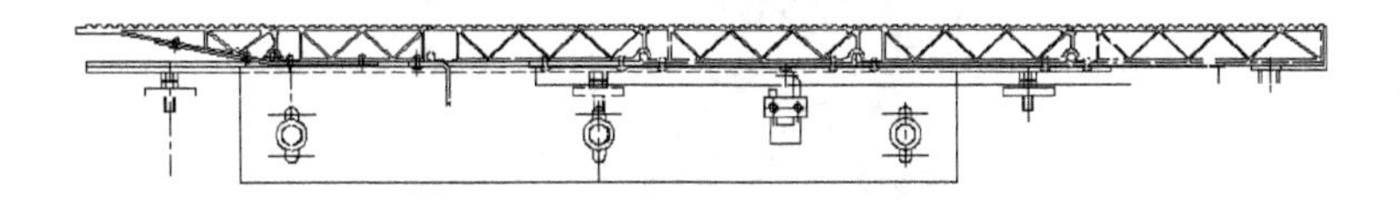

图 7-37　检修盖板(楼层板)打开开关结构示意图

图 7-38　检修盖板(楼层板)打开开关实物图

7.2.21　下机房接线箱

下机房接线箱(如图 7-39)是上控制箱在自动扶梯(自动人行道)下部专设的中转站,它的主要功能是联系上控制箱与自动扶梯(自动人行道)下半段各电气部件,并提供必需的检修接口。

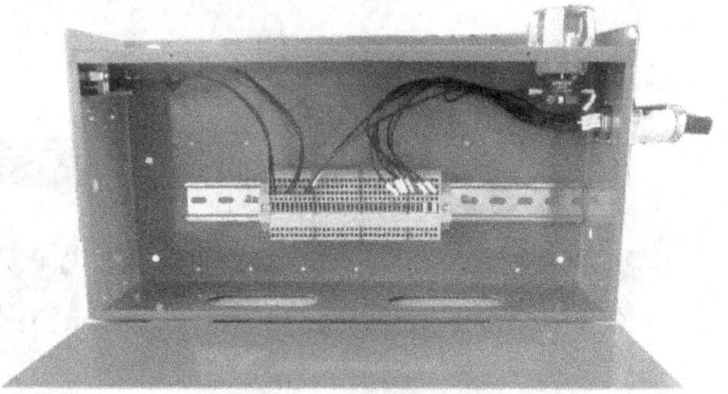

图 7-39　下机房接线箱

7.2.22　检修控制装置

检修控制装置(如图 7-40)是便于在维护、修理、检查时手动操作的便携式控制装置。检修控制装置的操作元件能防止发生意外动作,自动扶梯或自动人行道的运行需要依靠手动持续揿压操作元件,开关上同时有明显且易识别的运行方向指示标记,且检修控制装置上还配置有一个停止开关。

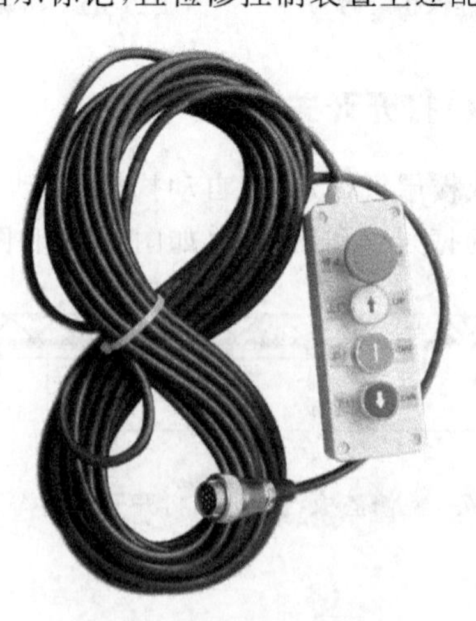

图 7-40　检修控制装置

7.3 自动扶梯与自动人行道电气控制典型环节

7.3.1 电源回路(如图 7-41)

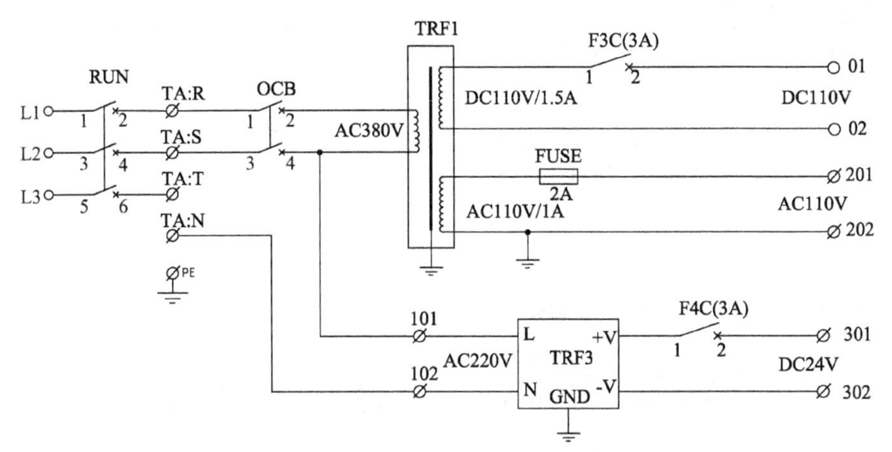

RUN、OCB—电源主空开　TRF1—主变压器　TRF3—DC24V 开关电源　TA—接线端子
FUSE—保险丝(熔断体)　F1C～F4C—空气开关(低压断路器)

图 7-41　电源回路

7.3.2 控制回路(如图 7-42)

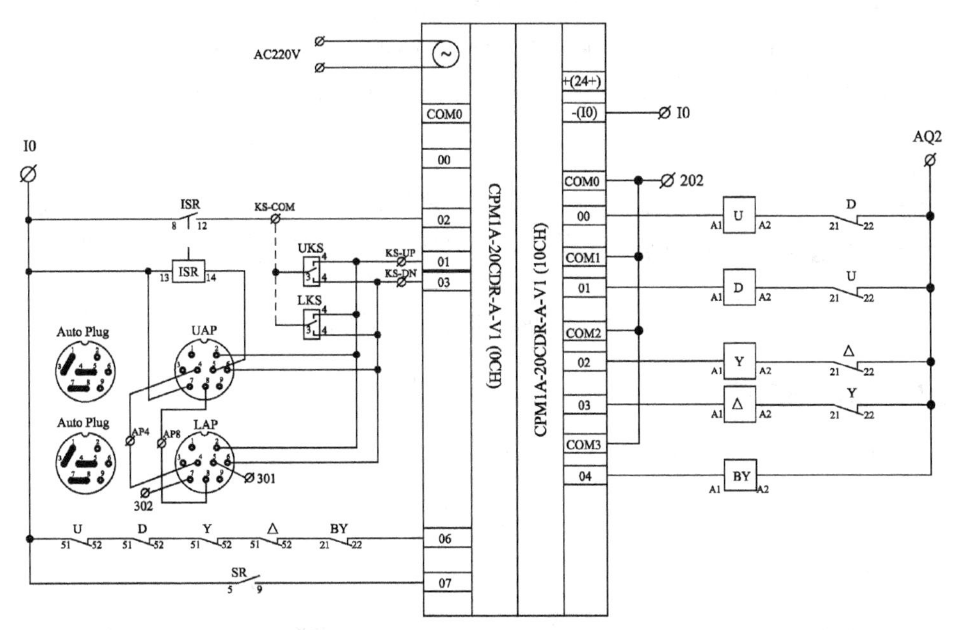

ISR—检修继电器　SR—安全继电器　BY—抱闸接触器　U—上行接触器　D—下行接触器
△—三角型接触器　Y—星型接触器　LKS—下部钥匙开关　UAP—上部检修插头
LAP—下部检修插头　UKS—上部钥匙开关

图 7-42　控制回路

7.3.3 主回路(如图 7-43)

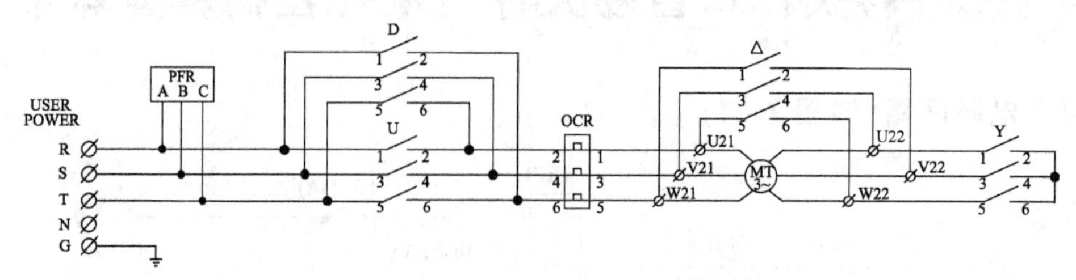

PFR—相序继电器　OCR—热继电器　△—三角型接触器　Y—星型接触器
U—上行接触器　U—上行接触器　D—下行接触器图

图 7-43　主回路

7.3.4 安全回路(如图 7-44 和图 7-45)

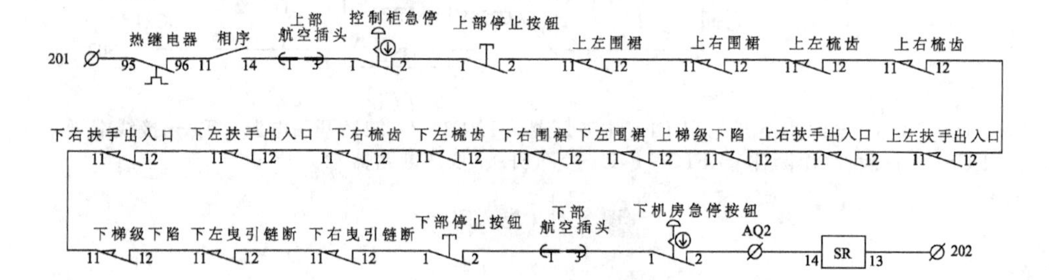

图 7-44　安全回路(上部)

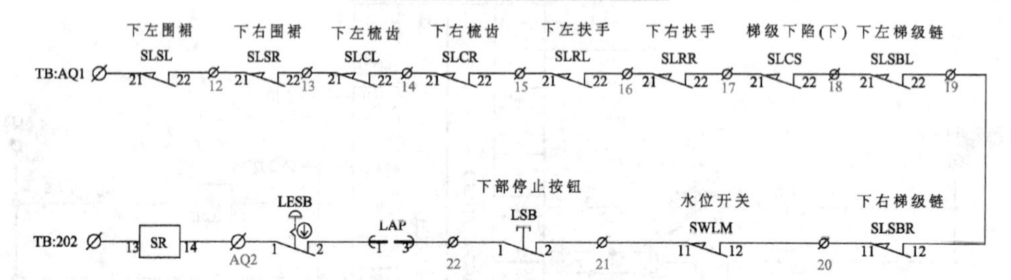

图 7-45　安全回路(下部)

7.3.5 制动器回路

1. DC110V 制动器回路(如图 7-46)

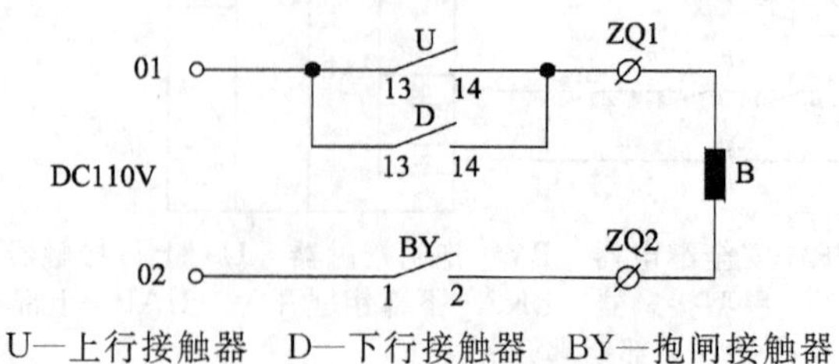

U—上行接触器　D—下行接触器　BY—抱闸接触器

图 7-46　DC110V 制动器回路

2. AC220V 制动器回路(如图 7-47)

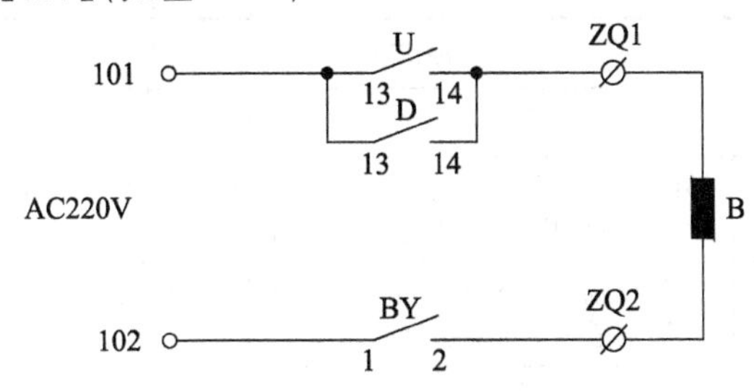

图 7-47　AC220V 制动器回路

3. AC380V 制动器回路(如图 7-48)

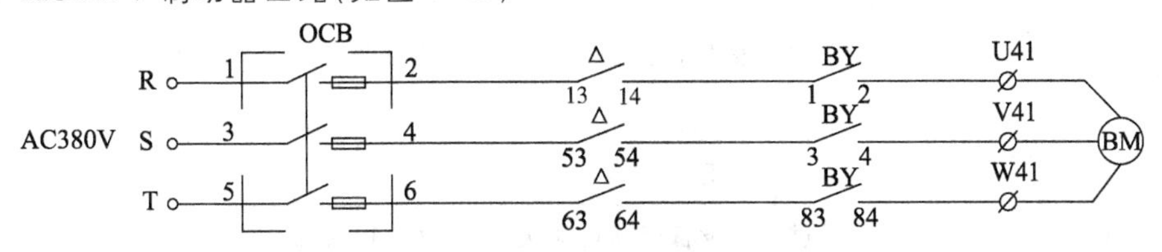

图 7-48　AC380V 制动器回路

7.4　自动扶梯与自动人行道电气系统设计

7.4.1　功能说明(见表 7-2)

表 7-2　自动扶梯与自动人行道功能说明

标准功能			
序号	功能名称	功能介绍	备注
1	检修运行	通过检修手柄对扶梯进行检修控制。同时按住上(下)行按钮和公共按钮可使自动扶梯(自动人行道)以检修速度点动向上(向下)运行。松开按钮自动扶梯(自动人行道)立即停止运行。	5.12.2.5
2	曳引驱动链断链保护	在曳引驱动链发生断裂时,相应的安全开关动作,自动扶梯(自动人行道)停止运行。	
3	紧急停止	按动紧急停止按钮,自动扶梯(自动人行道)停止运行。	5.12.2.2.3 和 5.8.4
4	扶手带入口保护	扶手带入口夹入异物,自动扶梯(自动人行道)停止运行。	5.6.4.3
5	梯级(踏板)的驱动链条张紧保护	自动扶梯(自动人行道)的梯级(踏板)的驱动链条张紧移动超过±20 mm 之前,自动扶梯(自动人行道)自动停止运行。	5.4.3.3
6	缺相、错相保护	当供电电源出现缺相、错相时,自动扶梯(自动人行道)停止运行。	5.12.1.1.2
7	梳齿板保护	梳齿板卡入异物,或梳齿板与梯级或踏板发生碰撞时,自动扶梯或自动人行道自动停止运行。	5.7.3.2.6

续表

标准功能			
序号	功能名称	功能介绍	备注
8	梯级(踏板)下陷保护	梯级或踏板的任何部分下陷而不能再保证与梳齿板的啮合时,自动扶梯或自动人行道停止运行。	5.7.2.5
9	围裙保护	当有异物卡入梯级与裙板之间时,安全开关会受到裙板的压力而被触发,自动扶梯停止运行。	自动扶梯
10	接触器触点粘连保护	自动扶梯或自动人行道停止时,控制曳引机电源的接触器和制动器电源的接触器中任一个的主触点未打开,则自动扶梯或自动人行道无法重新启动。	5.4.1.5.2 5.4.2.1.2
11	安全回路对地短路保护	安全回路发生接地故障,自动扶梯或自动人行道停止运行。	5.12.1.1.4
12	LED 故障代码显示	自动扶梯(自动人行道)发生故障时,主控制板或变频器以 LED 的方式显示故障代码。	
13	故障记录查询	可通过专用设备查询自动扶梯(自动人行道)的故障信息。	
14	故障蜂鸣报警	自动扶梯(自动人行道)发生故障时,蜂鸣器报警。	
15	启动报警提示	开启自动扶梯(自动人行道)运行时,蜂鸣器报警提示 3～5 s,自动扶梯(自动人行道)方可正常启动。	
16	电机过载保护	电机过载时,自动扶梯(自动人行道)停止运行。	5.11.3.2
PESSRAE 功能			
序号	功能名称	功能介绍	备注
17	超速保护	自动扶梯和自动人行道在速度超过名义速度 1.2 倍之前,停止扶梯运行。	5.4.2.3.1
18	非操纵逆转保护	自动扶梯和倾斜式自动人行道($\alpha \geqslant 6°$)在梯级、踏板或胶带改变规定运行方向时自动停止运行。	5.4.2.3.1
19	梯级或踏板缺失	装设在驱动站和转向站的装置检测梯级或踏板的缺失,在缺口(由梯级或踏板缺失所导致的)从梳齿板位置出现之前,自动扶梯(自动人行道)停止运行。	5.3.6
20	工作制动器动作监测	自动扶梯(自动人行道)启动后,工作制动器未打开,自动扶梯(自动人行道)停止运行。	5.4.2.1.1.1
21	扶手带运行速度监控	扶手带速度低于梯级、踏板或胶带实际速度的 85%且持续时间超过 15 s 时,自动扶梯(自动人行道)停止运行。	5.6.1
22	检修盖板(楼层板)打开保护	桁架区域检修盖板打开或楼层板移走时,自动扶梯(自动人行道)仅能在检修状态下运行。	5.12.2.2.4.1
23	制停距离监测保护	制停距离超过标准所规定最大值的 1.2 倍,自动扶梯(自动人行道)停止运行。	5.4.2.1.1.1
24	附加制动器控制	自动扶梯和自动人行道在速度超过名义速度 1.4 倍之前,或者在梯级、踏板或胶带改变其运行方向时,附加制动器在动作开始时强制地切断控制电路,自动扶梯(自动人行道)停止运行。	5.4.2.2.4

续表

PESSRAE 功能			
序号	功能名称	功能介绍	备注
25	附加制动器动作监测	如果监测到附加制动器动作异常，自动扶梯(自动人行道)停止运行。	
选配功能			
序号	功能名称	功能介绍	备注
26	自动加油	自动控制油泵定期为自动扶梯(自动人行道)加油。	油泵自备
27	运行方向指示	可提供运行方向指示，以便向乘客指明自动扶梯或自动人行道是否可供使用及其运行方向。	7.2.2
28	安全开关故障指示	可通过安全开关故障采集板和专有故障显示板，以 LED 或 LCD 的方式显示具体的安全开关故障点。	
29	电机过载(温升)保护	电动机绕组温度超过允许值范围，自动扶梯(自动人行道)停止运行。	5.11.3.3
30	电机过电流保护	电机运行电流超过设定允许值范围，自动扶梯(自动人行道)停止运行。	变频驱动时
31	电源过电压保护	电源电压超过设定允许值范围，自动扶梯(自动人行道)停止运行。	变频驱动时
32	扶手带断裂保护	扶手带发生断裂时，自动扶梯(自动人行道)停止运行。	
33	紧急备用系统	有待机运行功能时，自动扶梯(自动人行道)入口检测设备或变频模块故障时，可手动(或通过参数设置)切换至工频非待机运行。	变频驱动时
34	待机运行(变频节能低速)	在无负载的情况下以至少 0.2 倍的名义速度运行(运行速度可通过参数调整)，当有使用者进入时，自动扶梯(自动人行道)以小于 0.5 m/s^2 的加速度加速至名义速度运行。	5.12.2.1.2 待机运行时
35	待机运行(变频节能自启动)	在无负载的情况下自动停止运行，在使用者到达梳齿与踏面相交线时以至少 0.2 倍的名义速度运行(运行速度可通过参数调整)，然后以小于 0.5m/s^2 的加速度加速至名义速度运行。	5.12.2.1.2 待机运行时
36	反向进入警报运行	在由使用者通过而自动启动的自动扶梯或自动人行道上，使用者从与预定运行方向相反的方向进入时，自动扶梯或自动人行道按预先确定的方向启动。运行时间不少于 10 s。	5.12.2.1.3 待机运行时
37	盘车手轮保护	使用盘车手轮时，自动扶梯(自动人行道)停止运行。	5.4.1.4
38	制动器磨损保护	制动器磨损到一定程度后，自动扶梯(自动人行道)停止运行。	
39	油泵油位检测	检测到油泵油位低于限定值时，控制系统提示。	
40	梯级(踏板)间隙照明	通过专用照明设备，对梯级(踏板)间隙位置进行照明。	
41	梳齿板照明	通过专用照明设备，对梳齿板位置进行照明。	
42	扶手照明	通过专用照明设备，对扶手位置进行照明。	
43	围裙照明	通过专用照明设备，对围裙板位置进行照明。	

续表

选配功能			
序号	功能名称	功能介绍	备注
44	梯级加热	通过专用加热装置，对梯级进行加热。	
45	扶手带加热	通过专用加热装置，对扶手带进行加热。	
46	梳齿板加热	通过专用加热装置，对梳齿板进行加热。	
47	前沿盖板加热	通过专用加热装置，对前沿盖板进行加热。	
48	外装饰板保护	外装饰板被打开后，自动扶梯(自动人行道)停止运行。	5.2.1.6
49	水位开关	监测自动扶梯(自动人行道)下机房水位超过设定位置后，自动扶梯(自动人行道)停止运行。	
50	控制柜加热	通过专用加热装置，对控制柜进行加热。	

注：备注中的编号指代 GB 16899－2011《自动扶梯及自动人行道制造与安装安全规范》中的相应条款。

7.4.2 主程序设计

1. 运行方式选择设计

选择 212.00 设置为 SET，212.01 设置为 REST，即可实现 VVVF“快—慢”循环运行，如图 7-49 所示。

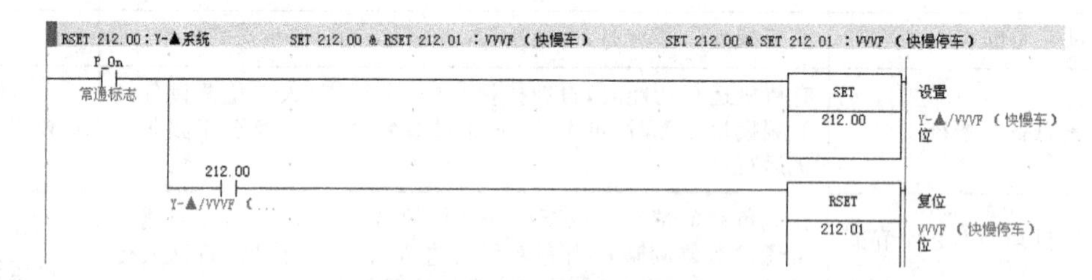

图 7-49 运行方式选择程序

2. 运行方向指示功能设计

当扶梯运行时，能够根据内部的指令显示扶梯运行的方向，如图 7-50 所示。

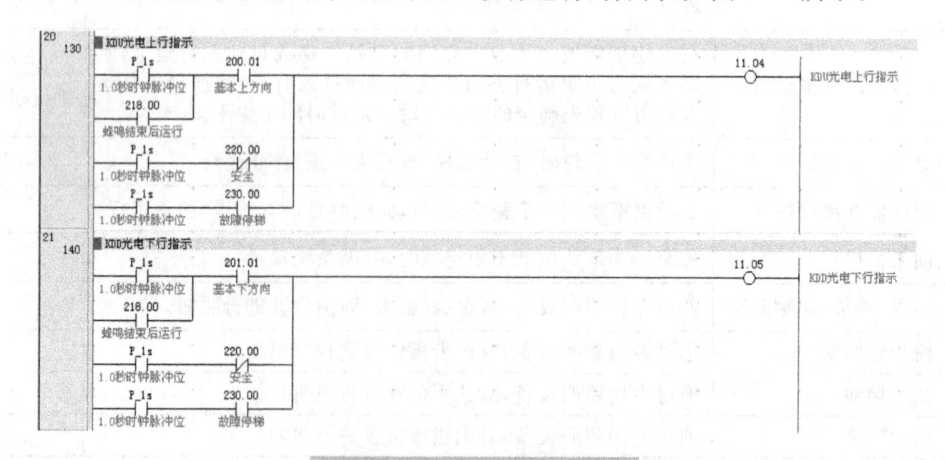

图 7-50 运行方向指示程序

3. 自动加油功能设计

扶梯运行一段时间之后，需要给机械部件加油，避免因机械磨损而造成扶梯的故障，如图 7-51 所示。

图 7-51 自动加油程序

4. 触点粘连检测功能设计

自动扶梯或自动人行道停止时，控制曳引机电源的接触器和控制制动器电源的接触器中任一个的主触点未打开，则自动扶梯或自动人行道无法重新启动。程序在每次扶梯启动时进行检测，出现故障时，立即停止运行，如图 7-52 所示。

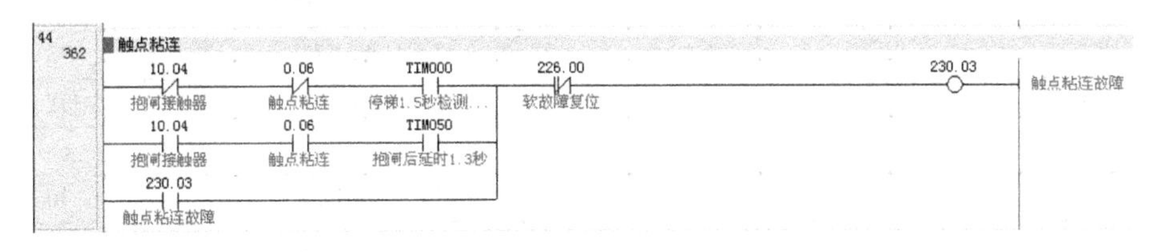

图 7-52 触点粘连检测程序

5. 故障处理设计

程序每时每刻都在监控扶梯的运行状态，当出现故障时，立即停止运行，如图 7-53 所示。

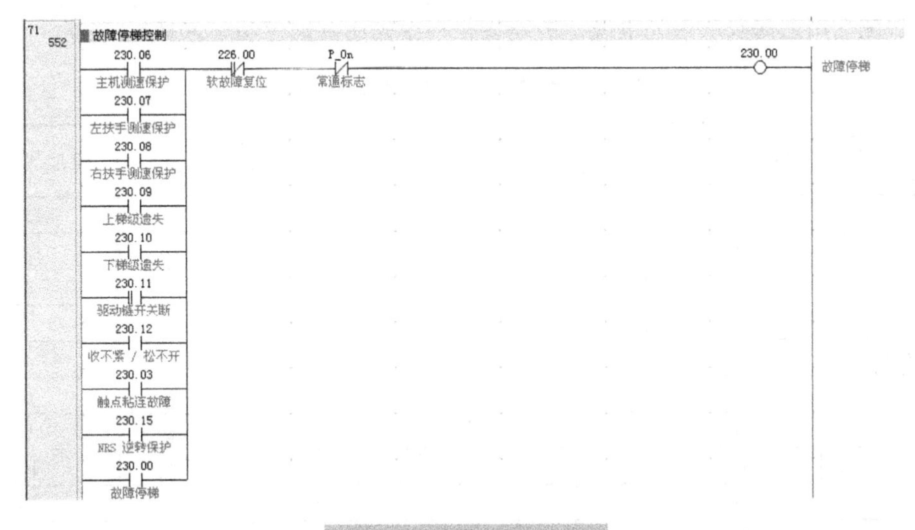

图 7-53 故障处理程序

7.4.3 设计计算书

1. 控制器部分

本系统采用Y－△系统，其扶梯控制系统实际需要输入点9点，输出点5点。选用欧姆龙系列可编程控制器OMRON CPM1A－20CDR控制扶梯/人行道的运行。欧姆龙PLC是一种功能完善的紧凑型PLC，能为业界领先的输送分散控制等提供高附加值机器控制；它还具有通过各种高级内装板进行升级的能力，且配备大程序容量和存储器单元，并具有Windows环境下高效的软件开发能力，使得现场调试非常简单。

2. 主回路接触器容量的计算

本系统选用施耐德(Schneider)系列接触器。接触器触点额定电流按电动机额定电流选用(计算公式：接触器触点电流≥1.15×电动机额定电流)，并考虑产品的系列性，对某些型号的适用范围作了覆盖，如表7-3所示。

表7-3 主回路接触器容量推荐选型表

曳引机额定电流/A	用户空开/A	接触器推荐型号	触点额定电流/A
9.0	25	LC1D12F7C	12
13.0	32	LC1D18F7C	18
16.0	40	LC1D18F7C	18
23.0	63	LC1D25F7C	25
30.0	63	LC1D32F7C	32
37.0	100	LC1D40F7C	40
45.0	100	LC1D50F7C	50
60.0	125	LC1D65F7C	65
75.0	160	LC1D80F7C	80
91.0	200	LC1D95F7C	95

3. 主回路电缆选择

本系统选用上海长顺系列电缆。电缆线径根据控制屏额定功率选择，如表7-4所示。

表7-4 主回路电缆容量推荐选型表

曳引机额定电流/A	用户空开/A	输入侧主回路导线/mm^2	输出侧主回路导线/mm^2	控制回路导线/mm^2	接地线/mm^2
9.0	25	4	4	0.75	1.5
13.0	32	4	4	0.75	1.5
16.0	32	6	6	0.75	4
23.0	50	6	6	0.75	4
30.0	63	6	6	0.75	4
37.0	63	10	10	0.75	6
45.0	100	10	10	0.75	6
60.0	125	16	16	0.75	10
75.0	160	16	16	0.75	16
91.0	200	25	25	0.75	16

4. 控制变压器容量计算

(1) AC110V 绕组承载功率

AC110V 绕组承载功率＝安全回路线间消耗功率＋相关接触器线圈消耗功率，则由第5章5.3节公式(5-4)计算得信号线单位长度(1 m)电阻值 $R_o = 0.023\ \Omega$。

扶梯提升高度≤6 m 时，其安全回路线长(单股线)约为200 m，那么其线上电阻值为：

$$R_1 = R_o L = 0.023 \times 200 = 4.6\ \Omega$$

扶梯提升高度超过6 m时，其安全回路线长(单股线)约为300 m，那么其线上电阻值为：

$$R_2 = R_o L = 0.023 \times 300 = 6.9\ \Omega$$

交流接触器制造标准规定，当线圈电压大于其额定电压的80%时，交流接触器的铁芯应该可靠吸合，因此，维持交流接触器吸合状态的最小电压不应该低于线圈额定电压的80%，即电压应不低于88 V，那么在安全回路间压降不能大于22 V。

对于上行(或下行)、星型、三角型接触器，根据不同的功率进行选择，以施耐德LC1D系列接触器为例，线圈消耗功率如表7-5所示。

表7-5　施耐德LC1D系列接触器线圈消耗功率

接触器	启动吸合瞬间功率/W	维持功率/W
LC1D12F7C	70	7
LC1D18F7C	70	7
LC1D25F7C	70	7
LC1D32F7C	70	7
LC1D40F7C	200	20
LC1D50F7C	200	20
LC1D65F7C	200	20
LC1D80F7C	200	20
LC1D95F7C	200	20

另外，制动器接触器触点电流一般选择为6 A的接触器，如施耐德品牌的LC1D0601F7N。接触器吸合瞬间功率为70 W，维持功率为7 W，动作时间为12～22 ms。

考虑上行(或下行)、星型(或三角型)、制动器接触器同时吸合的情况，启动吸合瞬间和维持时对应功率如表7-6所示。一般变压器在设计时，输出绕组功率在瞬间至少可承受输出功率的3倍。

表7-6　运行、星型(或三角型)、制动器接触器同时吸合线圈功率

额定电流	启动吸合瞬间总功率/W	维持总功率/W
$I \leqslant 32$ A	210	21
32 A $< I <$ 91 A	470	47

上行(或下行)、星型(或三角型)、制动器接触器同时吸合的情况下,维持总功率为 21 W 时,其回路电流 $I=P/U=21/88\approx0.24$ A,但考虑到其对应的启动瞬间(功率为 210 W)电流为 $I=210/88\approx2.4$ A,又一般变压器在设计时,输出绕组功率在瞬间至少可承受输出功率的 3 倍,则此时变压器可选择为 AC110 V/0.8 A;同理,当维持总功率在 47 W 时,选择 AC110V/1.6 A。

根据上述计算,回路线上电压产生的压降:扶梯提升高度小于 6 m 时,其电缆压降为 $0.8\times4.6=3.68$ V;扶梯提升高度大于 6 m 时,其电缆压降为 $1.6\times4.6=7.36$ V。

综合上述计算,就 AC110 V 绕组而言,扶梯提升高度≤6 m 时,可选择 AC110 V/1A,扶梯提升高度>6 m 时,可选择 AC110V/2A。

(2) DC110 V 绕组承载功率

DC110 V 绕组承载功率=制动器功率

制动器功率可选择 110 W。

(3) 变压器选择

控制变压器的各路绕组承载电流(留有余量)如下:

扶梯提升高度≤6 m 时,推荐选择变压器规格:输入 AC380 V,输出 AC110 V/1 A;DC110 V/1.5 A,如联创 TDB-300 系列变压器。

扶梯提升高度>6 m 时,推荐选择变压器规格:输入 AC380 V,输出 AC110 V/2 A;DC110 V/2.5 A,如联创 TDB-500 系列变压器。

5. DC24V 开关电源容量计算

DC24V 绕组承载功率=主控板 KZ-C 消耗功率+乘客检测装置消耗功率

+方向指示器消耗功率

$=5+8+8=21$(W)

选择输出电流为 2.1 A 的开关电源,比如施耐德 ABL2REM24020 型或明纬 S-50-24 型开关电源。

思考题

1. 简述自动扶梯与自动人行道电气部分组成。
2. 自动扶梯与自动人行道安全回路电气安全开关有哪些?
3. 简述自动扶梯与自动人行道电气部分元器件选型原则。
4. 自动扶梯与自动人行道防逆转功能如何实现?

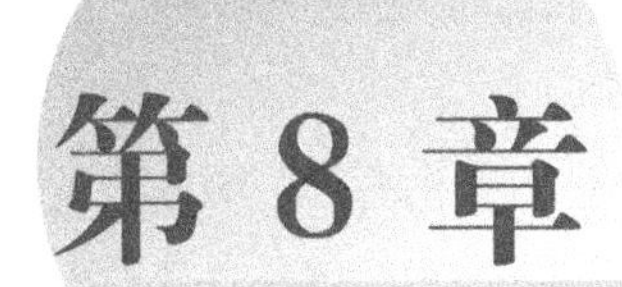

第 8 章 电梯与自动扶梯节能技术

本章重点：给出了电梯能耗的数学模型，介绍了电梯上广泛采用的能量反馈节能技术。介绍了自动扶梯的"快—慢"、"快—慢—停"两种节能运行模式的技术实现。探讨了可变速电梯、超级电容节能技术、共直流母线节能技术在未来电扶梯节能领域的运用。

8.1 电梯节能技术

8.1.1 电梯能耗的数学模型

本节给出一个简单的模型，可用来预测电梯运行时的能耗，见式(8-1)，其结果可用于整个建筑物的能耗评估中，但它不适用于较复杂的情况或有专用模型的情况。

$$E_{\text{elevator}}=\frac{K_1\times K_2\times K_3\times H\times F\times P}{V\times 3\ 600}+E_{\text{standby}} \tag{8-1}$$

式中：E_{elevator}——电梯使用一年的能耗，kW·h/年；

K_1——驱动系统系数；

$K_1=1.6$(交流调压调速驱动系统)

$K_1=1.0$(VVVF 驱动系统)

$K_1=0.6$(带能量反馈的 VVVF 驱动系统)

K_2——平均运行距离系数；

$K_2=1.0$(2 层时)

$K_2=0.5$(单梯或两台电梯并联且多于 2 层时)

$K_2=0.3$(3 台及以上的电梯群控时)

K_3——轿内平均载荷系数，$K_3=0.35$；

H——最大运行距离，m；

F——年启动次数，一般在 100 000 到 300 000 之间；

P——电梯的额定功率，kW；

V——额定速度，m/s；

E_{standby}——一年内的待机总能耗，kW·h/年。

式(8-1)中的 P 通过式(8-2)计算而得：

$$P=P_1\times P_o \tag{8-2}$$

式中：P_1——与平衡系数相关的系数；

$P_1=1.0$（平衡系数为50%时）

$P_1=0.8$（平衡系数为40%时）

式(8-2)中的 P_o 通过式(8-3)计算而得：

$$P_o=\frac{0.5\times G\times V\times g_n}{1\ 000\times n_s\times n_g\times n_m} \tag{8-3}$$

式中：n_s——悬挂效率，默认值为0.85；

n_g——传动效率；

$n_g=0.75$（蜗轮蜗杆传动系统时）

$n_g=1.0$（无齿轮传动系统时）

n_m——电动机效率；

$n_m=0.75$（交流调压调速驱动系统时）

$n_m=0.85$（VVVF驱动系统时）

V——额定速度，m/s；

G——额定载重，kg

g_n——标准重力加速度，为9.81 m/s^2。

8.1.2 曳引机的节能技术

曳引机作为电梯的核心部件，直接影响电梯的节能效率。曳引机技术经过了蜗轮蜗杆传动曳引机、行星齿轮和斜齿轮传动曳引机、无齿轮传动曳引机三个发展阶段。蜗轮蜗杆传动曳引机这种老式曳引机体积大、质量重、耗能高、传动效率低（只有70%左右）。行星齿轮和斜齿轮传动曳引机传动效率能达到90%，但齿轮加工精度要求高，成本也比较高。永磁同步电机以其体积小结构简单、可靠性高及高效节能等优点成为当前电梯曳引机的首选。通过采用无齿轮曳引技术，由永磁同步电机直接驱动，省却了传统的蜗轮蜗杆减速齿轮箱，大大提高了系统的传动效率。表8-1为几种曳引机的对比表。

表8-1　几种曳引机的对比表

结构 / 性能特点	异步电动机 蜗轮蜗杆减速箱	永磁同步电动机 行星斜齿轮	永磁同步电动机 无齿轮
效率	60%～70% 效率较低	≥96% 效率很高	80%～90% 效率一般
体积	体积大、重量重 安装费力	结构紧凑、体积小 安装方便	体积较小、重量轻 安装方便
制动	制动于电机端，通过减速箱的增力作用，制动力矩得到有效放大，可靠性好	制动于电机端，通过减速箱的增力作用，制动力矩得到有效放大，可靠性好	制动于绳轮端，无增力机构，制动器须设计很大以保证冗余制动力，可靠性略差
其他	结构简单、噪声小 齿面易于磨损 生产成本低	运行平稳、寿命长 噪声偏大 生产成本较高	结构简单 维护性好 一般需2：1安装

以 OTIS 早期的 TOEC40 乘客电梯为例，载重 1 000 kg、速度 1.75 m/s，采用 17CT 有齿轮曳引机(配置交流异步电机)，曳引比为 1∶1，电动机功率为 15 kW。

对这类电梯进行节能改造，可选用柳州凯迪生产的型号为 KDY395－1000－1.75 的永磁同步行星齿轮曳引机。该款曳引机电动机功率为 12.1 kW，适合 1∶1 曳引方式。

也可选用富沃德生产的型号为 GETM3.0－175D3 的永磁同步无齿轮曳引机，电动机功率为 11.7 kW。但此类型曳引机需采用 2∶1 的绕绳方式，又因原电梯对重在轿厢后侧，与常规的采用永磁同步无齿轮曳引机的对重侧置方式所不同，需对曳引机在机房的布置方式进行非标设计。除了在原轿架上横梁中间位置和对重框架顶部增加返绳轮、改变原有的钢丝绳绕绳方式以外，在进行有效的理论计算以后，给出的土建布置方案如图 8-1 和图 8-2 所示。

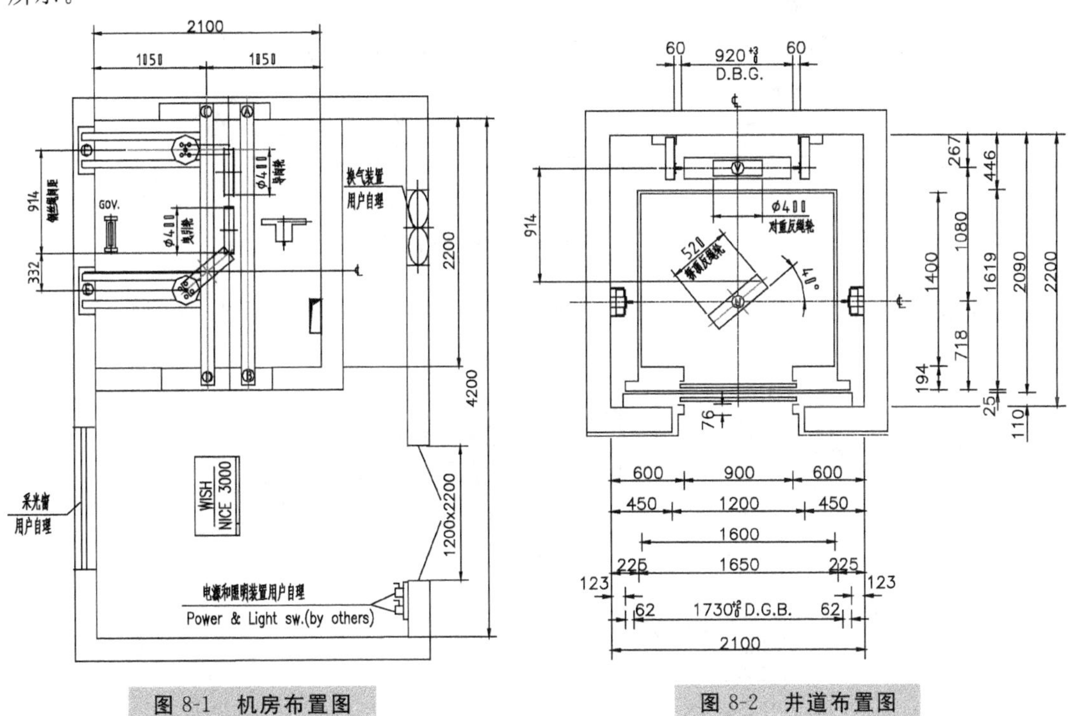

图 8-1　机房布置图

图 8-2　井道布置图

8.1.3　能量回馈的节能技术

对于采用通用变频器驱动控制的电梯，在电动机发电运行(电梯轻载上行或重载下行)的时候，母线电压由于势能的回馈而快速升高，需要及时释放掉，一般采用制动单元及制动电阻的方式来实现(如图 8-3)。该方法优点是简单、成本低，缺点是不节能，电阻发热严重，造成机房的温度上升。

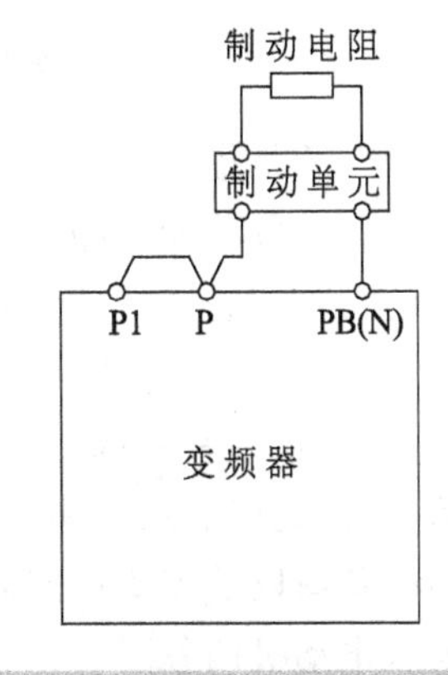

图 8-3　制动单元/制动电阻接线图

如果把直流制动单元替换为 PWM 能量回馈装置(如图 8-4)，则既可以节能，又可以降低机房的温升。远志科技的 WISH-MDFB 电梯专用能量回馈装置与目前其他能量回馈装置相比的一个最主要的特点是具有电压自适应控制回馈功能。一般能量回馈装置都是根据变频器直流回路电压的大小来决定是否回馈电能，回馈电压采用固定值。受电网电压的波动影响，回馈效果明显下降（电容中储能被电阻提前消耗了）。电梯专用能量回馈装置采用电压自适应控制，即无论电网电压如何波动，只有当电梯机械能转换成电能送入直流回路电容中时，电梯专用能量回馈装置才及时将电容中的储能回送电网，有效解决了原有能量回馈装置的缺陷。

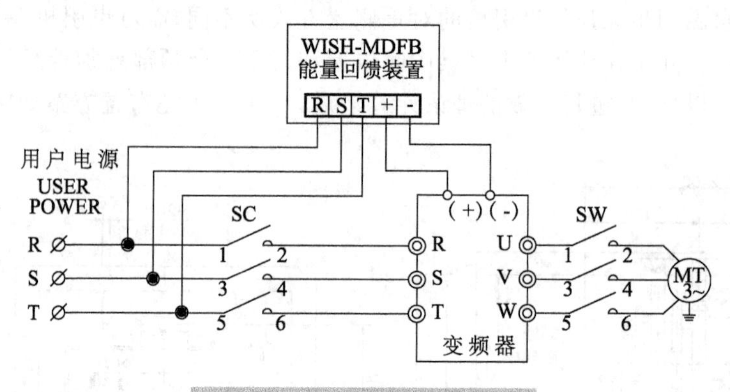

图 8-4 能量回馈装置接线图

目前我国市场上使用较多的是通用变频器能量回馈（PWM）控制系统，如图 8-5 所示。

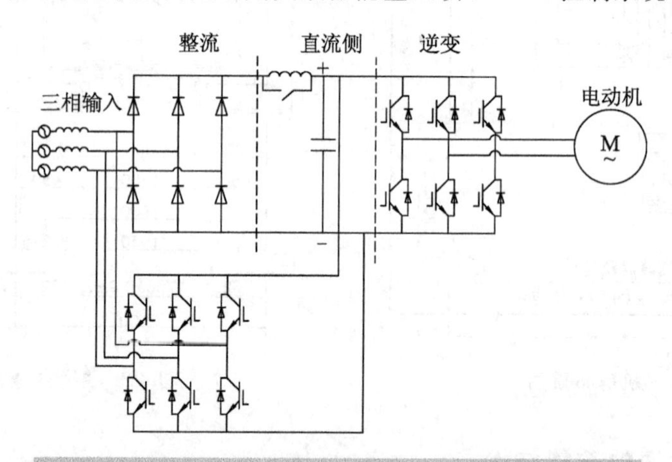

图 8-5 通用变频器能量回馈（PWM）控制系统基本结构

所谓 PWM 是指脉冲宽度调制技术，它是通过改变输出方波的占空比来改变等效的输出电压。通用变频器能量回馈（PWM）控制系统是一种采用有源逆变方式把电动机减速制动时产生的再生能量回馈到电网的装置。通用变频器大多为电压型交—直—交变频器，三相交流电首先通过二极管不控整流桥得到脉动直流电，再经电解电容滤波稳压，最后经无源逆变输出电压、频率可调的交流电给电动机供电。通用变频器增加能量回馈（PWM）控制系统后，可以克服通用变频器传统制动电阻方式效率低的问题。但通用变频器不能直接用于大功率负载以及需要快速起、制动和频繁正、反转的调速系统，如高速电梯等。因为这种系统要求电动机四象限运行，当电动机减速、制动或者带位能性负载重物下放时，电动机处于再生发电状态。由于通用变频器二极管不控整流器能量传输不可逆，产生的再生电能传输到直流端滤波电容上，产生泵升电压。而由于全控型器件耐压较低，过高的泵升电压有可能损坏开关器件、电解电容，甚至破坏电动机的绝缘，从而威胁系统安全，这就限制了通用变频器的应用。

能量回馈装置如图 8-6 所示，采用能量回馈装置的 50 次运行耗电对比如图 8-7 所示。

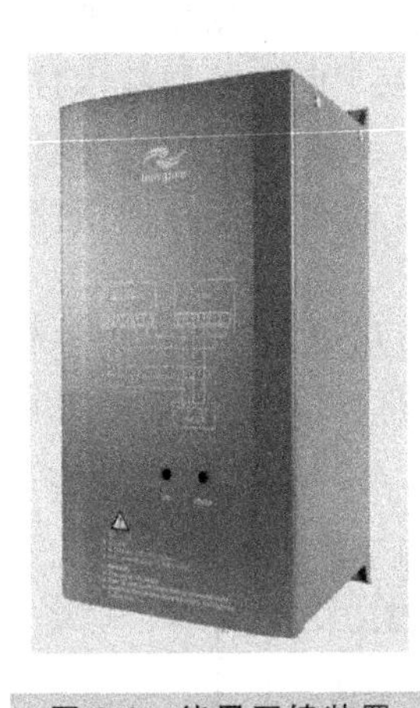

图 8-6　能量回馈装置

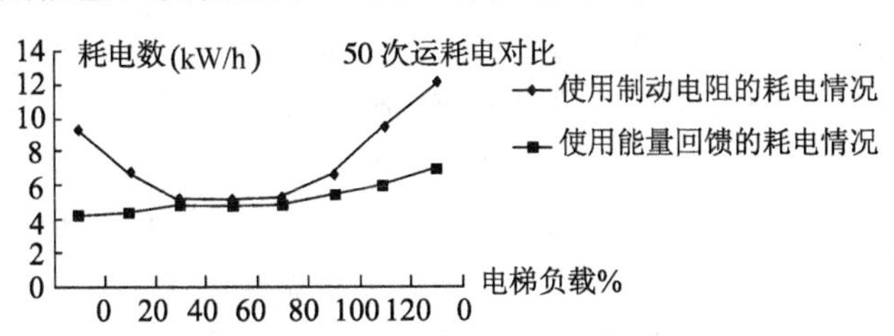

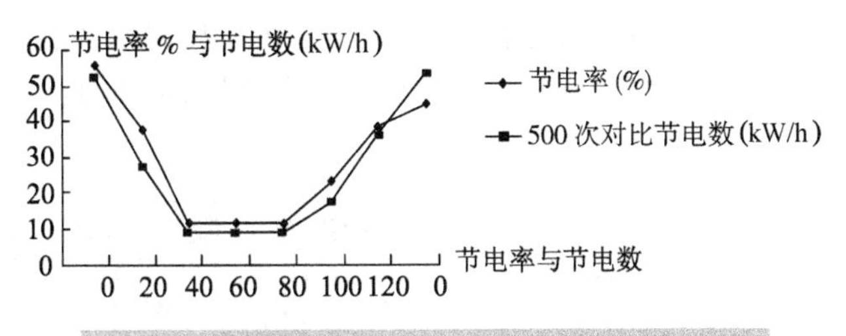

图 8-7　加装能量回馈装置耗电情况前后对比图

需要注意的是，对于早期三菱、日立等日系品牌的电梯，多采用额定电压为 170 V 的 200 V 级三相电动机，由于此时直流母线电压的不同，在能量回馈装置选型时需留意。

8.1.4　四象限的节能技术

近年来有机集成电梯逻辑控制与驱动控制的一体化控制系统已成为电梯控制的主流配置。若在现有基础上，进一步集成能量反馈技术，无疑可以为客户创造更多价值。此类控制系统是由 PWM 整流器和 PWM 逆变器构成的双 PWM 可逆整流控制系统，如图 8-8 所示。

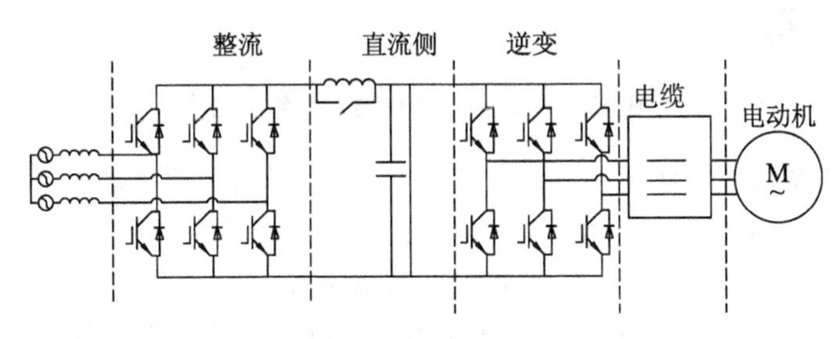

图 8-8　正弦波脉宽调制双 PWM 控制系统基本结构

所谓双 PWM 是指正弦波脉宽调制控制技术，就是在 PWM 的基础上改变了调制脉冲方式，脉冲宽度时间占空比按正弦规律排列，这样输出波形经过适当的滤波可以做到正弦波输出。三相双 PWM 是使用双 PWM 模拟市电的三相输出，在变频器领域被广泛采用。采用 PWM 整流器和 PWM 逆变器无需增加任何附加电路，就可实现系统的功率因数约等于 1，有效消除对电网的谐波污染，实现能量双向流动，方便电动机四象限运行，同时适用于各种调速场合，使电动机很快达到速度要求，动态响应时间短。双 PWM 控制技术的工作原理是：当电动机处于拖动状态时，能量由交流电网经整流器中间滤波电容充电，逆变器在PWM控制下将能量传送到电动机；当电动机处于减速运行状态时，由于负载惯性作用进入发电状态，其再生能量经逆变器中开关元件和续流二极管向中间滤波电容充电，使中间直流电压升高，此时整流器中开关元件在PWM控制下将能量回馈到交流电网，完成能量的双向流动。由于PWM整流器闭环控制的作用，使变频器直流母线电容端的直流电能转变为与交流电网同频率、同相位、同幅值的三相对称正弦波电能回馈给电网，最大限度地抑制了能量回馈对电网的谐波污染，保证了回馈电能的功率因数等于1。双PWM控制技术打破了过去变频器的统一结构，采用PWM整流器和PWM逆变器提高了系统功率因数，并且实现了电动机的四象限运行，这给变频器技术增添了新的生机，形成了高质量能量回馈控制技术的最新发展，为电梯节能降耗奠定了技术基础。

远志科技所设计的四象限电梯一体化控制系统驱动主回路为电压型交—直—交变频，其基本结构包括网侧变流器、负载侧变流器、中间直流环节、控制电路等，系统框图如图8-9所示。

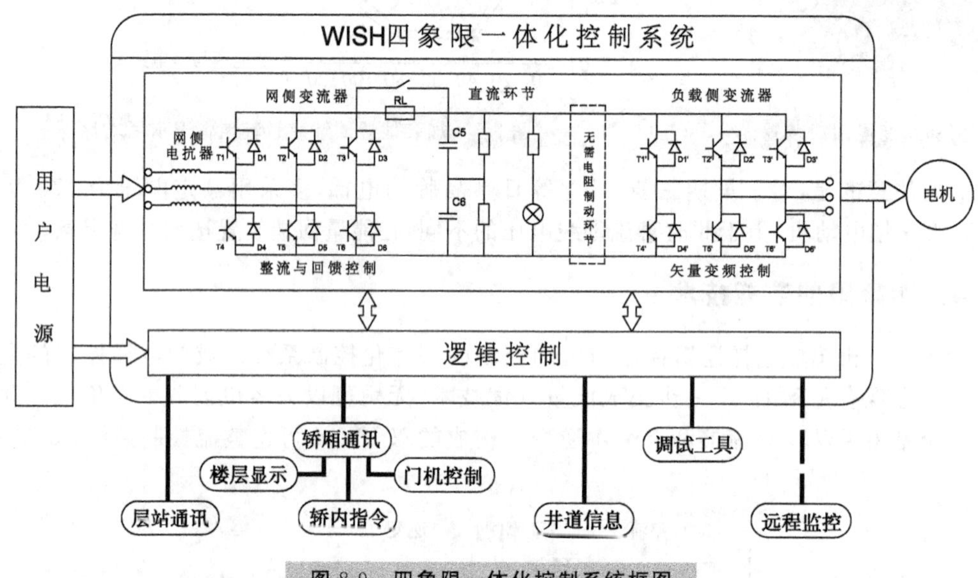

图8-9 四象限一体化控制系统框图

电梯一体化控制系统变频驱动回路要实现四象限运行，必须满足以下条件：

① 网侧端需要采用可控变流器。当电机工作于能量回馈状态时，为了实现电能回馈电网，网侧变流器必须工作于逆变状态，不可控变流器不能实现逆变。

② 直流母线电压要高于回馈阈值。变频器要向电网回馈能量，直流母线电压值一定要高于回馈阈值，只有这样才能够向电网输出电流。电网电压和变频器耐压性能决定阈值大小。

③ 回馈电压频率与相位必须和电网电压相同。回馈过程中必须严格控制其输出电压频率和电网电压频率相同，避免浪涌冲击。

8.2 扶梯节能技术

8.2.1 “快—慢运行”的节能模式

自动扶梯广泛应用于大型商场、超市、机场、地铁、宾馆等场合。大多数扶梯在客流量大的时候，工作于额定的运行状态，在没有乘客时仍以额定速度运行，具有耗能大、机械磨损严重、使用寿命短等缺点。

2008年10月1日，由国务院颁发的《公共机构节能条例》正式实施。由于自动扶梯的安装数量众多，对在用自动扶梯进行节能改造以及设计新的扶梯节能方案，势在必行。

正常使用情况下，自动扶梯属于负载率很低的设备，轻载或空载的时间占绝大多数，而满载运行的时间相对来说是很少的，在自动扶梯上采取适当的措施进行节能其效果是非常惊人的。实际使用的节能效果，完全由现场使用工况来决定。空载工况下最好让自动扶梯停止运行，这样完全没有能耗和磨损；而在有些情况下由于要保证安全和方便，不允许停止运行，此时可让扶梯慢速运行。

采用变频器驱动曳引电机，通过变频器来调节曳引电机的转速，在没有乘客使用的时候使扶梯慢速运行，可很方便地实现节能运行。

对于原本采用PLC控制或者微机控制板已经内置节能运行功能的扶梯，主回路及部分控制回路可采用图8-10所示的方案A。

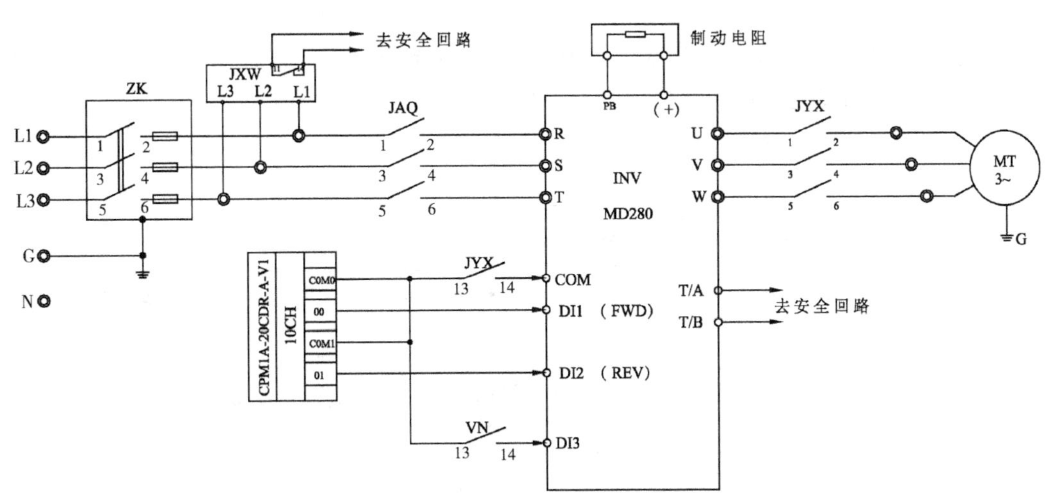

JAQ—安全接触器　JYX—运行接触器　JXW—相序继电器　MT—曳引电机
FWD、REV—正反转信号　VN—高速运行信号

图8-10　全变频控制回路方案A

方案A中，检测乘客的信号输入PLC处理，通过更改PLC原本的控制程序，PLC输出多段速信号控制变频器。按照变频器输出电流大于等于曳引电机的额定电流的原则选用变频器。为了保证扶梯下行时变频器处于制动状态的能量消耗，需配置制动电阻。

此方案的优点是整个控制系统的安全性可通过更改程序得到保证；缺点是原本的PLC

需有至少两个多余的输入点，且要对原本的控制程序非常熟悉。

对于原本由继电器或者专有微机板控制的扶梯，由于原本控制器内部控制逻辑的更改较为困难，可采用图 8-11 所示的方案 B。

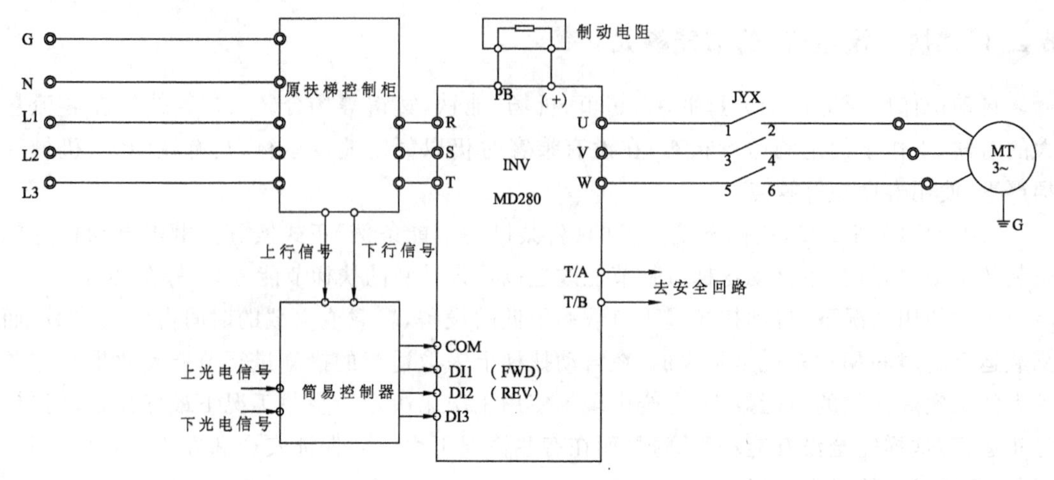

MT—曳引电机　FWD、REV—正反转信号　DI3—高速运行指令端子　JYX—运行接触器

图 8-11　全变频控制回路方案 B

方案 B 与方案 A 不同，检测乘客的信号输入专门的一个简易控制器处理，简易控制器输出多段速信号控制变频器。此方案的优点是可不改变原来控制柜的回路，仅在控制柜输出至曳引电机之间增加一个变频器；缺点是需屏蔽原来控制系统的低速保护功能。

若选用一种内置可编程定时器功能的变频器，可不必采用简易控制器，直接由变频器定时输出点来控制慢速的切换。控制原理如图 8-12 所示的方案 C。

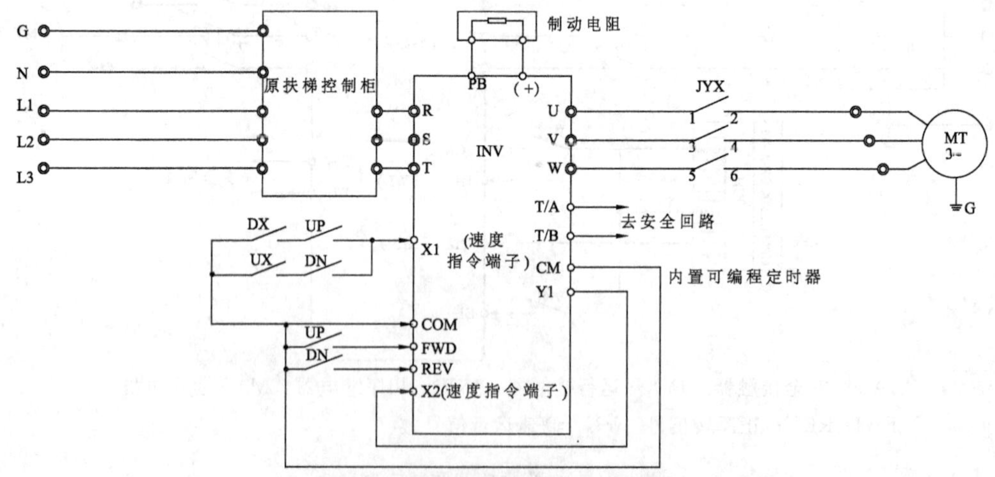

DX—下光电信号　UX—上光电信号　JYX—运行接触器　MT—曳引电机

FWD、REV—正反转信号　UP、DN—上下行信号　Y1—定时输出

图 8-12　全变频控制回路方案 C

采用全变频驱动方案,在不同速度之间可实现平滑切换。由于扶梯对控制精度要求并不高,变频器可选择不带编码器的开环控制模式。但是选用的变频器功率需大于等于曳引电机功率,使得成本较难降低。另外,还需考虑制动电阻在扶梯有限的机房空间的散热问题。

在大提升高度的自动扶梯采用两个或多个曳引机的场所,为了保证多个电机运行的同步性,全变频方案仍是首选。另外,目前有采用永磁同步电机的行星齿轮曳引机应用于扶梯驱动,受目前变频技术实际应用的限制,控制同步电机启动时仍需检测磁极的位置,所以也得采用全变频方案。由于行星齿轮减速传动效率相比传统曳引机的提高,节能效果会更加明显。

8.2.2 "快—慢—停运行"的节能模式

"快—慢—停运行"与"快—慢运行"相比,增加了扶梯停止的功能,其循环方式可通过控制器的参数修改来实现。两者的区别在于,当扶梯运行在"快—慢—停运行"的节能模式下时,需要增加额外的乘客检测装置和运行方向指示器。

GB 16899—2011《自动扶梯和自动人行道的制造与安装安全规范》中有如下描述:

5.12.2.1.2 由使用者的经过而自动启动或加速的自动扶梯或自动人行道(待机运行),在该使用者到达梳齿与踏面相交线时应至少以0.2倍的名义速度运行,然后以小于0.5 m/s² 的加速度加速。

7.2.2 对于自动启动式自动扶梯和自动人行道,应设置一个清晰可见的信号系统,例如道路交通信号,以便向乘客指明自动扶梯或自动人行道是否可供使用及其运行方向。

5.12.2.1.3 由使用者通过而自动启动的自动扶梯或自动人行道的运行方向,应预先确定,并清晰可见、标记明显(见7.2.2)。在由使用者通过而自动启动的自动扶梯或自动人行道上,如果使用者能从与预定运行方向相反的方向进入时,那么自动扶梯或自动人行道仍应按预先确定的方向启动并符合5.12.2.1.2的规定。运行时间应不少于10 s。

1. 乘客检测装置

目前有光电对射探头、自启动立柱、漫反射探头、踏垫自启动几种方式可供选择。选择光电探头时,需注意抗强光性以及对深颜色的敏感度,如图8-13所示。若扶梯选择无人乘梯时,运行一段时间之后最终停下来的模式,则必需满足"由于使用者的经过而自动启动的自动扶梯或自动人行道,应在该使用者走到梳齿相交线之前启动运行。"漫反射光电探头是最佳选择,如图8-14所示。图8-15为漫反射的安装示意图。

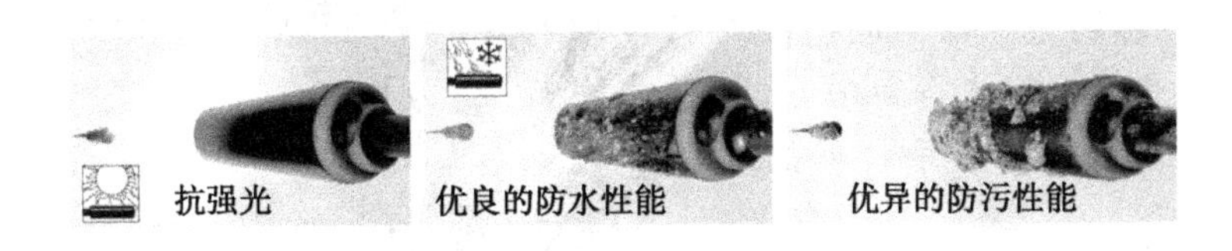

图8-13 对射探头

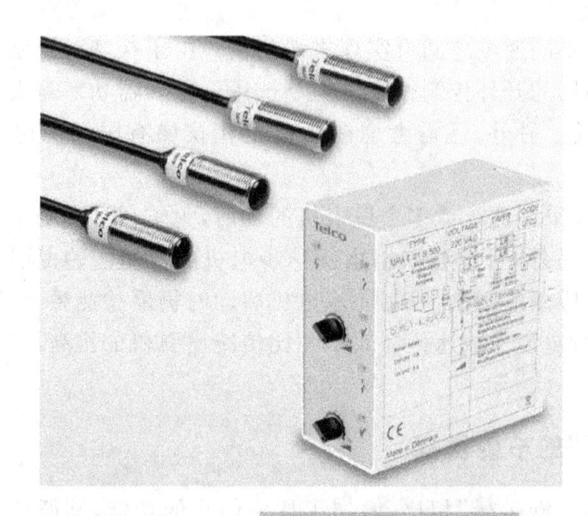

图 8-14　漫反射探头

图 8-15　漫反射安装示意图

2. 方向指示器

图 8-16 为方向指示器安装示意图，可安装在扶梯围裙板的外侧，方便乘客识别的位置。扶梯在快车运行时，同方向指示灯以绿色滚动的箭头显示扶梯的运行方向。当长时间无人进入扶梯，则扶梯进入慢车运行状态，指示灯仍旧以绿色滚动的箭头显示扶梯的运行方向。当再过一段时间仍没人乘梯时，则扶梯停止运行进入等待中，此时指示灯以绿色滚动的箭头显示扶梯的运行方向。

图 8-16　方向指示器安装示意图

另一端的方向指示灯则始终以红色横条显示，提示客户不可反向进入扶梯。如反向进入，蜂鸣器鸣叫提醒，并且自动以设定的方向运行 10 s(时间可修改)，有效地阻止乘客继续进入。

8.2.3 “快—停运行”的节能模式

1. 星三角驱动

在无人乘梯时停止自动扶梯的运行，有人乘梯时启动扶梯，从而达到省电的目的。由于采用了完全停电的方法，所以在节约能源方面效果显著。但是这种方法会导致扶梯频繁启、制动，启动时不仅对供电电网有一定的冲击，而且频繁的启停会给制动器等机械部件带来一定损伤。

2. 变频驱动

在无人乘梯时停止自动扶梯的运行，有人乘梯时变频启动扶梯。与星三角驱动的区别在于，由于采用变频控制技术，使得在减速停车时由变频控制减速，在一定程度上减少了制动器等机械部件的损伤。

8.3 电梯与自动扶梯节能技术展望

8.3.1 电梯节能技术展望

1. 可变速电梯技术

就传统电梯而言，电梯空载和满载时，电机按照额定的转速输出额定的功率；而在电梯接近半载时，电机依旧按照额定的转速输出小于额定的功率，这就导致部分功率被闲置。而可变速电梯正是在额定的输出功率不变的前提下，利用原传统电梯部分闲置的功率，将电梯非空载和满载时的速度提高。该项技术根据乘坐电梯的人数、载重量，通过负载检测装置检测出轿内的载重量，根据轿内的载重量选择对应的运行速度，可超过额定速度进行运行。

可变速技术根据轿厢载重量决定速度的方法，在确保电梯安全性的基础上，为电梯赋予了更多的附加价值。其具体的领先性和意义在于，通过可变速技术，根据乘梯人数的情况，可以实现最大为额定速度 1.5 倍的运行速度，相对以额定速度运行的电梯，减少最大至 15％的平均等候时间和乘梯时间，大大提高了电梯的运行效率。运行效率的根本性提高可大大缩减电梯计划配置的数量，因此可在一定程度上减少采购成本。

2. 电梯群控技术

电梯全速运行时所消耗的电能远远低于减速和加速时消耗的电能。电梯停靠的次数越多，所消耗的电能就越多。通过智能派梯系统的最佳(高效)派梯，有效减少电梯系统的停靠次数，提高输送效率，从而达到节能的目的。

目前不同品牌的电梯，因其采用的电梯控制系统不尽相同，通信协议相互独立，要实现群控调度非常困难。客户可有选择、有针对性地将建筑内的电梯选择相同型号的电梯控制系统。

3. 超级电容技术

近年来各种储能技术发展迅速，传统的电容储能技术也得到高速的发展，出现了容量大、寿命长、效率高的超级电容器储能装置。将电梯曳引电动机工作在回馈制动运行状态时放出的能量存储起来，当电动机工作在电动状态时，存储的能量又释放出来，显然也是电梯节能的有效手段。由于超级电容的容量很大,变频器直流系统电压不容易升高,没有必要采用能量消耗的措施。选用超级电容作为电梯节能方案的原理如图 8-17 所示。

对比有源逆变回馈电网线路的电能损耗,超级电容储能方案的损耗更小,节能效率应更高一些。对比有源逆变方案,超级电容储能方案的优点在于它不会对电网造成污染,效率高;缺点在于该方案目前价格较高,技术相对不成熟。

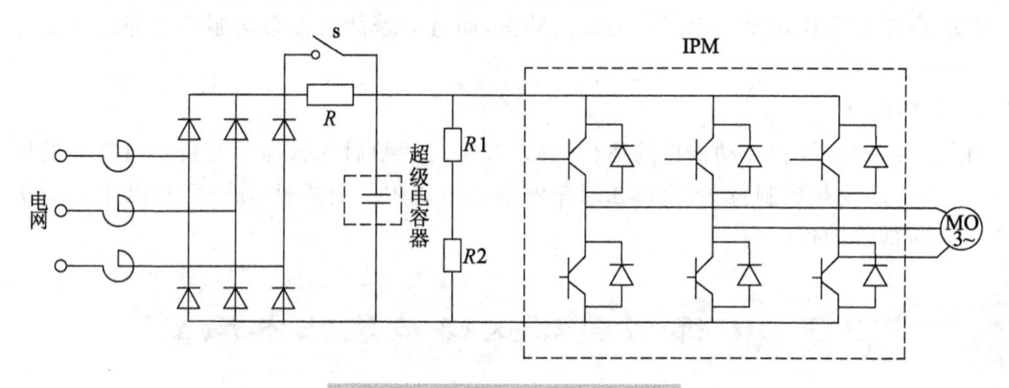

图 8-17　超级电容技术示意图

4. 共直流母线技术

采用独立的能量回馈单元将电梯制动时的能量反馈回电网,需要在同一供电区间内有其他用电器及时消耗掉反馈回的能量。在具有多台电梯的群控组中,极端的情况是所有的电梯均处于制动状态,这种状态下若每台电梯均配置能量回馈装置,则反馈回电网的能量会产生过剩。这对电梯的节能提供了一种新思路——共直流母线的节能方式,即将梯群的各驱动变频器中直流部分并联。共直流母线传动控制系统如图 8-18 所示,它主要包括变频器、直流接触器、直流熔断器、能量回馈装置等。

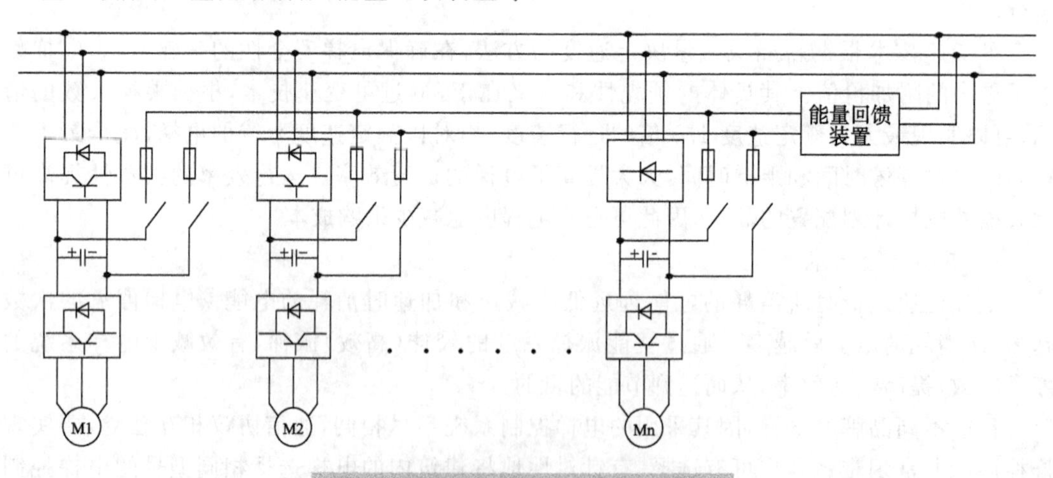

图 8-18　电梯共直流母线技术示意图

共直流母线系统比较鲜明的特点是电动机的电动状态和发电状态可以能量互享,即连接在直流母线上的任何一台电梯重载下降和轻载上升时产生的能量,都通过各自的逆变器反馈到直流母线上,连接在直流母线上的其他电梯就可以充分利用这部分能量,减少了从电力系统中消耗的能量,达到节约能源的目的。另外直流母线中各电容组并联后使整个系统中间直流环节的储能容量成倍加大，构成强大的直流电压源以钳制中间环节直流电压的瞬时脉动，提高了整个系统的稳定性与可靠性。

8.3.2　自动扶梯节能技术展望

1. 共直流母线技术

图 8-19 为自动扶梯共直流母线技术示意图。将上行、下行两台自动扶梯的变频装置进行共母线控制，实现用下行扶梯的再生电源驱动上行扶梯运行，即实现再生电能的有效利用，降低电气系统的整体造价，并且不会干扰电网质量。该控制技术可以扩展到将建筑物内的多部自动扶梯进行共母线控制，可达到最大的节能效果。

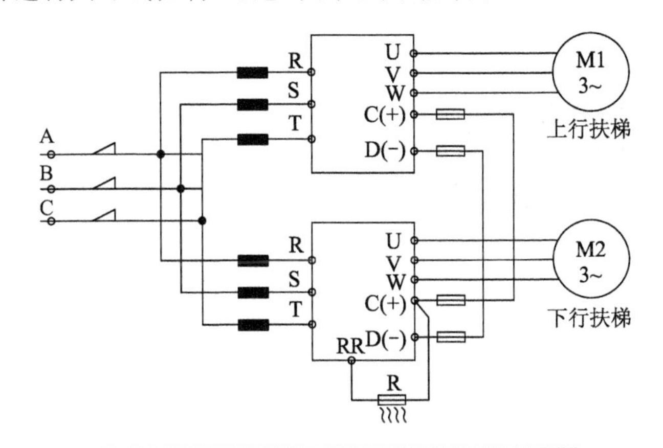

图 8-19　自动扶梯共直流母线技术示意图

2. 旁路变频驱动

扶梯在额定速度运行时，由 50 Hz 的工频电源进行供电，变频器不投入运行。在无人乘梯一定时间后，扶梯将由工频电源控制切换到变频器控制，从而使扶梯进行低速运行，达到节能的目的。当有人再次进入扶梯乘梯时，扶梯将由变频器加速到额定速度，到达额定速度后，扶梯将由变频器控制切换到工频电源控制运行。扶梯将如此周而复始地运行，其运行时序如图 8-20 所示。

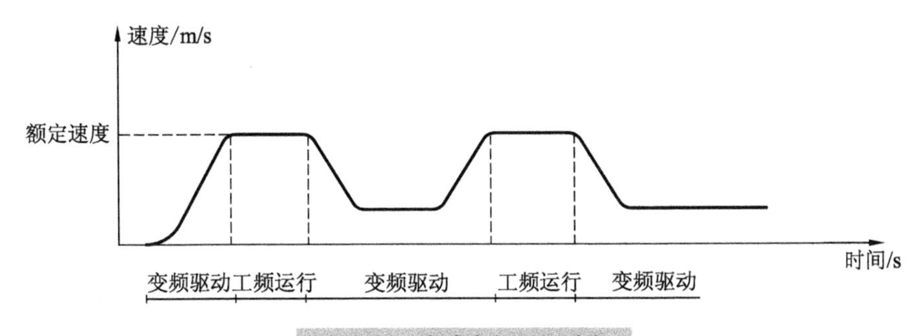

图 8-20　旁路变频运行时序

旁路变频的优点是实现了无人乘梯时低速运行，达到节能、降低噪声、减少设备磨损的效果。由于采用了变频控制，使系统的调速平稳，对机械系统的冲击较小。由于在高速运行的时候变频并未参与控制，所以变频器的功率可比曳引电机的功率小，具体选型可遵照变频器额定输出电流大于等于曳引电机 50％额定电流（扶梯空载运行时的电流）的经验选用。相比全变频而言，旁路变频还不需要制动电阻，减少了机房发热。旁路变频方案的缺点是，为了防止三相电压与变频器输出端短接引起变频器爆炸，需设计完善的电气保护回路。另外，若变频控制与工频控制强行切换，会带来对曳引电机的冲击，这是一个需要克服的技术问题。

为了解决旁路变频驱动存在的工频控制与变频控制切换的冲击问题，可采用一个相序检测器检测跟踪准备切换时的电网的相位和频率，与此同时，将变频器的输出尽量调整到与电网的相位与频率一致，当误差在允许的范围内的时候，进行切换。

思考题

1. 电梯节能技术有哪些？
2. 自动扶梯节能技术有哪些？
3. 简述自动扶梯“快—慢”运行的节能原理。
4. 简述电梯的超级电容技术。

第 9 章
电梯群控与远程监控系统设计

本章重点：以实例的形式分别介绍了电梯并联、群控、远程监控系统的设计。

9.1　电梯群控系统设计

9.1.1　电梯的并联设计

以苏州默纳克控制技术有限公司生产的 NICE3000 电梯一体化控制系统为例介绍电梯并联回路的设计。

图 9-1 为默纳克 NICE3000 系统的 CAN 通信方式并联方案。图 9-1 中，两台电梯的 CAN 通信线中 CAN＋通过主控板的 Y5-M5 进行转接，保证两台电梯在掉电等异常情况下不互相影响。

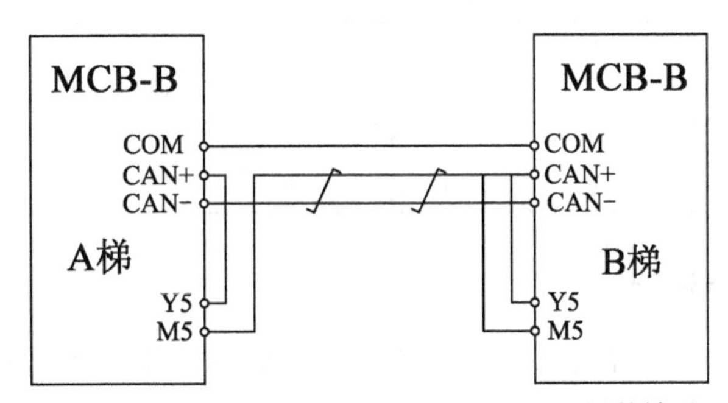

MCB-B—主控制板　COM—公共端　CAN－/CAN＋—CAN 通讯的端子　Y5-M5—输出端子

图 9-1　并联 CAN 通信连接示意图

CAN 通信方式相关参数设定见表 9-1。

表 9-1　CAN 通信方式并联参数设值表

参数	说明	设定值	备　　注
F5-30	Y5 功能选择	14	Y 端子，根据实际需要可调整
F6-07	群控数量	2	1：单梯运行 2：2 台并联运行 3～8：群控运行

续表

参数	说明	设定值	备　注
F6-08	电梯编号	1或2	主机编号为:1(轿顶板拨码为4、5为ON,主控板短接环J5接上部两个插针) 副机编号为:2(轿顶板拨码为1、2、4、5为ON,主控板短接环J5接上部两个插针)

对于默纳克NICE3000系统而言,还可以通过另外一种方式以主控板监控口(485方式)并联处理(此方案只应用于现场干扰大的场合)。

采用主控板监控口485通讯作为并联处理时,须将监控口232通信信号转换成485通信信号,因此须额外配置两个波仕隔离232/485转换接口,现场应用时只需将232/485转换器与主控板CN2端连接,如图9-2所示。

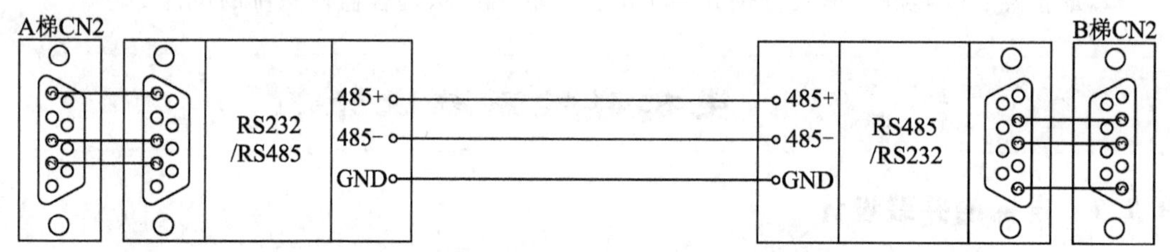

CN2—插件端子　RS232/RS485—转换接口　485－/485＋—485通信端子　GND—接地端子

图9-2　并联232/485连接示意图

并联232/485相关参数设定见表9-2。

表9-2　并联232/485连接参数设值表

参　数	说　明	设定值
F6-07	群控数量	2
F6-08	电梯编号	1号梯设1,2号梯设2
F6-09	监控口并联处理	4

9.1.2　电梯的群控设计

以苏州默纳克控制技术有限公司生产的群控板MCTC-GCB-A为例,对电梯的群控设计作简单介绍,如图9-3所示。

1. 特性

① 实现3～8台电梯的群控,最大层数为31层,因此适应范围很广,能够满足绝大多数用户的需求。

② 提供2种厅外召唤信号的分配模式:以等待时间最小为原则的时间优先模式和以模糊逻辑控制为基础的效率优先模式。

③ 群控板与单梯主控板之间的信号传递采用CAN-BUS的串行通信方式,能够实现数据高速、可靠地传送。

④ 自动切除非正常运行电梯。如果系统发现某台电梯在收到分配到的召唤信号后长时间不响应,就会自动切除该台电梯,重新分配召唤。

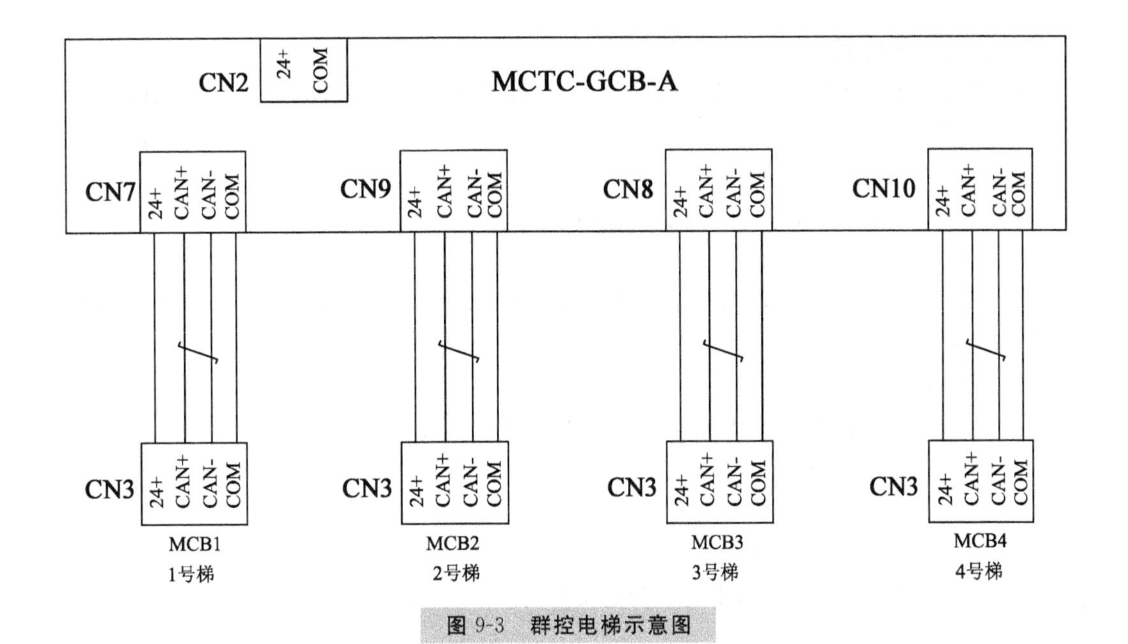

图 9-3　群控电梯示意图

⑤ 群控板出现故障或掉电时，群控系统中的各电梯自动切换为单梯运行；当群控板恢复时，若系统中各梯满足群控条件，能自动恢复群控功能。

⑥ 配备通用调试键盘，使调试简单方便。

⑦ 可选配液晶显示。

⑧ 可选配 IE 卡，使其具备以太网通信功能。

⑨ 配备配套的上位机监控调试软件。

2. 功能概述

(1) 群控分配原则

① 按等待时间最小原则进行外召呼梯分配。外召召唤分配的主要原则是以等待时间最小为主，适当考虑轿厢载重等因素。

② 以模糊逻辑控制为基础的效率优先分配方式。除计算等待时间外，还要综合分析轿厢载重、客流量等以决定最优分配方式。

③ 节能运行。在等待时间可接受的范围内，厅外召唤将尽可能分配给正在运行且具有运载能力的电梯，而使空闲梯继续待梯以节约能源。

(2) 密码保护功能

客户可根据需要设定密码以保护群控参数不被其他人修改。此功能在群控板 FP-00 功能码中实现。

(3) 群控分组功能

如果群控分组功能有效，客户可根据需要设定其中一段或两段时间将某梯分到其中一组，而在其他时间则按正常方式分配。每一组可设置各自的服务层、集选方式等，从而可以最大程度地利用电梯资源，实现最优控制。

(4) 群控基站功能

采用 NICE3000 的基站功能，每台电梯分别设置。

（5）分散待梯功能

当群控中电梯空闲达一定时间后，若分散待梯功能有效，将按照分散待梯规则运行到相应楼层待梯。

（6）高峰服务功能

采用 NICE3000 的高峰服务功能，每台电梯分别设置。

（7）强行单梯运行功能

客户可设定一段或两段时间使某一梯退出群控系统进行单梯运行，而在其他时间恢复正常的群控运行状态。

（8）服务层设定功能

系统根据需要灵活选择关闭或激活某个或多个电梯服务楼层及停站楼层。

（9）可选液晶显示功能

实时直观地显示群控各梯的当前运行状态。

（10）可选上位机监控功能

上位机通过串行口通讯，用于对群控系统内各梯的当前运行情况进行实时监控。

（11）可选远程监控功能

通过通讯线，控制系统与装在监控室的终端连接，显示电梯的楼层位置、运行方向、故障状态等情况。

3. 群控板规格及安装配线

（1）外观及尺寸（如图 9-4）

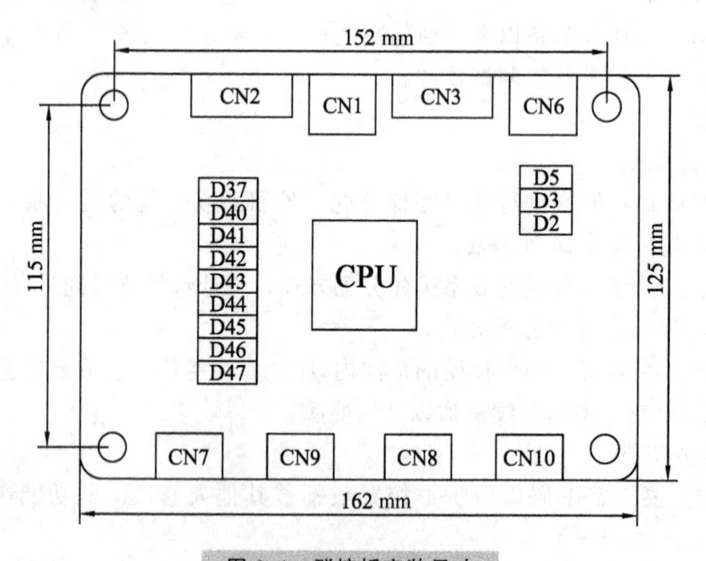

图 9-4 群控板安装尺寸

（2）端子定义说明

① 群控板指示灯说明（见表 9-3）

表9-3　群控板指示灯说明

标　号	名　　称	说　　明
POWER	电源指示灯	群控板通电以后POWER灯点亮(红色)
CAN1～CAN8	群控梯通信正常指示灯	1～8号群控梯通信正常对应的CAN1～CAN8指示灯闪烁(绿色)
TXD-N	IE输入信号指示灯	IE输入信号接通时点亮(绿色)
RXD-N	IE输出信号指示灯	IE输出信号接通时点亮(绿色)
LINK-N	IE通信正常指示灯	IE通信正常时点亮(绿色)

② 插件CN2输入端子说明(见表9-4)

表9-4　插件CN2输入端子说明

标　号	名　　称	说　　明
24 V	外部DC24 V电源输入	提供给群控板DC24 V电源
MOD+	Modbus通信端子	液晶显示通信端以及以后功能扩展用
MOD−		
COM	接地端	用于接地

③ 插件CN7～CN10输入端子说明(见表9-5)

表9-5　插件CN7～CN10输入端子说明

标　号	名　　称	说　　明
24V	外部DC24V电源输入	提供给对应CAN通讯模块DC24V电源
CAN+	CAN总线通信端子	用于群控板和各群控电梯的主控板之间的CAN总线通信
CAN−		
COM	接地端	用于接地

另外,CN1为操作面板接口;CN3为RS232接口,用于同上位机或者IE卡通信;CN6为IE接口。

④ 跳线功能说明(见表9-6)

表9-6　跳线功能说明

标　　号	接　　法	说　　明
J1	短接2、3脚	ISP程序下载
J2、J3	短接1、2脚	232通信
	短接2、3脚	IE远程监控
J4	短接1、2脚	485通信终端匹配有效
J5、J6、J7、J8	短接1、2脚	CAN总线终端匹配有效

⑤ 群控电梯主控板功能码设定说明

主控板的F6-07(群控电梯数量)应设为3、4或者5。

主控板的F6-08(群控电梯编号)用于设定群控时的电梯编号:一号梯的主控板该功能码设为1,并且通过群控板的CN7(CAN1)接口进行CAN通信;二号梯的主控板该功能码设为2,并且通过群控板的CN9(CAN2)接口进行CAN通信;三号梯的主控板该功能码设为 3，并且通过群控板的 CN8(CAN3)接口进行 CAN 通信；四号梯的主控板该功能码设为 4，并且通过群控板的 CN10(CAN4)接口进行 CAN 通信。

主控板的 F6-09(并联选择)应确保设定为 0。

4. 典型应用

图 9-5 为典型的群控板接线示意图。

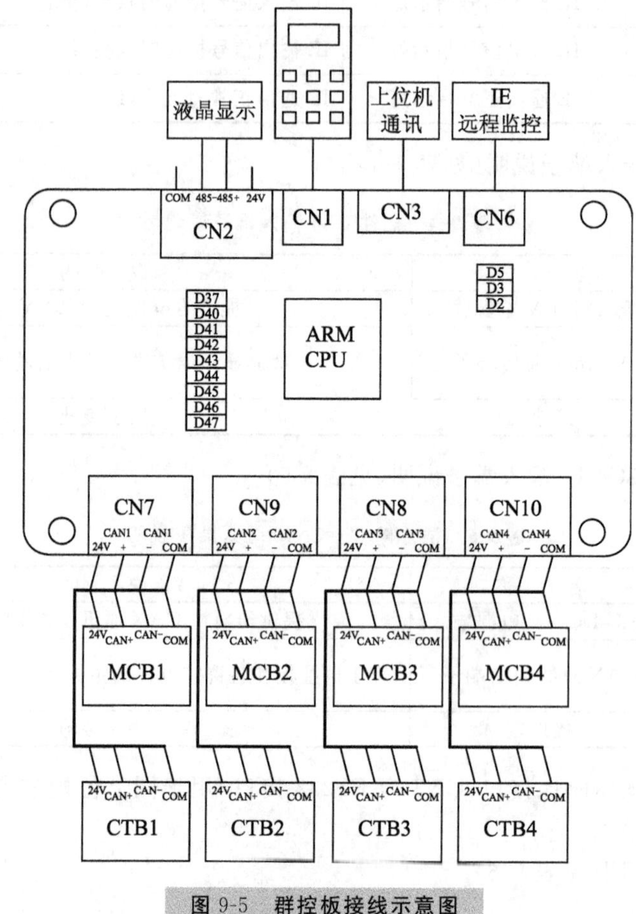

图 9-5　群控板接线示意图

9.2　电梯远程监控系统设计

9.2.1　BA 接口板

楼宇自动化接口板(Building Automation Interface Board)，简称 BA 接口板。主要用于对电梯状态的监视，利用多个接口板与上位微机通过 RS485 联网构成分布式智能监测系统，可对多台电梯的运行状态进行实时监测。

BA 接口板可输出电梯楼层、方向及故障、电源、驻停等 4～12 个信号，提供开放式协议，具体信号可任意设定。

工厂出厂的 BA 接口板，视控制柜体的体积确定，如果控制柜体内有多余的空间，可直接将接口板安装于柜体内,如果柜体内没有空间,可单独提供一个盒体,安装时置于控制柜附近即可。

9.2.2 小区监控盘

如图 9-6 所示,小区监控盘位于监控室内,可以显示电梯输出的部分信号,包括停靠楼层的位置、行驶方向、开关门状态、电源、驻停锁等。

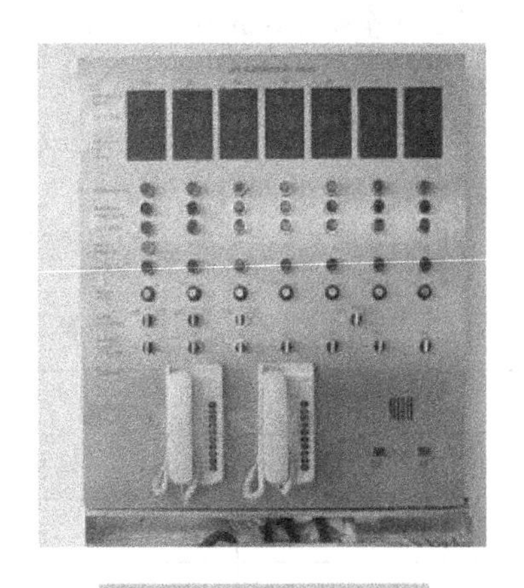

图 9-6 小区监控盘

9.2.3 EMS 系统

EMS 全称 Elevator Management System,即"电梯管理系统",如图 9-7 所示。

这是一种电梯监视控制系统,采用微机监视电梯状态、性能、交通流量、故障代码等,还可以实现召唤电梯、修改电梯参数等功能。

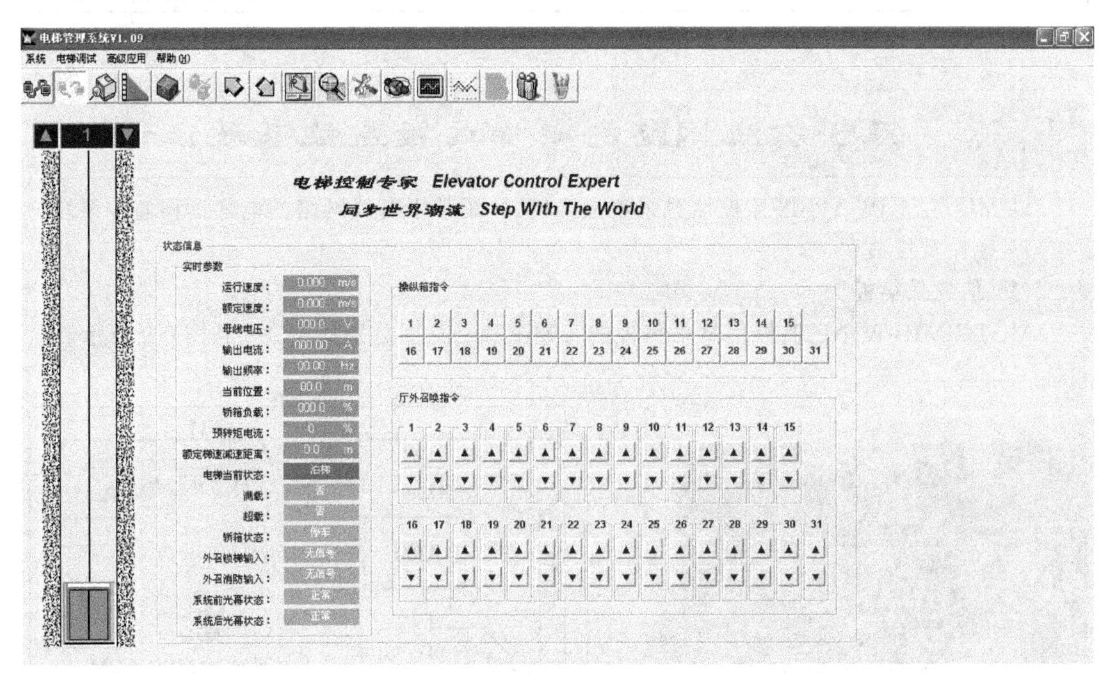

图 9-7 电梯管理系统

EMS 可对电梯实行分组监控,但每组电梯总数量一般不超过 60 台(以 OTIS LCBⅡ控制板为例)。

工厂提供的 EMS 包括硬件与软件,硬件包括每台电梯增加的一块接口板,安装时置于控制柜内或附近即可,每组电梯增加的一块接口板,安装时置于监控室内。

一般情况下与 EMS 相关联的外设,如电脑、打印机及连接电缆,包括两块接口板之间的连接电缆和监控室接口板与电脑的连接电缆均由客户负责。

9.2.4 REM 系统

REM 全称“Remote Elevator Monitor”，即“远程电梯监控系统”，也称“电梯远程监控系统”，是用于远程电梯监控的系统，其一端与客户端电梯相连，另一端与 OTIS 的维保中心相通。电梯的运行状态通过网络直接反映到维保中心，实现对电梯的 24 小时监视。工厂仅提供接口，系统由维保部门支持。

以上四种不同远程监控系统的综合对比如表 9-7 所示。

表 9-7 四种不同远程监控系统对比

监视方式	输出信号
BA 接口板	RS485 信号，仅是电梯监视接口，不能对电梯实现控制
监控盘	干触点信号，主要输出电梯的监视信号，但可以实现驻停锁梯控制功能
EMS	RS232 信号，可对电梯实现监视与控制
REM	电梯运行状态直接通过网络传输至 OTIS 热线服务，为监视信号

9.3 基于有线网络的电梯远程监控系统设计

以 MCTC-MIB-A 小区监控信息采集板为例，介绍基于有线网络的电梯远程监控系统。

1. 硬件及接线

(1) 信息采集板

MCTC-MIB-A 小区监控信息采集板的实物图和示意图分别如图 9-8 和图 9-9 所示。

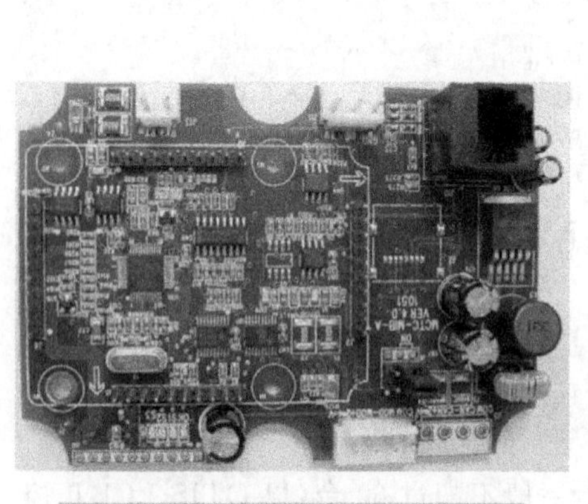

图 9-8 MCTC-MIB-A 小区监控信息采集板实物图

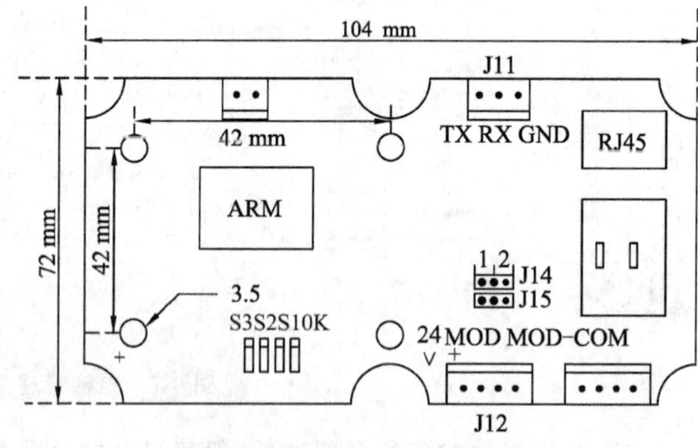

图 9-9 MCTC-MIB-A 小区监控信息采集板示意图

信息采集板相关端子描述如下：

① 24V、COM 需要外部开关电源供电；

② J11 用于连接上位机，监控室中的单板接电脑串口；机房中的单板接 NICE3000；

③ J12 用于 485 通信组网，监控室中的 MIB 和机房中的 MIB 用于 MOD+、MOD−互联；

④ J14、J15 为终端匹配，监控室中的单板端接在 1 部分，机房中的单板端接在 2 部分（出厂默认端接在 2 部分）；

⑤ 指示灯含义：OK 表示单板电源、ARM 运行正常；S1 表示上位机通信正常；S2 表示 485 组网通信正常；

(2) 接线

小区监控系统接线如图 9-10 所示。

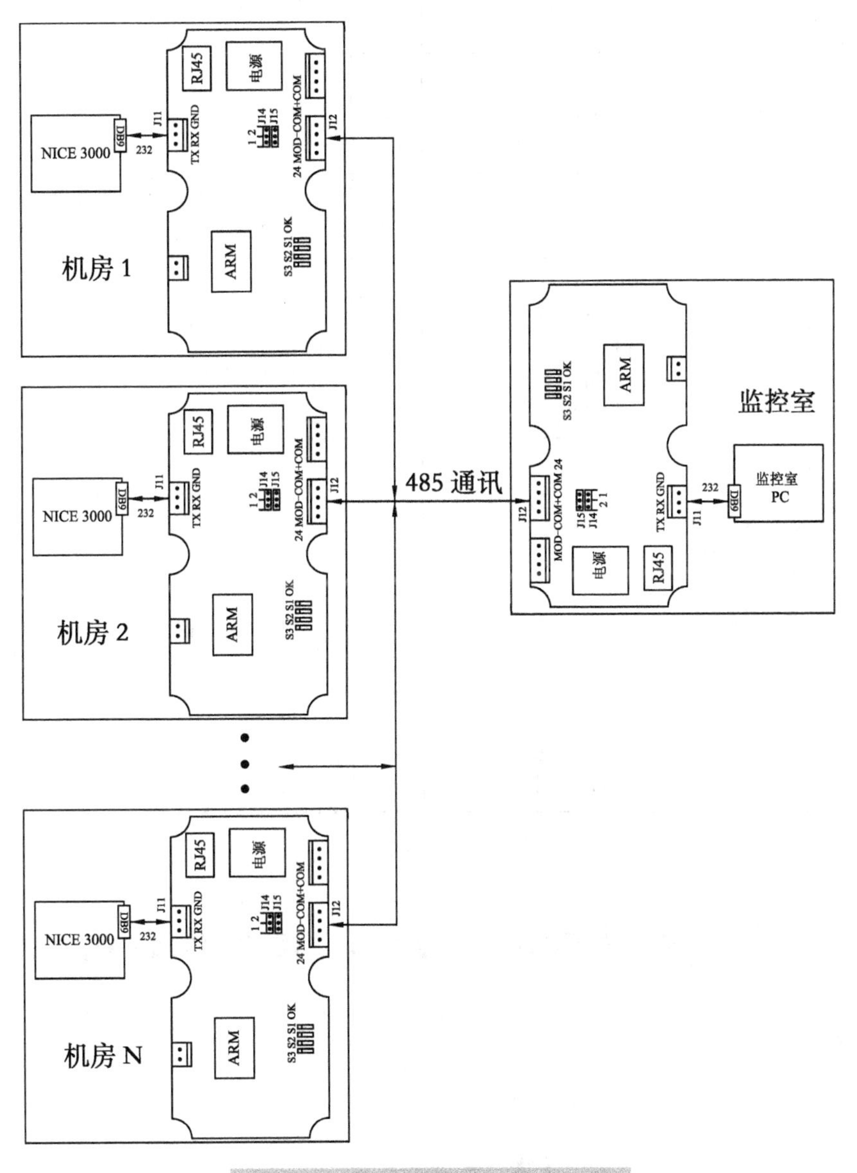

图 9-10　小区监控系统接线示意图

2. 功能码设置

小区监控所涉及的功能码见表 9-8。

表 9-8　小区监控功能码

功能码	名　称	设定范围	最小单位	出厂设定	备　　注
F0-00	软件版本	0～65 535	1	软件版本	
F0-01	系统名称	0：NICE1000 1：NICE3000 2：NICE5000/NICE2000	1	1	
F0-02	本机地址	0～255；	1	0	监控室的 MIB 设定为 200；机房的 MIB 根据需求分别设定为 1～32
F0-03	上位机波特率设定	0：9600bps 1：19200bps 2：38400bps 3：57600bps 4：115200bps	1	0	设定监控室的 MIB 和电脑串口通信的波特率
F0-04	Modbus2/Zigbee/GPS 波特率设定	0～4	1	0	设定监控室的 MIB 和机房的 MIB 的 485 通信波特率
F0-06	监控单梯数量	1～32	1	1	设定监控室的 MIB 所需要监控的单梯数量；机房的 MIB 无需设置
F1-00	监控方式	0：标准 485 通信监控 1：Zigbee 通信监控 2：GPS 通信监控	1	0	

9.4　基于无线网络的电梯远程监控系统设计

9.4.1　系统结构

电梯远程监控系统结构如图 9-11 所示。

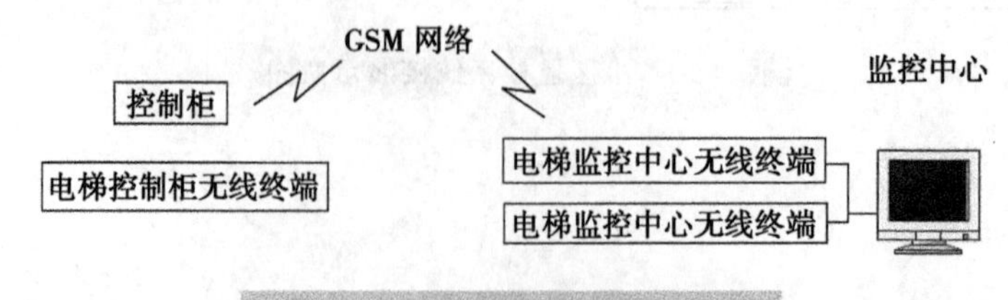

图 9-11　电梯远程监控系统结构

9.4.2　系统功能

1. 运行监视

运行监视的内容包括：电梯状态(驻停、检修、消防、司机、自动)；呼梯登记情况、内指登记情况；当前运行方向、层站；急停回路、门联锁回路、门状态、载荷平层。

2. 故障检测及显示

系统会显示控制柜所能检测的故障。

3. 系统服务

系统服务包括：系统配置；电梯档案查询、打印；故障记录查询、打印；维护记录查询、打印。

4. 对讲功能

对讲功能是指监控中心和轿厢通话。

9.4.3　无线终端设备的安装与使用

1. 使用说明

把一张已设好当地短消息服务中心号码的 SIM 卡安装在终端的 SIM 卡座内，并把终端的安装盒盖好。把通信线的水晶头插入终端的通讯线接口，另一端接到计算机的串口上，把电源线连到终端的电源接口上，给终端上电，观察 GSM 网络灯，上电瞬间，灯快速闪烁一下后熄灭，大约十几秒后，灯正常地亮、灭交替闪烁，灯亮的时间短于灯灭的时间，此时表示 GSM 终端正常。在监控中心运行电梯无线远程监控软件，结合该软件进行功能测试，测试终端工作是否正常。

2. SJT-WK 电梯控制柜无线终端安装与使用说明

(1) 接线方法

SJT-WK 终端接线端子如图 9-12 所示。

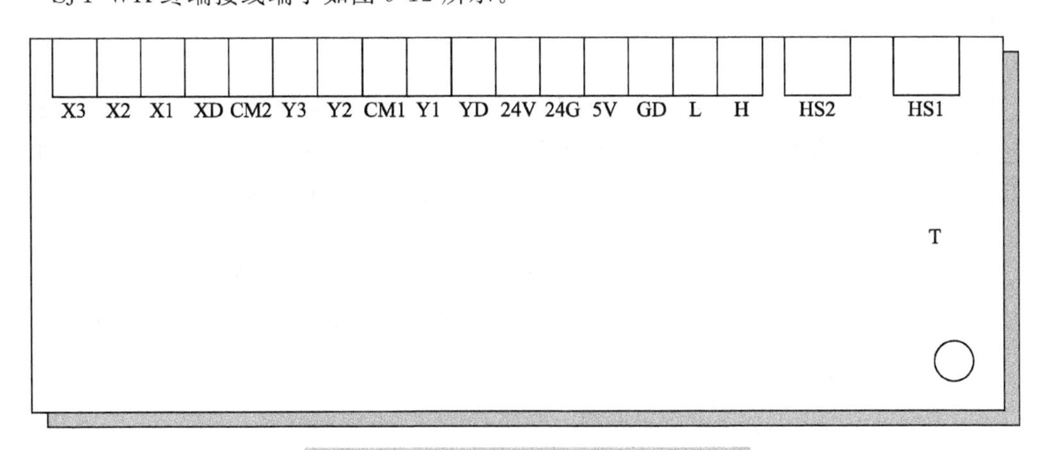

图 9-12　SJT-WK 终端接线端子示意图

HS1、HS2 为电话手柄输入端。当接上电话手柄时按下轿厢内呼叫键即可进行语音呼叫报警。

1H、1L 为 CAN 通信的高、低连接线，与电梯控制器的主板 CAN 总线相接。

GD、5V 为 DC5V 电源输入，与控制柜开关电源的 5 V 输出连接。

24 G、24 V 为 DC24 V 电源输入，与控制柜开关电源的 24 V 输出连接。

Y0、Y1、COM1 为两路继电器输出端，Y2、Y31、COM2 为另两路继电器输出端。

X0—X3 为数字量输入端。

T 为外接天线接口，当地网络信号弱时，连接外接天线，可以增强网络信号。

SJT-WK 终端与电梯控制器 BL2000 主板连接方法：SJT-WK 终端的 H 接线端子—BL2000 主板 J4-9 端子；SJT-WK 终端的 L 接线端子—BL2000 主板 J4-10 端子；SJT-WK 终端的 GD 接线端子—BL2000 主板 J4-8 端子；SJT-WK 终端 5 V—电梯控制柜开关电源＋5 V。

(2) 键盘操作

操作面板如图 9-13 所示。

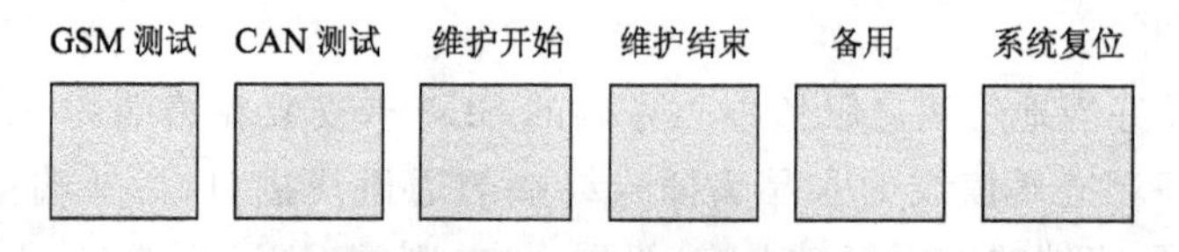

图 9-13　操作面板示意图

上电运行程序，观察面板上的显示灯，上电后电源灯常亮，“GSM 网络”灯快闪一下，大约十几秒后，正常地亮、灭交替闪烁，亮的时间短于灭的时间，此时表示 GSM 网络正常。这时“GSM 错误”灯应常灭，当“GSM 错误”灯亮时，观察“GSM 网络”灯，如果“GSM 网络”灯正常说明通讯错误，可以检查板上拨码开关设置正确与否，否则为网络连接错误。“CAN 发”灯、“CAN 收”灯应快速闪烁，否则“CAN 错误”灯亮，检查 CAN 通讯线是否连接正确、终端电阻是否正确。

① GSM、CAN 测试

把第一个电话号码设为维护人员的手机号码，按下“GSM 测试”键，维护人员的手机上能显示“您好”等测试信息，表明系统的远传功能正常，此时如果按下“CAN 测试”键，维护人员的手机上可能显示乱码，这是正确的，因为显示的数据为电梯状态数据，手机不能识别。

② 电梯维护

当电梯在维护时，按下“维护开始”键，维护灯亮，终端将维护开始的信息上传到监控中心，当维护结束时，按下“维护结束”键，维护灯灭，终端将维护结束的信息上传到监控中心。

③ 系统复位

按系统复位按键，系统复位。

(3) 其他数据通讯功能

以下数据通讯功能自动实现：电梯故障发生与恢复主动上传指定的监控中心；终端定时上传给监控中心电梯的运行数据；终端回复监控中心召唤的电梯运行状态；终端回复监控中心召唤的电梯参数；电梯维护信息上传到监控中心。

当系统正常运行时各显示灯的状态如下：

“电源”灯常亮，“GSM 网络”灯闪烁，“GSM 错误”灯、“CAN 错误”灯常灭，“CAN 收”

灯、“CAN 发”灯闪烁，“运行”灯 1 s 间隔闪烁。

3. 电梯主控板 BL-2000 有关无线监控系统的参数设置

Yes：有远程监控，No：无远程监控。（具体设置方法请查看 SJT-WVF V 电梯控制系统调试维护说明书）

远程监控必须设置成“Yes”后才可设置呼叫号码及发送间隔时间。只有远程监控设置成“Yes”后 BL-2000 才向无线监控器发送其所需的监控数据。电话号码 1 为监控中心通信端口 1 所连接的监控器电话号码，电话号码 2 为监控中心通信端口 2 所连接的监控器电话号码。电话号码 1、电话号码 2 必须正确设置，否则监控中心接收不到监控信息。发送间隔时间是与 BL-2000 连接的监控器发送监控信息的时间间隔。

9.4.4　配置系统使用说明

1. 启动系统

在“开始→程序→SJT-YCW”电梯远程监控系统下，运行配置系统程序，显示密码输入界面，如图 9-14 所示。

图 9-14　密码输入界面

输入正确的密码后，按“确定”按钮进入配置系统窗口，如图 9-15 所示。

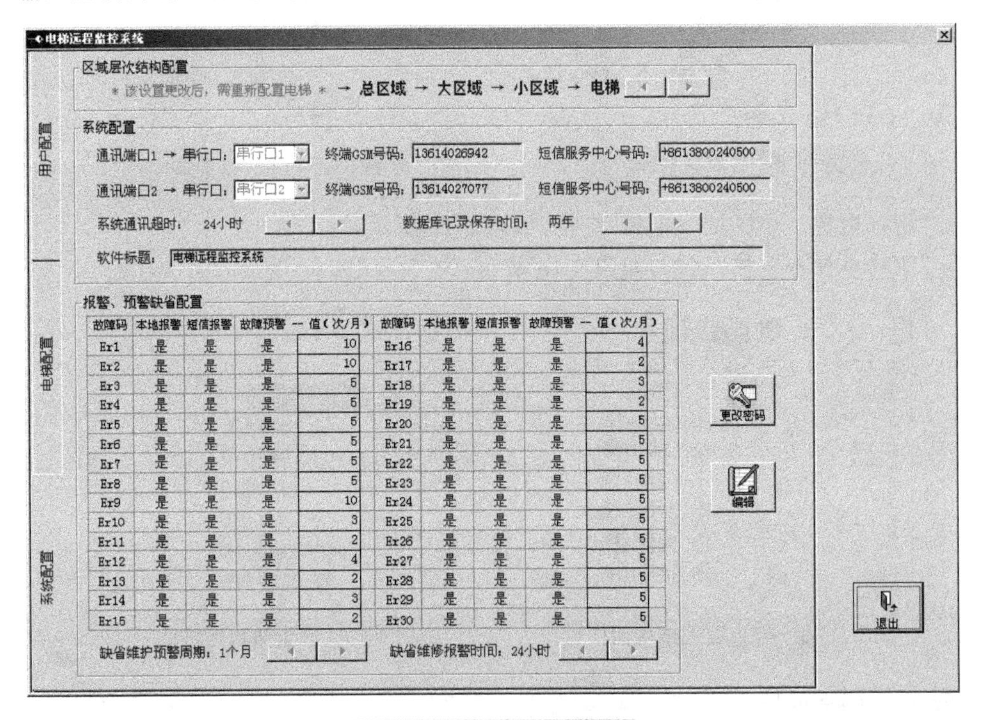

图 9-15　配置系统窗口

配置系统主要对系统参数、监控的电梯信息和用户信息进行配置。

2. 系统信息配置

鼠标左键单击“系统配置”标签，转换到系统配置界面，系统配置界面显示系统信息。

(1) 系统密码

系统密码为修改参数时的进入权限，缺省密码为“000000”。

密码修改方法：

① 鼠标左键单击图 9-15 中的“更改密码”按钮，显示密码输入窗口。

② 输入新密码后，按“确认”按钮。

③ 再次输入新密码后，按“确认”按钮。

④ 如取消该功能，请按“取消”按钮。

(2) 区域层次结构配置信息

在监控系统中，系统按区域层次结构显示电梯，用户可以根据所监控的电梯数量、分布选择层次结构，可以选择的层次结构有：

① “用户电梯→总区域→大区域→小区域→电梯”结构，如图 9-16 所示。

② “用户电梯→大区域→小区域→电梯”结构，如图 9-17 所示。

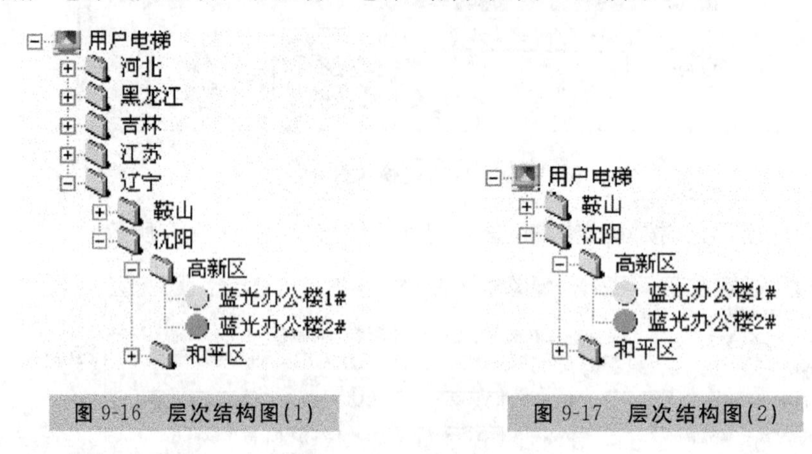

图 9-16　层次结构图(1)　　图 9-17　层次结构图(2)

③ “用户电梯→小区域→电梯”结构，如图 9-18 所示。

④ “用户电梯→电梯”结构，如图 9-19 所示。

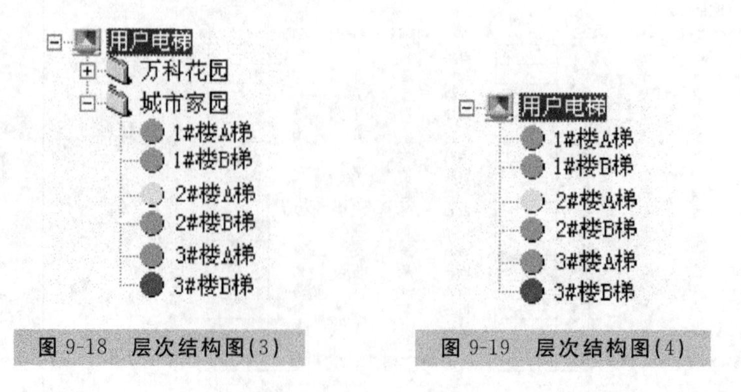

图 9-18　层次结构图(3)　　图 9-19　层次结构图(4)

(3) 系统配置信息

① 通信端口设置：监控中心主机通过两个串行通信端口和两个电梯监控中心无线终端

进行数据交换，使用前应设置通信端口信息。

通信端口 1 所需设置的信息通常包括串行通信端口、终端 GSM 号码以及短信服务中心号码三项：

串行通信端口：监控中心主机和电梯监控中心无线终端通信使用的串行口号；

终端 GSM 号码：对应的电梯监控中心无线终端 SIM 卡号；

短信服务中心号码：和 SIM 卡对应的无线网络短信服务中心号码。

通信端口 2 与通讯端口 1 相同。

通信端口 1 终端 GSM 号码对应于电梯控制柜中设置的远程监控中心号码 1；通信端口 2 终端 GSM 号码对应于电梯控制柜中设置的远程监控中心号码 2。

② 系统通信超时：实际使用中电梯控制柜无线终端定时向监控中心传送信息，如果在系统通信超时时间内监控中心未收到电梯控制柜无线终端信息，系统将提示该电梯通信中断故障。

③ 数据库记录保存时间：系统按此时间周期自动定时对数据库进行整理。

④ 软件标题：设置主窗体显示名称。

3. 用户信息配置

用户信息是指购买或使用电梯的客户信息，鼠标左键单击用户配置标签转换到用户配置界面，如图 9-20 所示。

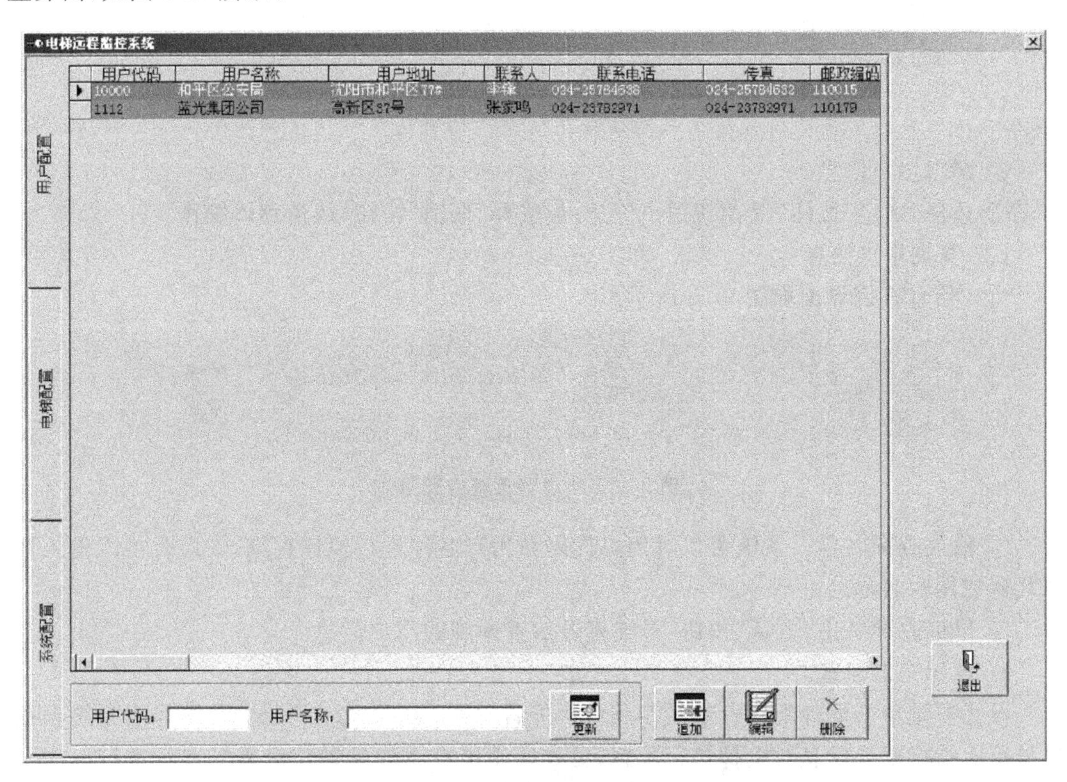

图 9-20　用户信息配置界面

(1) 编辑用户信息

① 选择需要编辑的用户,如图 9-21 所示。

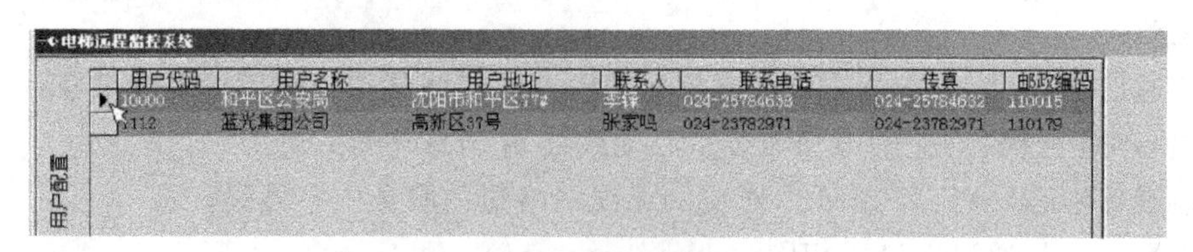

图 9-21 选择用户

② 鼠标左键单击“编辑”按钮,进入用户信息编辑界面,如图 9-22 所示。

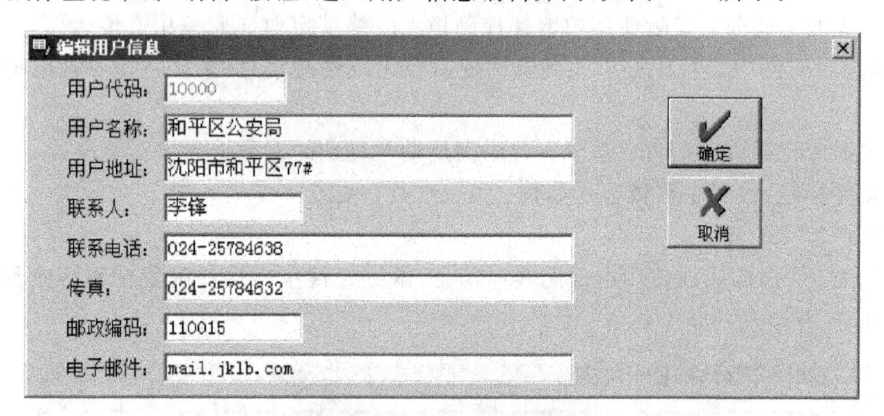

图 9-22 用户信息编辑界面

③ 编辑用户信息。

④ 选择“确定”按钮,保存新用户信息;或选择“取消”按钮,取消编辑操作。

(2) 查询用户信息

用户信息查询界面如图 9-23 所示。

图 9-23 用户信息查询界面

① 输入查询内容。系统可以对用户代码和用户名称进行模糊查询,输入时可以输入用户代码或用户名称的一部分。

② 鼠标左键单击“更新”按钮,系统将显示查询到的用户信息。

4. 电梯信息配置

鼠标左键单击电梯配置标签转换到电梯配置界面,如图 9-24 所示。在该界面系统根据区域层次结构配置信息对电梯进行配置;更改区域层次结构配置信息需要重新进行电梯配置;配置电梯前,须认真配置区域层次结构。

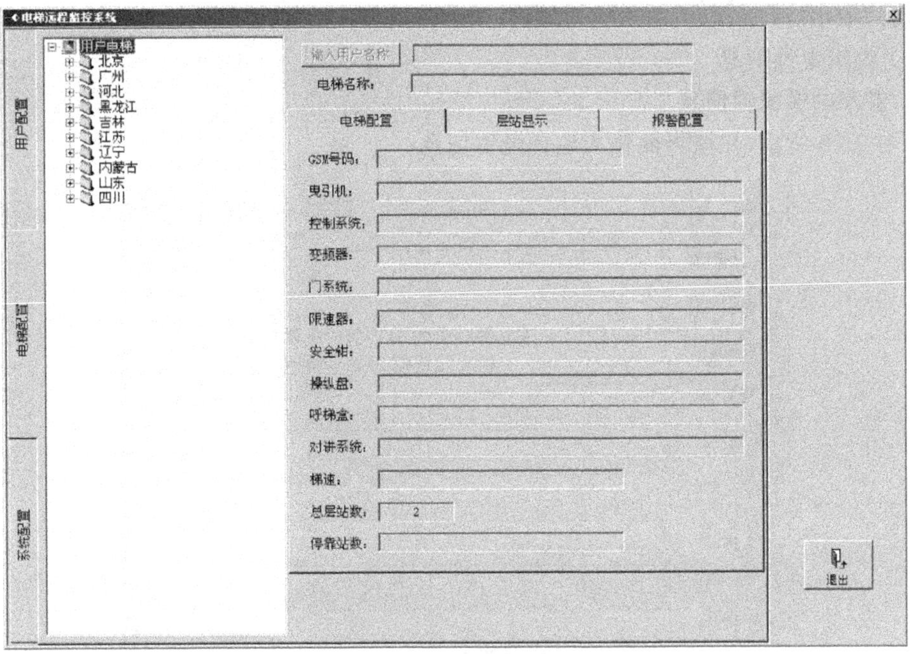

图 9-24　电梯配置界面

(1) 输入用户名称

在电梯配置界面用鼠标左键单击“输入用户名称”按钮，显示输入用户名称界面，如图 9-25 所示。

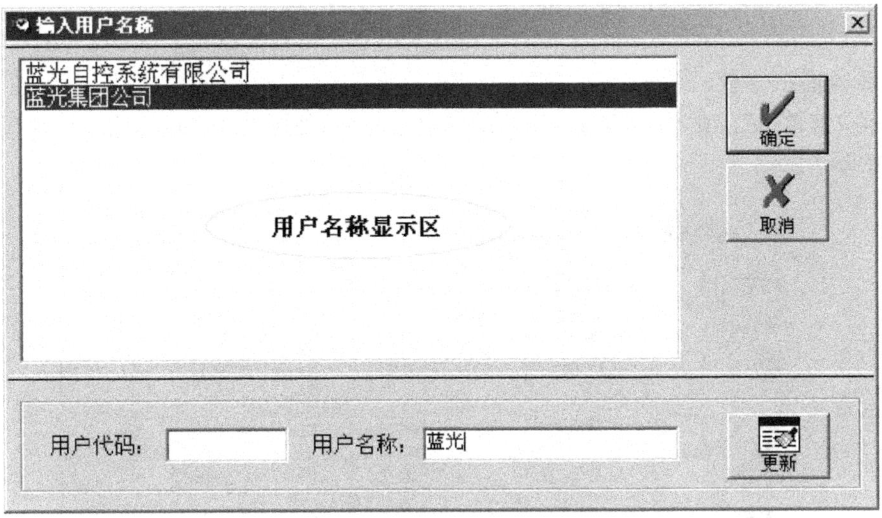

图 9-25　输入用户名称界面

用鼠标选择用户名称显示区内的用户，该用户名称颜色取反。

如用户名称显示区内无该用户，须查询该用户。

如用户为新用户，须追加该用户。

选择“确定”按钮，完成用户输入。

选择"取消"按钮,取消用户输入操作。

(2) 编辑电梯信息

① 输入电梯配置信息。

如图 9-26 所示,在该界面输入电梯配置信息。

电梯配置
层站显示
报警配置
GSM号码:
曳引机:
控制系统:
变频器:
门系统:
限速器:
安全钳:
操纵盘:
呼梯盒:
对讲系统:
梯速:
总层站数:
14
停靠站数:
该电梯对应的SJT-WK电梯控制柜无线终端SIM卡号码

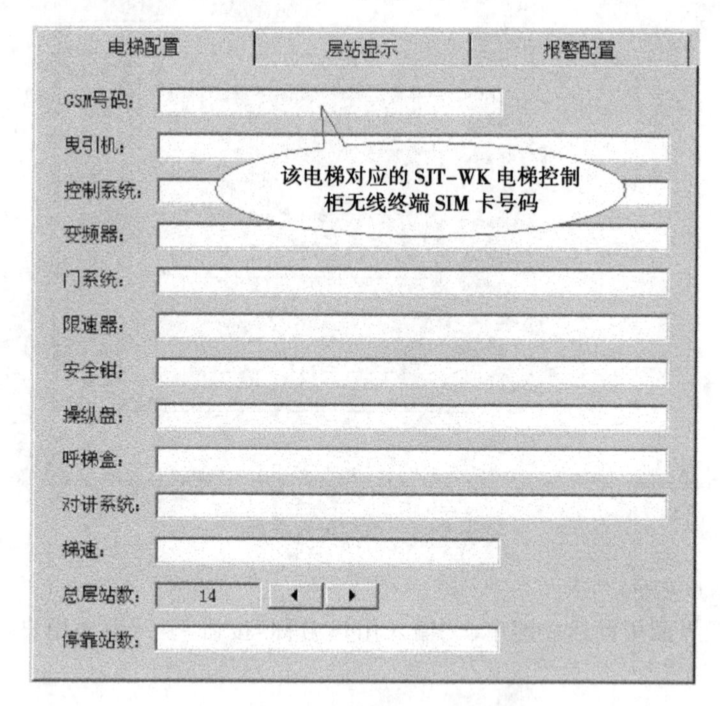

图 9-26 输入电梯配置信息界面

② 输入层站信息。

鼠标左键单击"层站显示"标签,进入层站显示界面,如图 9-27 所示,输入电梯每层站所显示的符号。

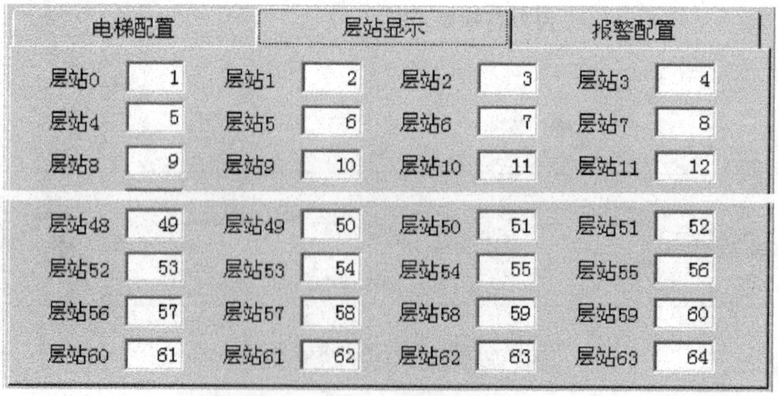

电梯配置
层站显示
报警配置
层站0 1
层站1 2
层站2 3
层站3 4
层站4 5
层站5 6
层站6 7
层站7 8
层站8 9
层站9 10
层站10 11
层站11 12
层站48 49
层站49 50
层站50 51
层站51 52
层站52 53
层站53 54
层站54 55
层站55 56
层站56 57
层站57 58
层站58 59
层站59 60
层站60 61
层站61 62
层站62 63
层站63 64

图 9-27 层站显示界面

③ 输入报警配置。

鼠标左键单击"报警配置"标签,进入报警配置界面,如图 9-28 所示。

电梯配置　　层站显示　　报警配置

维护预警周期：1个月　　维修报警时间：24小时

短信报警手机号码1：

短信报警手机号码2：

故障报警、预警配置

故障码	本地	短信	预警	预警限(次/月)	故障码	本地	短信	预警	预警限(次/月)
Er1	是	是	是	10	Er16	是	是	是	4
Er2	是	是	是	10	Er17	是	是	是	2
Er3	是	是	是	5	Er18	是	是	是	3
Er4	是	是	是	5	Er19	是	是	是	2
Er5	是	是	是	5	Er20	是	是	是	5
Er6	是	是	是	5	Er21	是	是	是	5
Er7	是	是	是	5	Er22	是	是	是	5
Er8	是	是	是	5	Er23	是	是	是	5
Er9	是	是	是	10	Er24	是	是	是	5
Er10	是	是	是	3	Er25	是	是	是	5
Er11	是	是	是	2	Er26	是	是	是	5
Er12	是	是	是	4	Er27	是	是	是	5
Er13	是	是	是	2	Er28	是	是	是	5
Er14	是	是	是	3	Er29	是	是	是	5
Er15	是	是	是	2	Er30	是	是	是	5

图 9-28　报警配置界面

选择维护预警周期和维修报警时间。

输入短信报警手机号码。如果选择短信报警，至少需输入一个报警手机号码。

输入故障报警、预警配置。对故障报警、预警项选择“是/否”，可以通过鼠标左键单击对应的“是/否”来转换，故障预警选择“是”时，需要输入相应的故障预警限。

④ 选择“确定”按钮，数据验证通过后保存配置信息。选择“取消”按钮，取消本次操作。

5. 停止/继续监控电梯

鼠标移动到电梯位置后，按鼠标右键，系统显示弹出式菜单，在弹出式菜单中选择“停止监控”或“继续监控”，如图 9-29 所示。

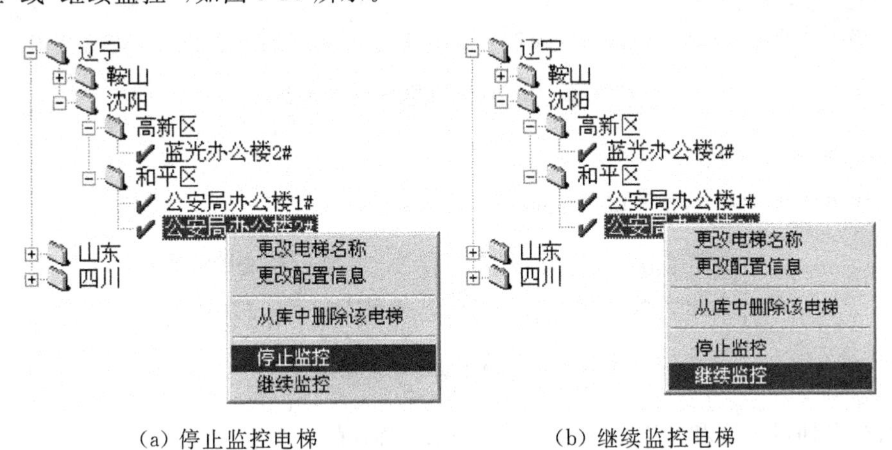

(a) 停止监控电梯　　(b) 继续监控电梯

图 9-29　停止/继续监控电梯

公安局办公楼2# 表示停止监控该电梯，重新运行监控系统后不再显示该电梯。

✔ 公安局办公楼2# 表示继续监控该电梯，重新运行监控系统后将显示该电梯。

6. 退出配置系统

鼠标左键单击“退出”按钮，退出配置系统。

9.4.5 远程监控系统使用说明

1. 启动系统

在“开始→程序→SJT-YCW”电梯远程监控系统下，运行远程监控系统程序，整理数据库和初始化通讯端口后进入主界面，如图 9-30 所示。

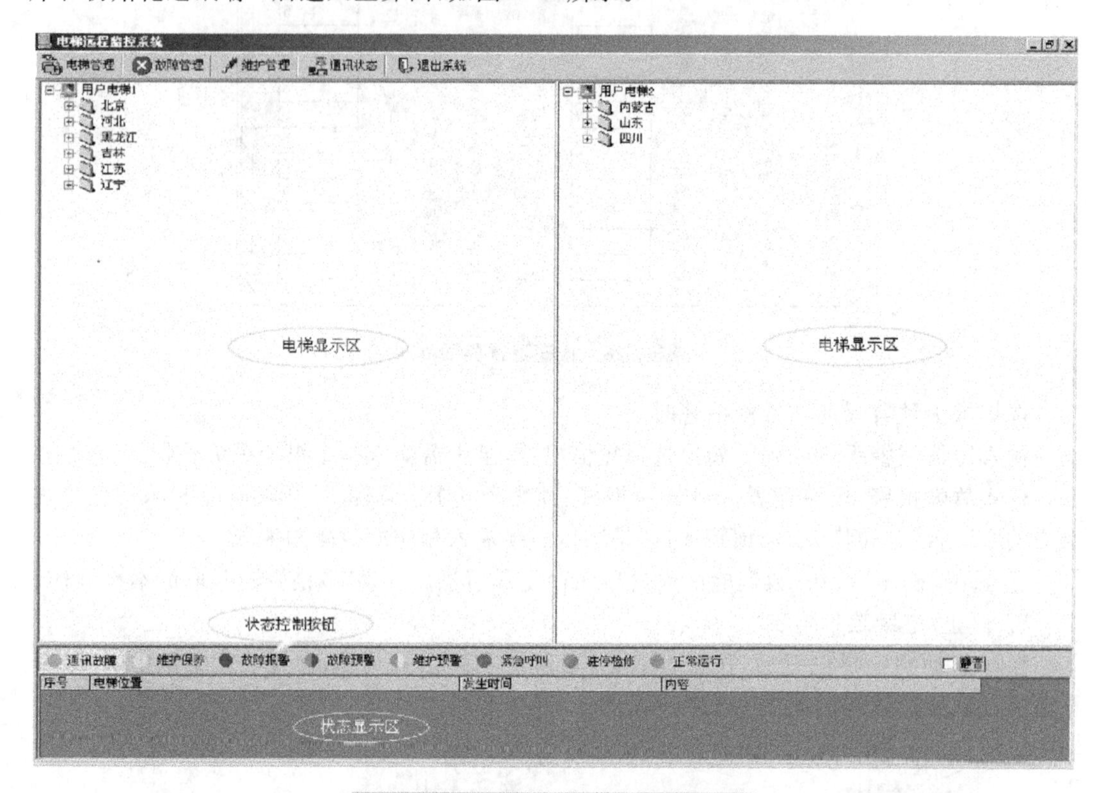

图 9-30　电梯远程监控系统主界面

2. 查看电梯运行状态

系统通过图标来表示电梯运行情况，如图 9-31 所示。

图 9-31　电梯运行情况图标

可以在电梯显示区和状态显示区查看电梯运行情况。

(1) 选择电梯

可以通过两种方法选择电梯。

一是通过状态显示区选择电梯，如图 9-32 所示。

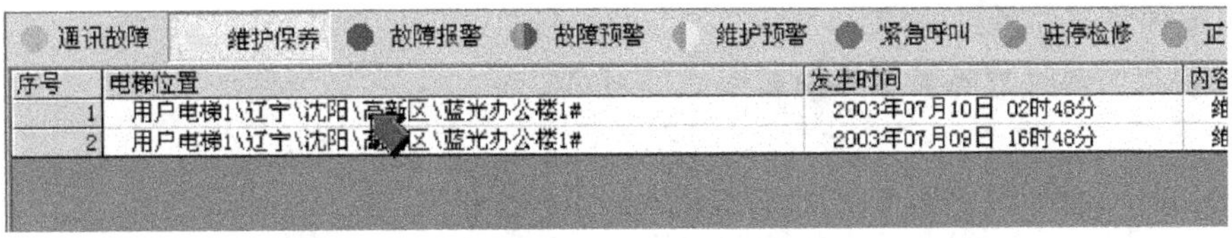

通讯故障 维护保养 故障报警 故障预警 维护预警 紧急呼叫 驻停检修 正

序号	电梯位置	发生时间	内容
1	用户电梯1\辽宁\沈阳\高新区\蓝光办公楼1#	2003年07月10日 02时48分	维
2	用户电梯1\辽宁\沈阳\高新区\蓝光办公楼1#	2003年07月09日 16时48分	维

图 9-32 状态显示区

在状态显示区找到电梯名称，此时鼠标指针变成手状。鼠标左键单击该电梯名称。

二是通过电梯显示区选择电梯，如图 9-33 所示。

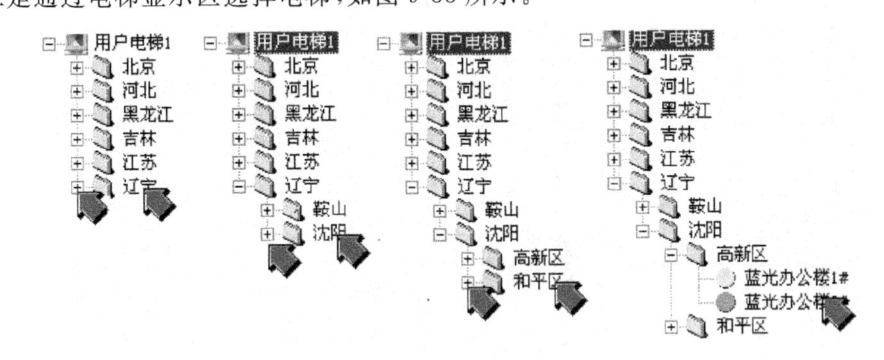

图 9-33 电梯显示区

鼠标左键单击用户电梯树状结构的"＋"号或区域名称，逐层展开电梯树状结构，直到显示所选择的电梯。鼠标左键单击该电梯名称。

成功选择电梯后，在电梯显示区右侧显示该电梯信息，如图 9-34 所示。

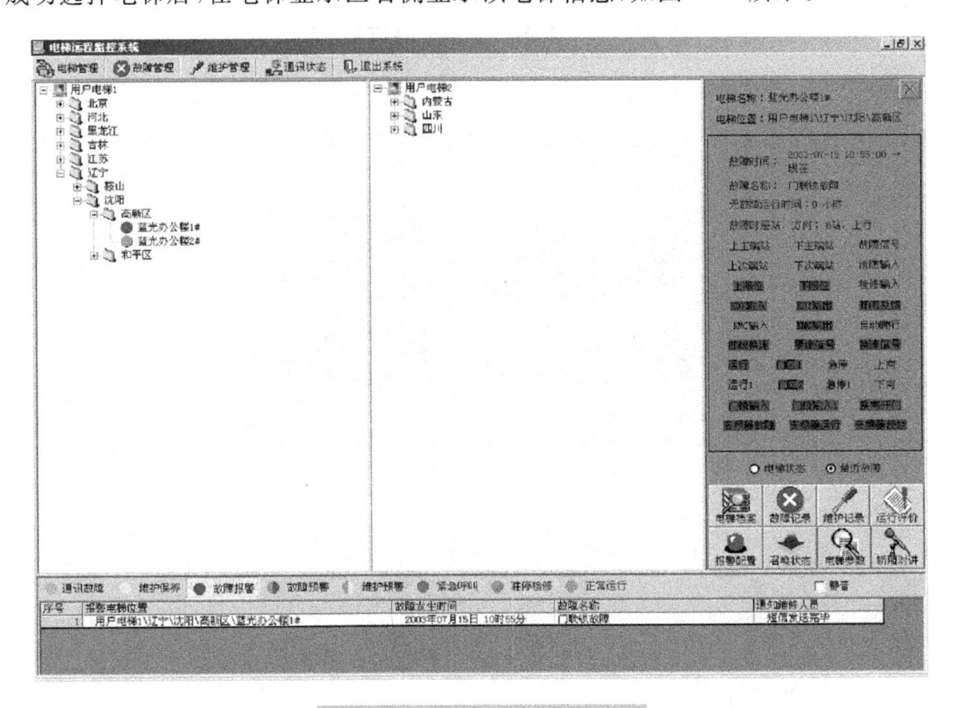

图 9-34 电梯信息显示界面

(2) 电梯状态和最近故障

电梯状态与最近故障显示界面如图 9-35 所示。

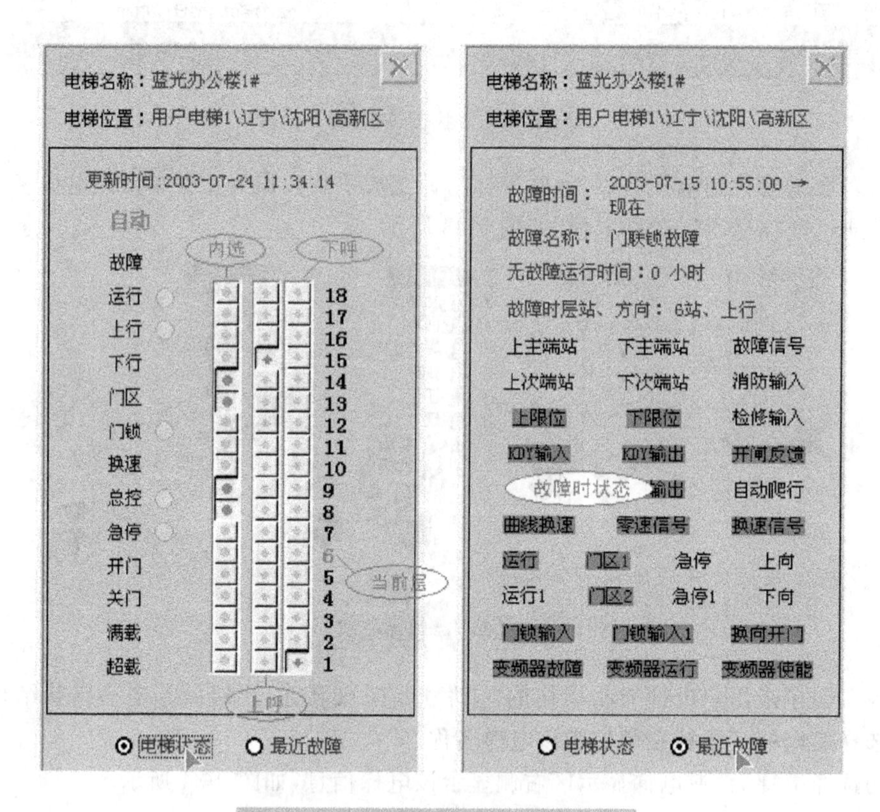

图 9-35　电梯状态与最近故障界面

3. 故障记录

鼠标左键单击“故障记录”按钮(如图 9-36)，即可进入故障记录界面，如图 9-37 所示。

图 9-36　故障记录按钮

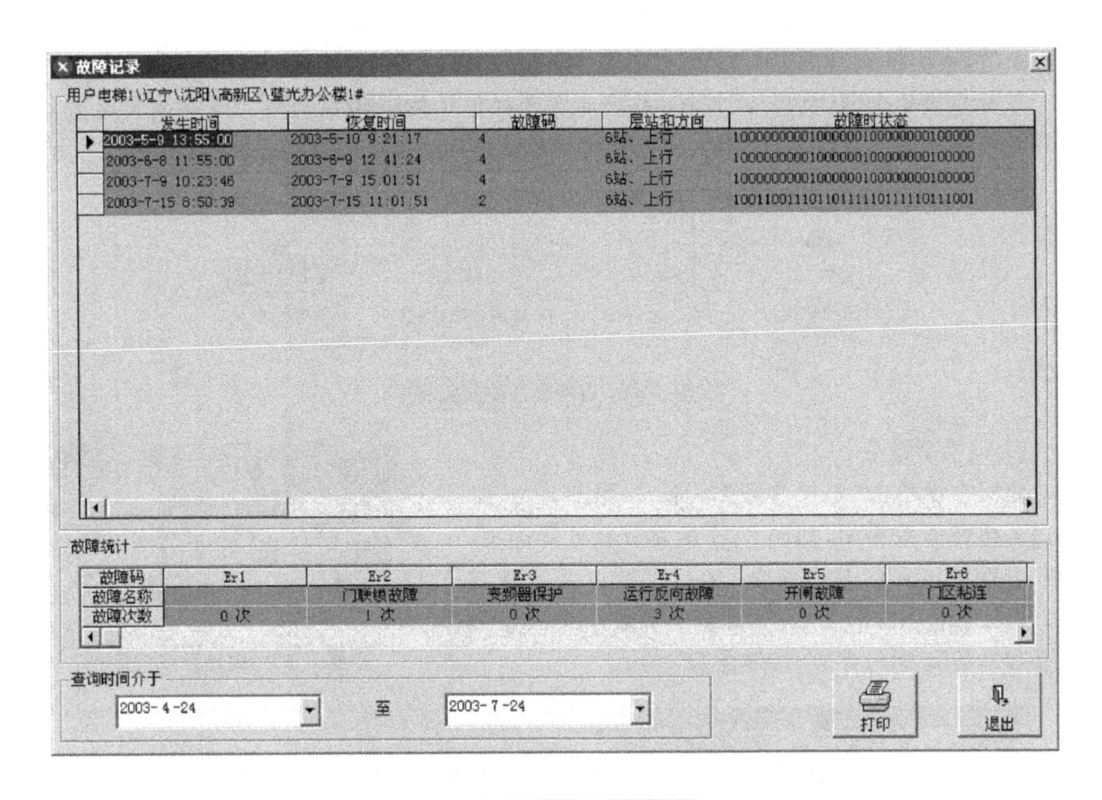

图 9-37　故障记录界面

① 选择查询时间范围。

可以直接将鼠标定位到需更改的时间位置,通过键盘输入更改时间。也可以用鼠标单击时间选择框的下拉箭头,在显示的日历界面上用鼠标更改月份和日期,如图 9-38 所示。

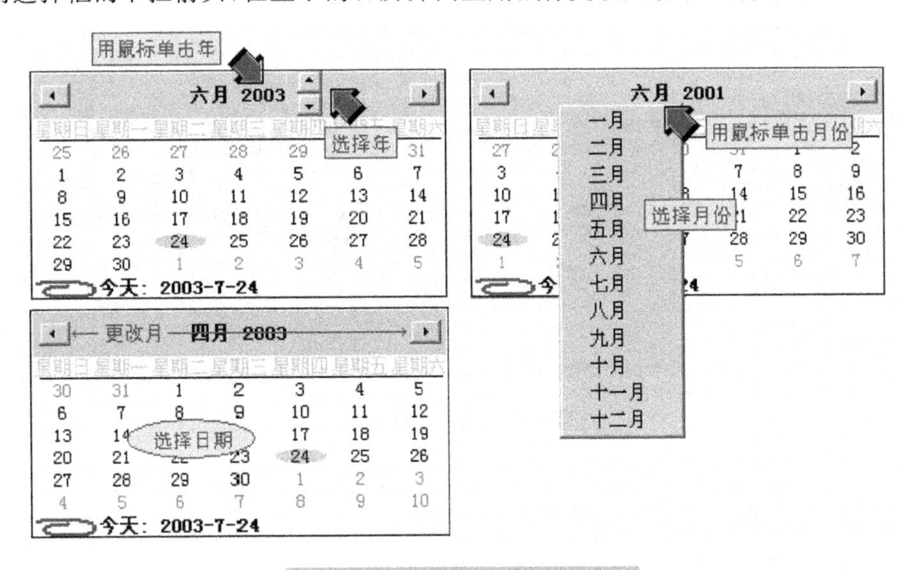

图 9-38　时间范围查询与更改

② 选择完查询时间范围后,故障记录自动更新。

③ 在连接打印机的情况下,按“打印”按钮,可打印出选中电梯的故障信息。

4. 召唤状态

鼠标左键单击“召唤状态”按钮，系统向所选择电梯的电梯控制柜无线终端发出指令，请求该电梯状态信息，由“召唤状态”按钮的状态变化来间接反映召唤进度，如图 9-39 所示。

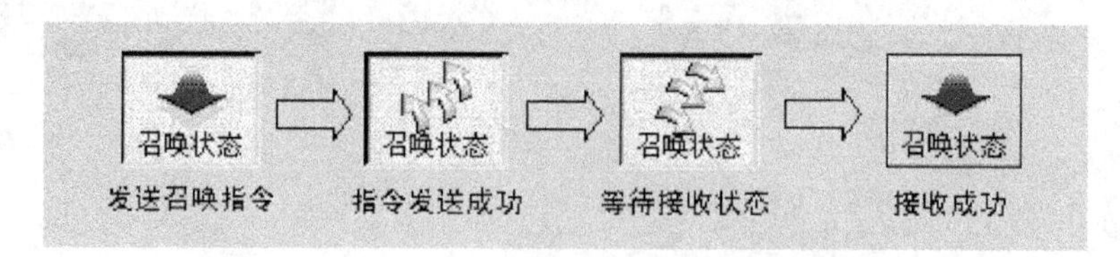

图 9-39　召唤状态变化流程

5. 电梯参数

鼠标左键单击“电梯参数”按钮(如图 9-40)。即可进入电梯参数界面，如图 9-41 所示。在此界面下，用户可查看电梯的基本参数、运行参数以及特殊参数。电梯参数共被分为 5 项，即基本参数 0、基本参数 1、基本参数 2、运行参数、特殊参数。

图 9-40　电梯参数按钮

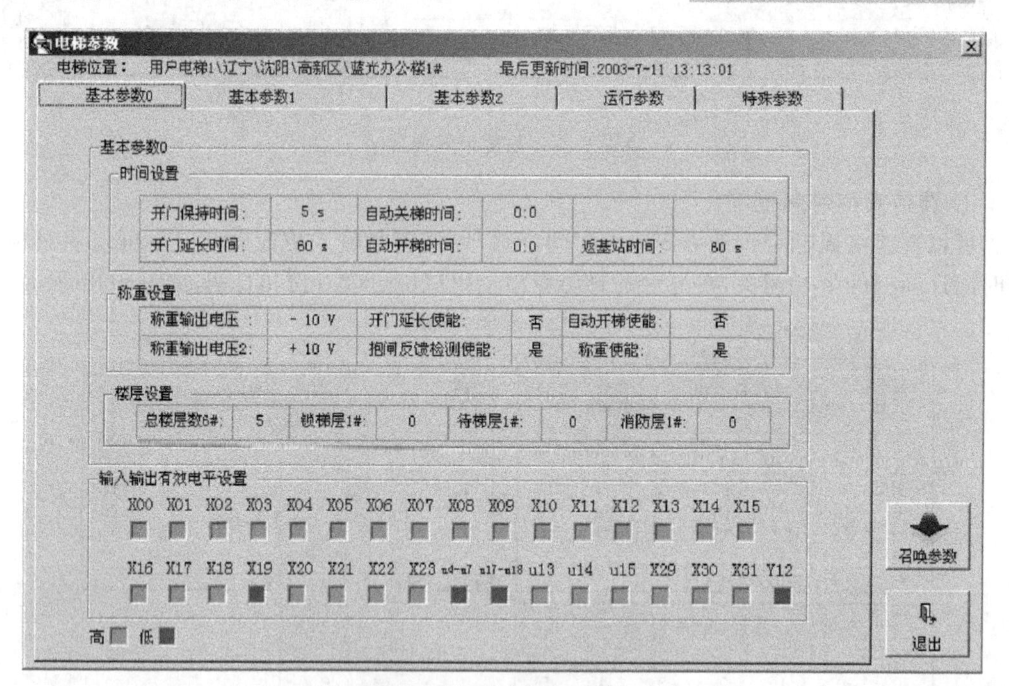

图 9-41　电梯参数界面

基本参数 0：包括开关门延长时间设置、称重设置、楼层设置、输入输出有效电平设置。

基本参数 1：开前门、开后门设置。

基本参数 2：楼层停靠设置。

运行参数：速度、曲线等与运行相关的一些设置。

特殊参数：一些特殊的功能性设置。

用鼠标左键单击相应的标签就可以查看对应的信息。

最后更新时间：为最后获得参数的时间。如果系统还未得到过电梯参数，这时最后更新时间为“无”，颜色为红色。

6．数据管理

（1）电梯管理

鼠标左键单击“电梯管理”按钮（如图 9-42），即可进入电梯管理界面，如图 9-43 所示。

图 9-42　电梯管理按钮

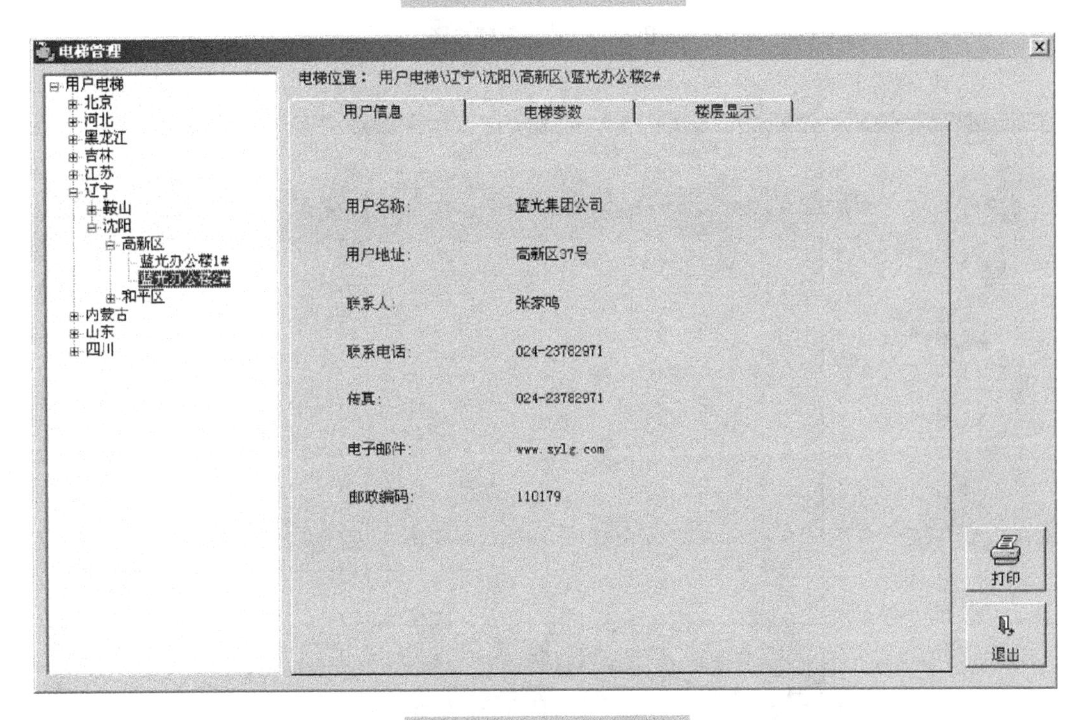

图 9-43　电梯管理界面

① 选择电梯。

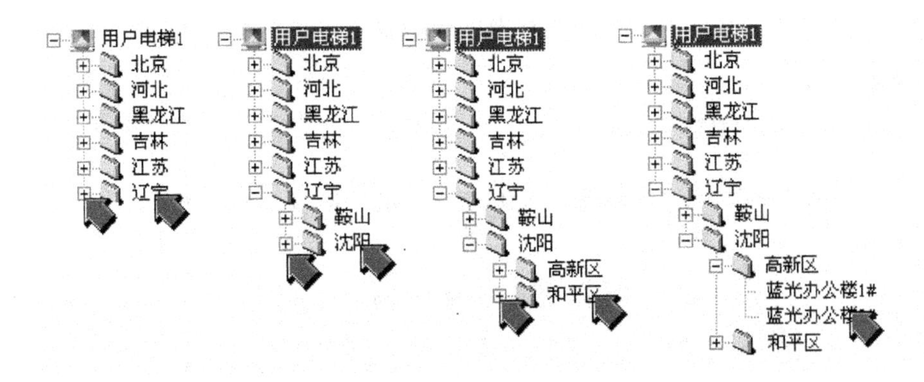

图 9-44　选择电梯步骤

鼠标左键单击“用户电梯”树状结构的“＋”号或区域名称，逐层展开电梯树状结构直到显示所要选择的电梯，如图 9-44 所示。

鼠标左键单击该电梯名称。

② 选择电梯后，在界面右侧显示该电梯信息。

(2) 故障管理

鼠标左键单击“故障管理”按钮(如图 9-45)，即可进入故障管理界面，如图 9-46 所示。

图 9-45　故障管理按钮

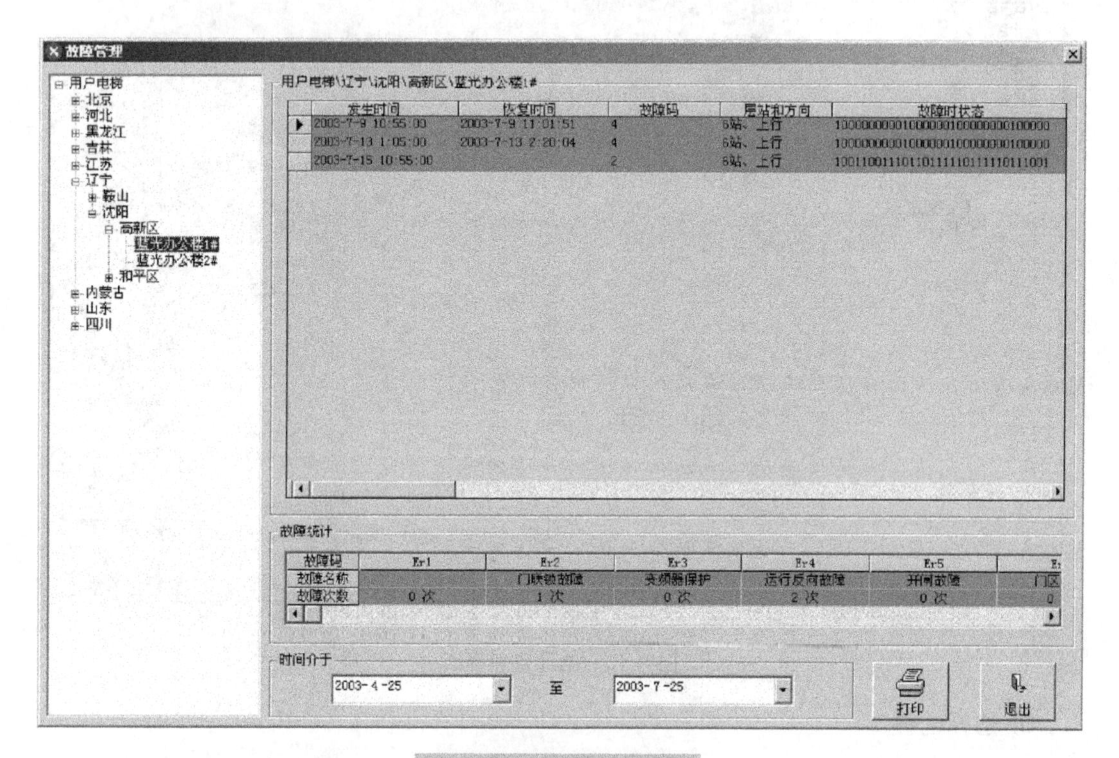

图 9-46　故障管理界面

(3) 维护管理

鼠标左键单击“维护管理”按钮(如图 9-47)，即可进入维护管理界面，如图 9-48 所示。

图 9-47　维护管理按钮

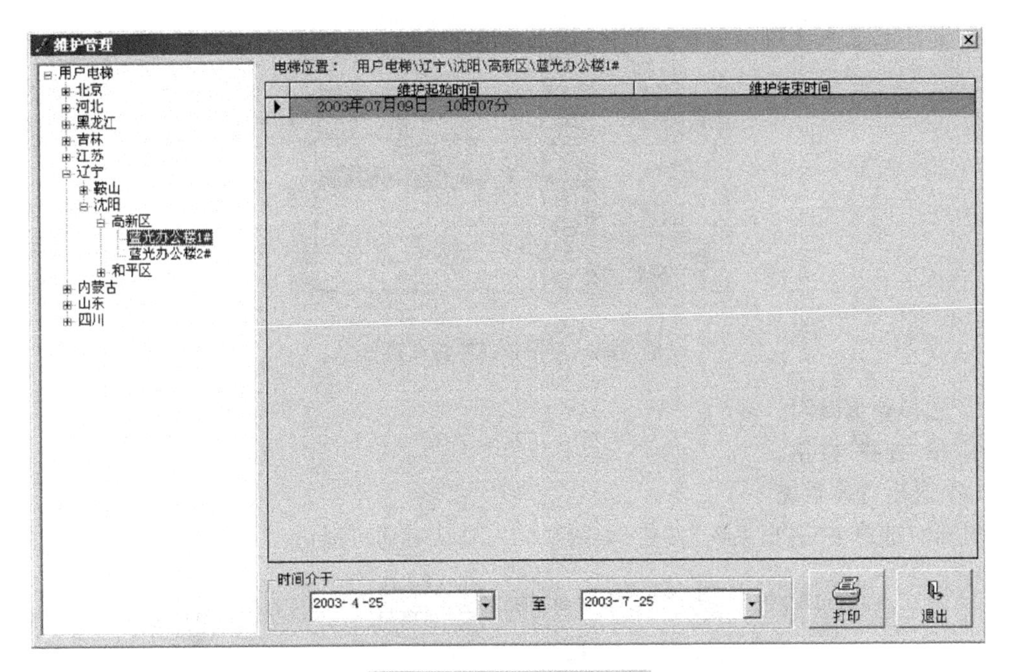

图 9-48　维护管理界面

(4) 通讯状态

鼠标左键单击“通讯状态”按钮(如图 9-49),即可进入通讯状态界面,如图 9-50 所示。

图 9-49　通讯状态按钮

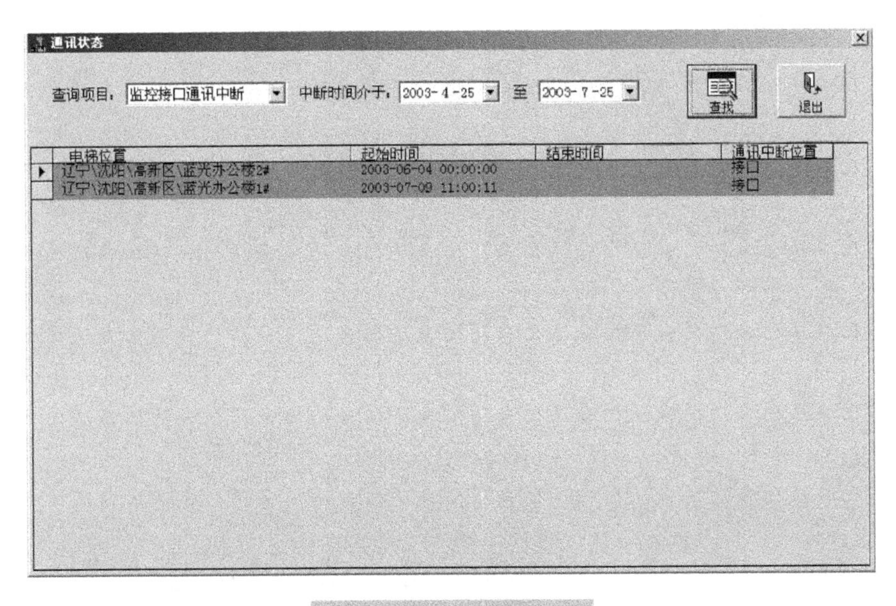

图 9-50　通讯状态界面

① 由下拉式列表框选择查询项目，如图 9-51 所示；

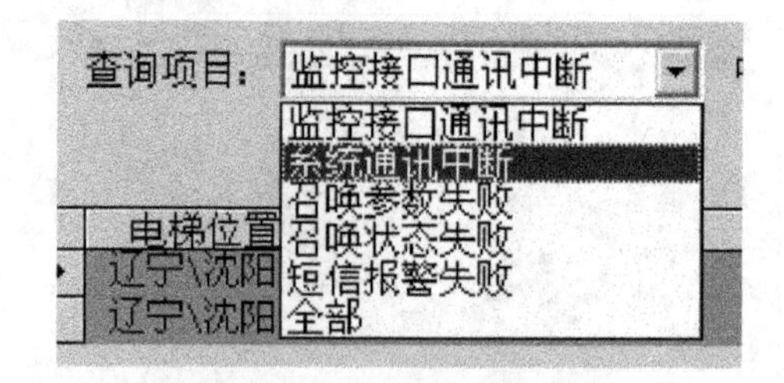

图 9-51 查询项目下拉列表框

② 选择查询时间；

③ 按“查找”按钮。

(5) 退出监控系统

鼠标左键单击“退出系统”按钮(如图 9-52)，确认后即可退出。

图 9-52 退出系统按钮

思考题

1. 简述电梯并联的工作原理。
2. 简述电梯群控的工作原理。
3. 电梯远程监控的实现方式有哪些？
4. 电梯远程监控的作用有哪些？

第 10 章
典型电梯及扶梯电气系统调试

本章重点：介绍了电梯及自动扶梯调试的基本安全要求，并以实例形式介绍了电梯及自动扶梯调试步骤。

10.1　电梯及自动扶梯调试概要

10.1.1　基本安全要求

现场调试必须严格按照电梯安全操作规程所规定的要求执行。下列款项仅说明了一般情况，并不能完全代表电梯安全操作规程所规定的每一项要求，仅供参考之用。

1. 电梯正常运行前

① 在开启厅门进入轿厢前，必须注意轿厢是否停在该层；

② 开启轿厢内照明；

③ 每日开始工作前，须将电梯上下行驶数次，视其有无异常现象；

④ 厅门外不能用手扒启，当厅门、轿门未完全关闭时，电梯不能启动；

⑤ 轿门必须在开门区内，方可在轿厢内用手扒开门；

⑥ 注意平层准确度有无显著变化；

⑦ 清洁轿厢内、厅门、轿门及乘客可见部件，但禁用水冲洗。

2. 电梯正常行驶时

① 如必须离开轿厢，应将轿厢停于基站，断开轿厢内电源开关，关闭厅门；

② 轿厢的运载能力不应超过电梯的额定载重；

③ 不允许将乘客电梯作为载货电梯使用；

④ 不允许装运易燃易爆危险品，特殊情况，需经有关部门批准，并采取安全保护措施；

⑤ 严禁在厅门、轿门开启情况下用检修速度作正常行驶；

⑥ 不允许开启轿厢顶安全窗、轿厢安全门来装运长物体；

⑦ 劝告乘客勿依靠轿门；

⑧ 轿厢顶上部不得放置他物；

⑨ 行驶时，不得突然换向，必要时应先将轿厢停止，再换向启动；

⑩ 载荷应尽可能稳妥地安放在轿厢中间，以免在运行中倾倒。

3. 电梯发生故障时

当电梯发生如下故障时，应立即揿按急停、警铃按钮并及时通知相关人员：

① 厅、轿门关闭后，未能正常启动行驶时；

② 电梯在行驶中，突然发生停驶或失控时；

③ 运行速度有显著变化时；

④ 行驶方向与指令方向相反时；

⑤ 内选、平层、换速、召唤和指层信号失灵、失控时；

⑥ 有异常噪声，较大振动和冲击时；

⑦ 超越端站位置而继续运行时；

⑧ 安全钳误动作时；

⑨ 接触到任何金属部分有麻电现象时；

⑩ 当电气部件因过热而散发出焦味时。

4. 电梯使用完毕后

电梯使用完毕后，应将轿厢停于基站(若电梯在安装调试阶段，应将轿厢停于最高层，无机房电梯可考虑停在方便在最高层进入轿顶的位置)，并将操纵盘上的开关断开、关闭厅门。

5. 在无司机工作情况下

电梯行驶前和使用完毕后，应由专职的电梯管理人员或维修人员执行相应的维护保养规定。

6. 电梯故障并关人时

应马上通知相关人员，严禁强行扒门，以免造成电梯损坏，甚至人员的伤亡。

7. 控制柜、井道管理

根据使用单位的具体情况，可设维修人员值班管理，其他人员严禁擅自使用，无人值班的控制柜必须上锁，并且要做到：

① 控制柜和井道须保证没有雨雪侵入，去控制柜的通道不得有障碍物；

② 控制柜附近应当干燥，与水箱和烟道隔离，通风良好，寒冷地区应考虑采暖，并有充分的照明(照明电源与控制线路分别敷设)，环境温度应保持在 5～40 ℃；

③ 控制柜和井道不得用作与电梯无关的用途，应保持整洁。应备有检查维修所必需的简单工具、仪器、四氯化碳灭火器和电梯备品备件等，不应存放其他物品；

④ 井道内除规定的电梯设备外，不得存放杂物；

⑤ 用于清洁的物品和油泥、抹布等易燃物品，必须随时清理，并贮存在金属容器内。

8. 工地安全

为了保障人身和财产安全，必须严格按照规章制度来进行操作，并且在现场必须配备防护服装等防护必需品。在井道操作时，还必须配备安全帽和安全带等防护装备，在搬运较重物品时，应戴上防护皮手套。

10.1.2 调试工具及上位机软件简介

以远志科技 WISH8000 电梯一体化控制系统和 WISH6000 扶梯一体化控制系统为例介绍调试工具的使用和调试方法。

1. 调试面板使用简介

带有LED显示的调试面板是WISH6000扶梯一体化控制系统的标准配置，用户通过调试面板可对一体化控制器进行功能参数修改、控制器工作状态监控和控制器运行控制(起动、停止)等操作。

(1) 操作与显示界面介绍

调试面板如图10-1所示，其键盘功能见表10-1。

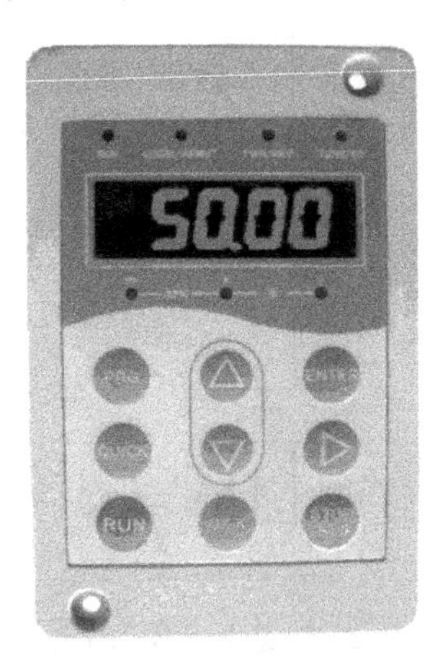

图10-1　调试面板

表10-1　键盘功能表

按键	名　称	功　　能
PRG	编程键	一级菜单的进入和退出，快捷参数删除
ENTER	确认键	逐级进入菜单画面、设定参数确认
△	递增键	数据或功能码的递增
▽	递减键	数据或功能码的递减
▷	移位键	在停机状态和运行状态下，可以循环选择LED的显示参数；在修改参数时，可以选择参数的修改位
RUN	运行键	在键盘操作方式下，用于启动运行
STOP/ RESET	停止/复位键	运行状态时，用于停止运行操作；故障报警状态时，用来复位操作
QUICK	快捷键	进入或退出快捷菜单的一级菜单
MF. K	多功能选择键	故障信息的显示与消隐

(2) 三级菜单操作流程

一体化控制器的操作面板参数设置方法，采用三级菜单结构形式，可方便快捷地查询、修改功能码及参数。

三级菜单分别为：功能参数组(一级菜单)→功能码(二级菜单)→功能码设定值(三级菜单)。

举例：参数 F1-12 由默认值 1024 修改为 2048 的操作流程，如图 10-2 所示。

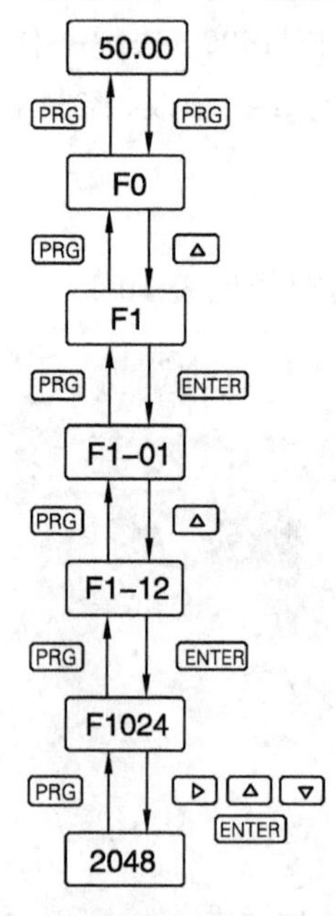

图 10-2　三级菜单操作流程图

(3) 面板单位指示灯说明(见表 10-2)

表 10-2　面板单位指示灯说明

指示灯	具体含义	备　注
Hz	频率单位	灯亮时，可实时监控系统的输出频率
A	电流单位	灯亮时，可实时监控系统的输出电流
V	电压单位	灯亮时，可实时监控系统的输出电压

(4) 通过移位键“▷”切换状态显示参数的操作方法

在停机状态下，系统共有 12 个停机状态参数可以用“▷”键循环切换显示。分别为：额定速度、母线电压、输入端子低位、输入端子高位、输出端子、当前楼层、当前位置、轿厢负载、额定梯速减速距离、轿顶输入状态、轿顶输出状态、系统状态。

在运行状态下，系统共有 16 个运行状态参数可以用“▷”键循环切换显示。分别为：运行速度、额定速度、母线电压、输出电压、输出电流、输出频率、输入端子低位、输入端子高位、输出端子、当前楼层、当前位置、轿厢负载、轿顶输入状态、轿顶输出状态、系统状态、预转矩电流。

2. 上位机软件使用简介

NICE NEMS 软件是人机操作的软件，为方便客户、电梯调试及维护人员调试、监视、控制电梯而设计，具有实时监视电梯运行的状态(如是否有故障、运行方向、当前轿厢状态、当前门状态等)、运行参数(如当前楼层、运行速度、输出电流、输出频率等)，各输入输出端子的状态，功能码参数的查看、修改、上传、下载及历史功能码参数的查看、修改、参数自定义，故障信息的记录、查询、辅助分析、故障复位，轿内召唤、厅外召唤等功能，以及实时曲线、历史记录信息管理、程序功能码自定义升级及程序语言自定义等高级功能。

(1) 实时监控界面

在与一体机设备正确连接之后可开始正常使用软件，图 10-3 为实时监控界面。

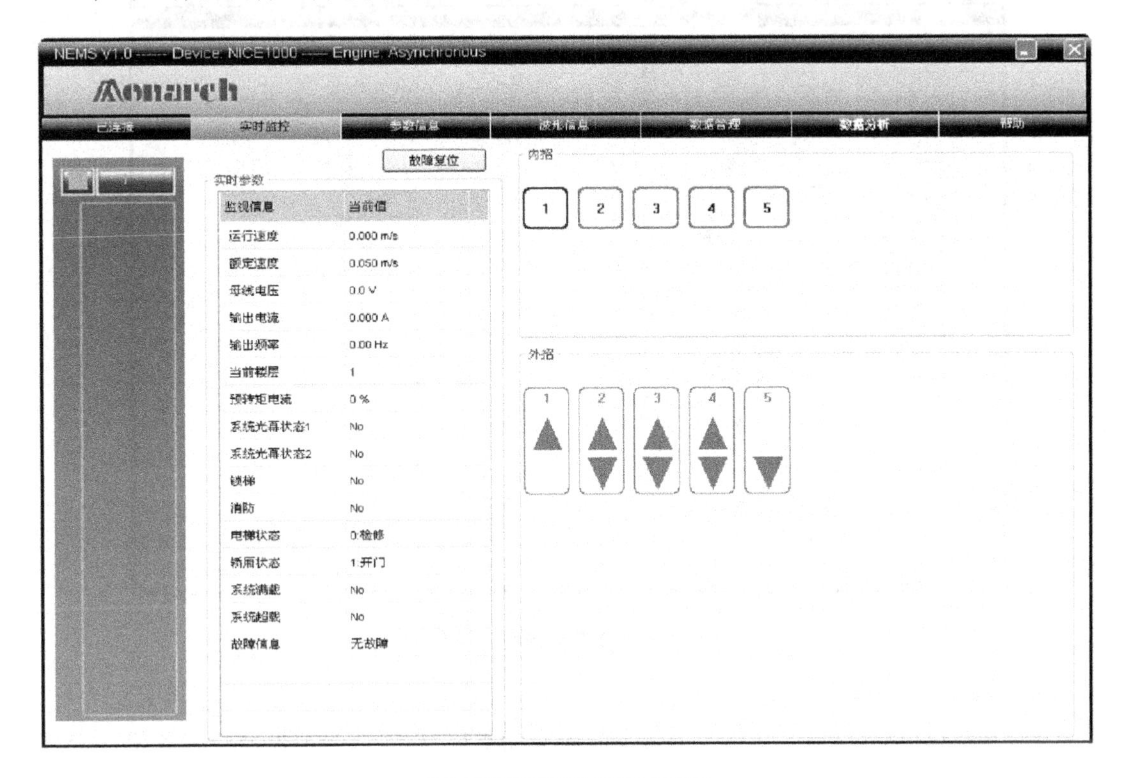

图 10-3　实时监控界面

(2) 实时监控界面说明

① 左侧为电梯模拟井道，电梯运行时，此处会动态显示电梯当前的位置。

② 中部列表框显示电梯当前的状态信息，实时更新。

③ 右侧上部为内召信息，下部为外召信息。

④ 内召外框为蓝色，表示当前电梯所在的楼层，变为红色意为内召选定的楼层；外召以三角形代表，红色同样代表已选定召唤，召唤结束后，自动恢复原始颜色。

(3) 参数信息显示

参数信息显示界面按组显示所有参数信息，并实时从一体机设备中读取该组参数的当前值，如图 10-4 所示。

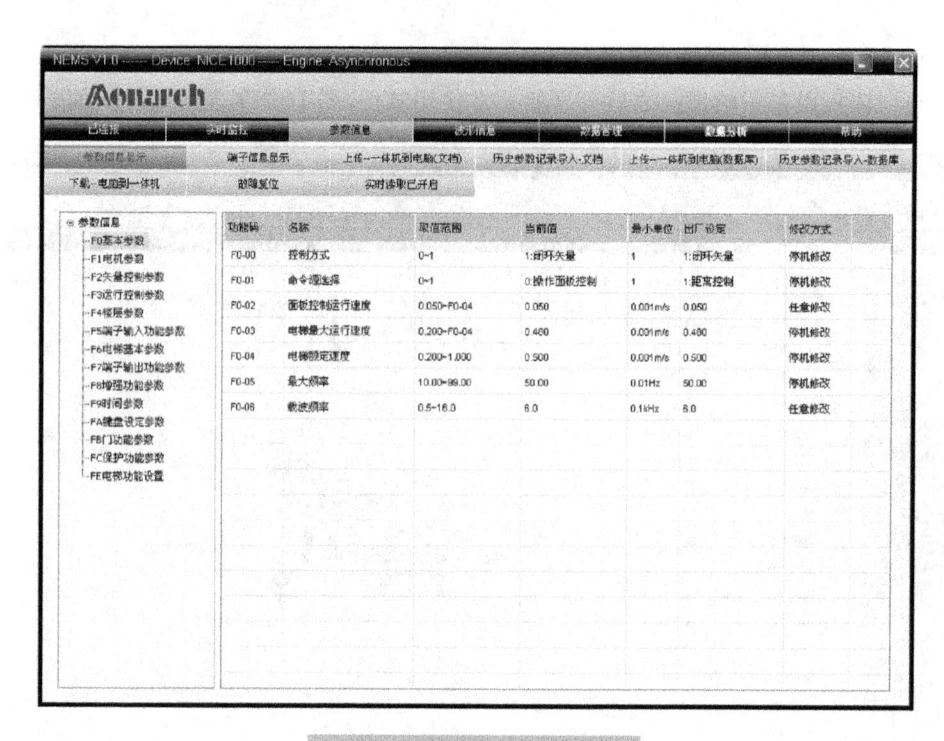

图 10-4　参数信息显示界面

(4) 端子信息显示

端子信息显示界面同时显示当前设备的所有端子信息,包括当前值、常开/常闭、有效/无效等数据,如图 10-5 所示。

图 10-5　端子信息显示界面

(5) 参数修改

① 修改非 Bit 参数(如图 10-6)。

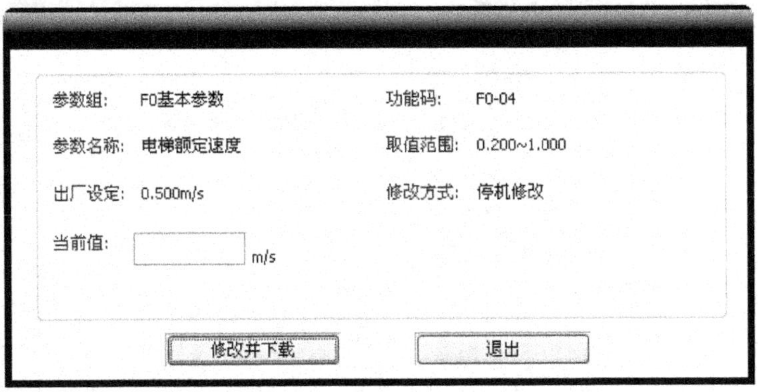

参数组: F0基本参数 功能码: F0-04

参数名称: 电梯额定速度 取值范围: 0.200~1.000

出厂设定: 0.500m/s 修改方式: 停机修改

当前值: m/s

修改并下载 退出

图 10-6 修改非 Bit 参数

② 修改 Bit 参数(如图 10-7)。

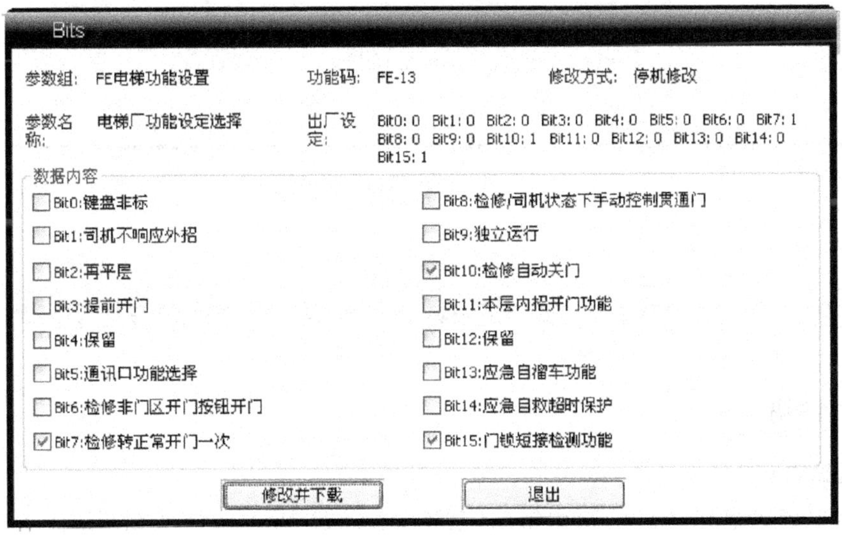

Bits

参数组: FE电梯功能设置 功能码: FE-13 修改方式: 停机修改

参数名称: 电梯厂功能设定选择 出厂设定: Bit0: 0 Bit1: 0 Bit2: 0 Bit3: 0 Bit4: 0 Bit5: 0 Bit6: 0 Bit7: 1 Bit8: 0 Bit9: 0 Bit10: 1 Bit11: 0 Bit12: 0 Bit13: 0 Bit14: 0 Bit15: 1

数据内容

Bit0:键盘非标 Bit8:检修/司机状态下手动控制贯通门

Bit1:司机不响应外招 Bit9:独立运行

Bit2:再平层 Bit10:检修自动关门

Bit3:提前开门 Bit11:本层内招开门功能

Bit4:保留 Bit12:保留

Bit5:通讯口功能选择 Bit13:应急自溜车功能

Bit6:检修非门区开门按钮开门 Bit14:应急自救超时保护

Bit7:检修转正常开门一次 Bit15:门锁短接检测功能

修改并下载 退出

图 10-7 修改 Bit 参数

(6) 上传一体机参数到个人电脑(文档)

设置或修改完各项参数后,需要将一体化控制系统的参数完整地备份到个人的电脑中,以方便以后的查阅。备份时需选择输出文件种类,如图 10-8 所示。

图 10-8 备份参数

(7) 波形信息显示

四通道示波器,可实时在界面中绘制出选定的一体机参数在一段时间内的波形信息,此功能通过图形化的方式反映出电梯当前的运行状态,有助于状态监控、错误排查。波形信息显示界面如图 10-9 所示。

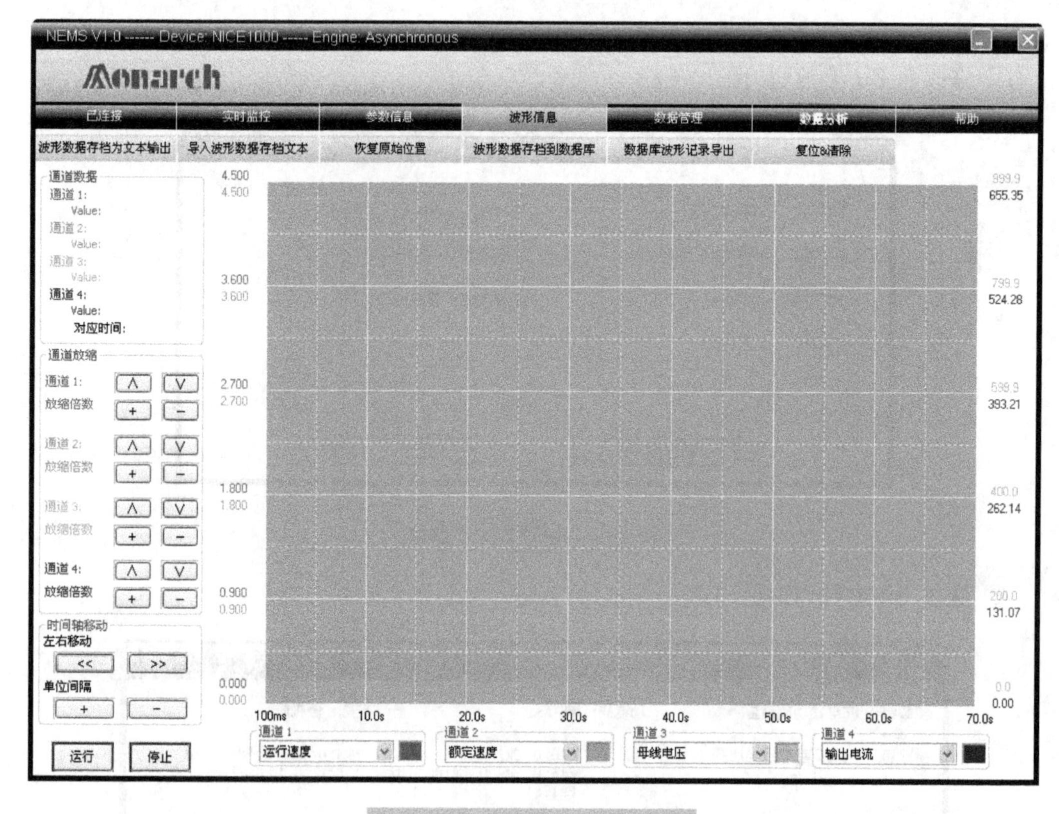

图 10-9　波形信息显示界面

10.2　WISH8000 电梯一体化控制系统调试

10.2.1　说明

1. 调试总述

GB/T10058《电梯技术条件》中指出，电梯工作条件为：海拔高度不超过 1 000 m；房内空气温度应保持在 5～40 ℃之间；环境相对湿度不大于 85%（25 ℃时）；供电电压波动幅度不超过±7%；介质中无爆炸危险，无足以腐蚀金属和破坏绝缘的气体及导电尘埃。

当海拔高度超过 1 000 m 时，曳引机的输出功率将会下降；机房内空气温度低于 5 ℃或高于 40 ℃，都会影响曳引机的输出功率；环境相对湿度过高会大大下降电气控制设备的绝缘等级，而导致设备工作不正常或受损；供电电压波动超出±7%的范围会使电梯工作不正常甚至因保护而停梯。

2. 调试安全规范

由于有三相 380 V 电压参与工作，所以在安全操作上应引起高度警觉和重视；在电源接通之前，必须先检查所做的准备工作是否充分。

本控制系统是由大功率的一体化控制器完成控制功能的，所以对它的安全工作必须绝对重视，工作场所应尽可能避免大功率的微波发生器和其他一切可能影响电子线路正常工作的干扰性因素。

必须小心检查输出运行方向和实际运行方向是否一致，以免调试运行时引起失误。

10.2.2 调试前的准备工作

1. 校验参数

校验控制柜的机型、速度、载重量、输出功率等参数，要求和实际数据吻合。

2. 检查电源

系统上电之前要检查用户电源。

用户电源各相间电压应在380 V±7%以内，每相不平衡度不大于3%。

系统进电电压超出允许值会造成破坏性后果，要着重检查。直流电源应注意正负极。系统进电缺相时不要动车。

3. 检查接线

① 确认用户电源三相五线制，检验电源容量是否符合要求。

② 对照有关图纸，检查控制柜的元器件安装和接线是否正确，是否符合控制柜机型和操作要求。

③ 检查控制柜元器件安装和接线质量是否符合要求，检查所有的外接线路是否正确。

④ 检查电源部分是否有短路现象，接地是否可靠。

⑤ 控制器R、S、T和U、V、W端子不要混淆，否则一体化控制器有爆炸的危险。

⑥ 必须由具有专业资格的人员进行配线，否则会发生危险。

⑦ 必须将控制柜可靠接地，否则会发生触电危险。

⑧ 带电时，不允许插拔每个楼层的串行通信板，否则会烧坏线路板。

4. 检查接地

检查下列端子与接地端子PE之间的电阻是否无穷大，如果偏小应立即检查进线电源或电机线是否有对地短路现象。

① R、S、T与PE之间。

② U、V、W与PE之间。

检查电梯所有电气部件的接地端子与控制柜电源进线PE接地端子之间的电阻是否尽可能小(阻值小于4 Ω)，如果偏大应立即检查接地是否良好。

5. 检查编码器

编码器反馈的脉冲信号是系统实现精准控制的重要保证，调试之前要着重检查以下几点：

① 编码器安装应稳固，接线要可靠。

② 编码器信号线与强电回路应分槽布置，防止干扰。

③ 编码器连线应采用屏蔽线直接从编码器引入控制柜；若连线不够长，需要接线，则延长部分也应该用屏蔽线，并且与编码器原线的连接最好用烙铁焊接。

④ 要求在控制器一端单点可靠接地。

6. 测量电压

将控制柜上TA端子上R、S、T电源进线端接入交流三相电源后，测量R－S、R－T、S－T三相之间的电压是否都在额定电压±7%范围内。检查相位是否正确(PFR相序监控器亮绿灯为正确)，如不正确，任意调换 R、S、T 上的两根电源线。

依次合上 CPB、F1C、F3C、F4C 空气开关。

测量各路电源电压是否正确，具体测量参数见表 10-3。

表 10-3 具体测量参数

测量部位	正确电压	备 注
CPB 的 1 和 2 脚	AC380 V	动力电源
101 与 102	AC220 V	安全回路电源
301 与 302	DC24 V	控制板电源
501 和 502	AC220 V	轿厢照明电源
601 和 602	AC36 V	安全照明电源

7. MCB 控制板简要说明

图 10-10 为 MCB 控制板示意图。

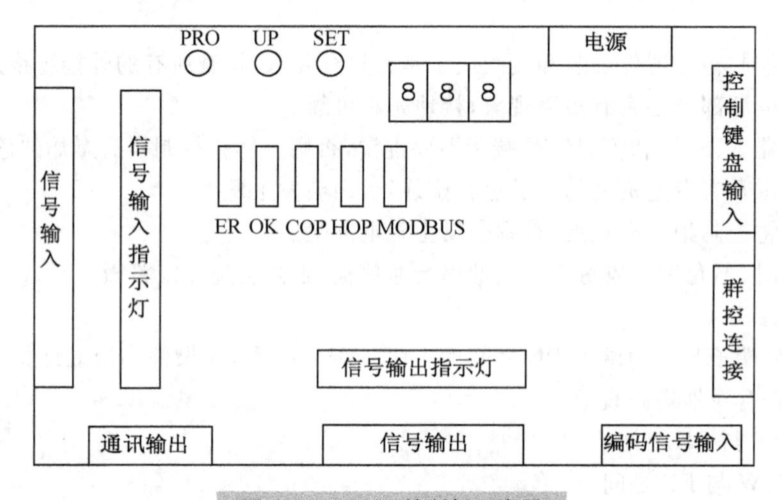

图 10-10 MCB 控制板示意图

ER 灯点亮时表示有故障情况发生，其时电梯不能正常动作，可以通过操作面板查询故障状况。

OK 灯闪烁表示程序在执行中。

COP 灯和 HOP 灯闪烁分别表示轿内、层站串行通信正常。

其他的输入输出状态，不仅需查看相应的发光二极管的状态，还需通过 F5-34、F5-35 监控对应的输入输出状态是否有效。

10.2.3 运行调试

1. 电机自学习

(1) 异步电机参数自动调谐步骤(如图 10-11)

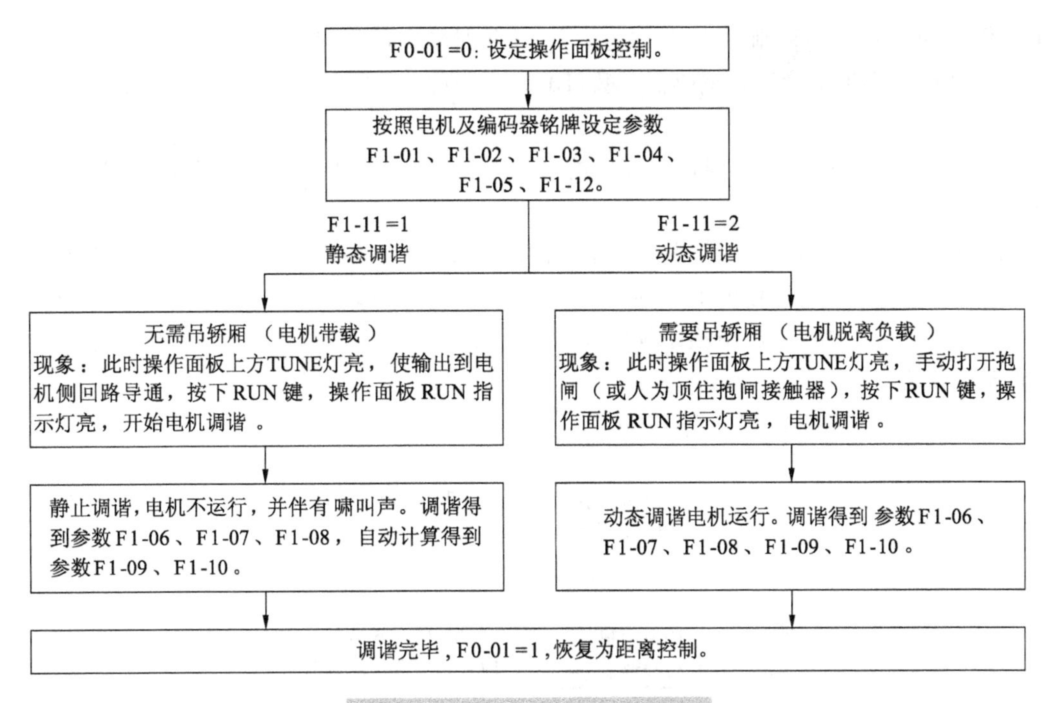

图10-11　异步电机调谐流程图

① 首先将F0-01设定为0：控制方式选择为操作面板命令通道控制；

② 根据电机铭牌准确设定F1-01、F1-02、F1-03、F1-04、F1-05，根据编码器铭牌设定F1-12；

③ 如果电机不可和负载完全脱开（主机已经安装钢丝绳，带载），则F1-11应选择1（静止调谐）。

按ENTER键，操作面板显示“TUNE”（如不显示“TUNE”，说明系统此时有故障信息，应按一次故障复位键STOP），然后按键盘面板上的RUN键。电机不自动运转，系统只会依次测量定子电阻、转子电阻和漏感抗3个参数，并自动计算电机的互感抗和空载电流。

④ 如果电机可和负载完全脱开（主机暂未安装钢丝绳，不带载），则F1-11应选择2（完整调谐，系统不自动输出制动器控制信号，自学习前须手动打开机械制动器装置或人为顶住制动器接触器）。

按ENTER键，操作面板显示“TUNE”（如不显示“TUNE”，说明系统此时有故障信息，应按一次故障复位键STOP），然后按键盘面板上的RUN键，电机自动运行，系统自动算出电机的参数F1-06（定子电阻）、F1-07（转子电阻）、F1-08（漏感抗）、F1-09（互感抗）、F1-10（空载激磁电流）后，结束对电机的调谐。

（2）永磁同步电机调谐

① 调谐说明：

a. 永磁同步曳引机第一次运行前必须进行磁极位置辨识，否则不能正常使用。

b. 同步机一体化控制器采用有传感器的闭环矢量控制方式，须确保F0-00设为1（闭环矢量），且必须正确连接编码器和PG卡，否则系统将报E20编码器故障，导致电梯无法运行。

c. 同步机一体化控制器既可通过操作面板控制方式在电机不带负载的情况下完成电

机调谐，也可通过距离控制方式(检修方式)在电机带负载的情况下完成调谐。

d. 调谐前必须正确设置编码器参数(F1-00、F1-12)和电机铭牌参数(F1-01、F1-02、F1-03、F1-04、F1-05)。

e. 为了防止F1-11参数误操作带来的安全隐患，当它设为2进行电机无负载调谐时，须手动打开制动器。

f. 辨识的结果为F1-06(编码器的初始角度)和F1-08(接线方式)，F1-06、F1-08作为电机控制参考设置，用户不应更改，否则系统将报E21编码器接线故障，导致电梯无法运行。

g. 在更改了电机接线、更换了编码器或者更改了编码器接线的情况下，必须再次辨识编码器位置角。

永磁同步电机调谐流程如图10-12所示。

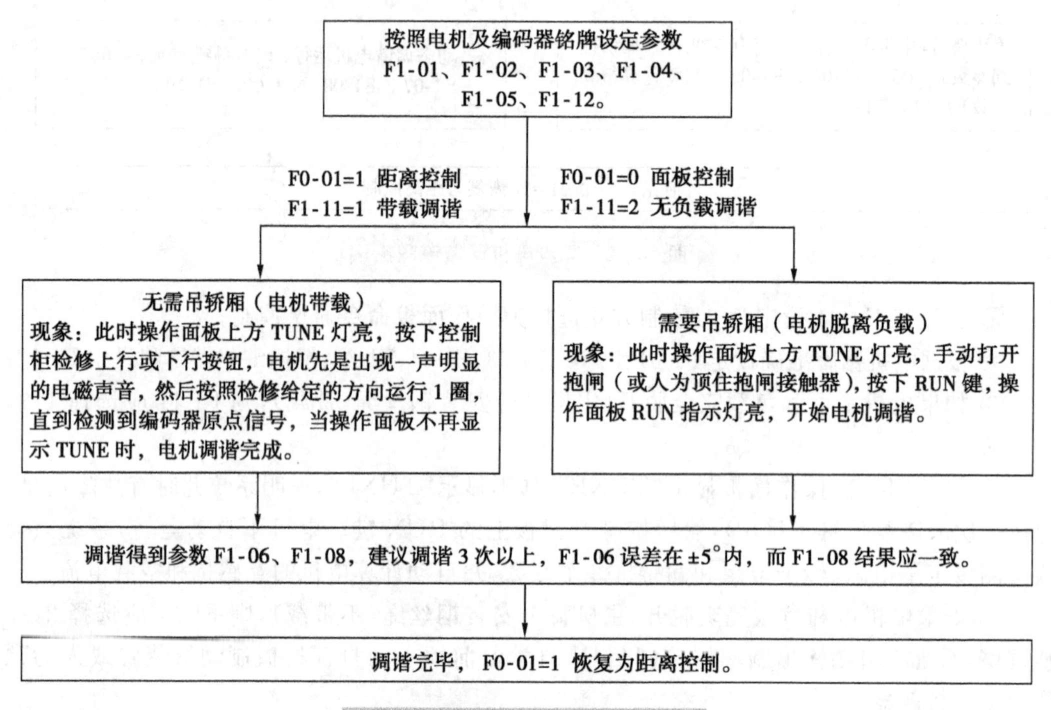

图10-12 同步电机调谐流程图

② 同步机带负载调谐注意事项：

a. 确保电机的UVW动力线分别对应接到变频器的UVW接线端口；

b. 确保ERN1387型SIN/COS编码器的AB、CDZ信号分别对应接入PG卡的AB、CDZ端口；UVW型编码器的AB、UVW信号分别对应接入PG卡的AB、UVW端口；

c. 调谐前应确保F8-01设为0，否则有可能导致调谐过程中电梯飞车；

d. 在保证电机UVW三相动力线接线正确的情况下，如果调谐仍不成功(现象可能是调谐过程中电机不转动或者突然朝一个方向转动然后停下)，应对调变频器任意两根输出动力线，再重新调谐；

e. 带负载调谐过程比较危险，调谐时须确保井道中没有人。

③ 带负载调谐：

a. 检查电机动力线及编码器接线，确认电机的 UVW 动力线对应接到变频器输出 UVW 端子上以及编码器的 AB、UVW 或 CDZ 信号正确接到 PG 卡 AB、UVW 或 CDZ 端子上；

b. 系统上电后，将检修开关拨到检修位置，确认 F0-01 设为 1(距离控制)；

c. 正确设置编码器参数 F1-00(0：SIN/COS；1：UVW)、F1-12(脉冲数)及电机参数 F1-01、F1-02、F1-03、F1-04、F1-05，确认 F8-01 设为 0(预转矩无效)，若编码器为 ERN1387 型 SIN/COS 编码器，还须将 F1-10(编码器信号校验选择)设为 1；

d. 复位当前故障，将 F1-11 设为 1(电机带负载调谐)，按检修上行或下行按钮，电动机先出现一声明显的电磁声音，然后按照检修给定的方向运行 1 圈，直到检测到编码器的原点信号，当操作面板不再显示 TUNE 时，电机调谐完成。此后系统将禁止运行 8 s，用于存储参数。调谐 3 次以上，比较所得到的 F1-06 编码器初始角度，误差应当在±5°范围内，F1-08 结果应一致；

e. 调谐完成后，若编码器为 ERN1387 型 SIN/COS 编码器，须将 F1-10(编码器信号校验选择)设为 2。检修试运行，观察电流是否正常、电梯运行是否稳定、实际运行方向是否与给定方向一致、F4-03 脉冲变化是否正常(上行增大，下行减小)。若电梯运行方向相反或脉冲变化异常，应通过 F2-10 参数变更电梯运行方向或脉冲变化方向。同步机带负载调谐结束后，系统将禁止检修运行 8 s，用于参数存储。

④ 无负载调谐：

a. 检查电机动力线及编码器接线，确认电机的 UVW 动力线对应接到变频器输出 UVW 端子上以及编码器的 AB、UVW 或 CDZ 信号正确接到 PG 卡 AB、UVW 或 CDZ 端子上；

b. 系统上电后，将 F0-01 设为 0：控制方式选择为操作面板命令通道控制；

c. 按编码器类型及编码器脉冲数正确设置 F1-00(0：ERN1387 型 SIN/COS 编码器或 1：UVW 型)和 F1-12。然后根据电机铭牌准确设定 F1-01、F1-02、F1-03、F1-04、F1-05，若编码器类型为 ERN1387 型 SIN/COS 编码器，还须设置 F1-10(编码器信号校验选择)为 1；

d. 将电梯曳引机和负载(钢丝)完全脱开，F1-11 选择 2(无负载调谐)，手动打开制动器，然后按键盘面板上的 RUN 键，电机自动运行，控制器自动算出电机的 F1-06 码盘磁极角度以及 F1-08 接线方式，结束对电机的调谐；调谐 3 次以上，比较所得到的 F1-06 码盘磁极角度，误差应当在±5°范围内，F1-08 的结果一致；

e. 调试完成后，将 F0-01 恢复成 1(距离控制)，若编码器类型为 ERN1387 型 SIN/COS 编码器，须将 F1-10(编码器信号校验选择)设为 2。检修试运行，观察电流是否正常(应小于 1A)，电机运行是否稳定、电梯实际运行方向是否与给定方向一致、F4-03 脉冲变化是否正常(上行增大，下行减小)。若电梯运行方向相反或脉冲变化异常，应通过 F2-10 参数变更电梯运行方向或脉冲变化方向。

现场安装电机时必须保证与出厂自学习时电机接线(U－U，V－V，W－W)、PG 卡接法等接线完全一致。在更改了电机接线、更换了编码器或者更改了编码器接线的情况下，电梯可能无法正常使用，此时必须再次辨识码盘位置角。

2. 检修运行调试

以上工作完毕，电梯准备试运行，检修运行速度由 F3-11 设定。

① 输入信号检查：仔细观察电梯在运行过程中接受的各开关信号的动作顺序是否正常。

② 输出信号检查：仔细观察 MCB 主板的各输出点的定义是否正确，工作是否正常，所控制的信号、接触器是否正常。

③ 运行方向检查：将电梯置于非端站，点动慢车运行，观察实际运行方向是否与目的方向相符，如果运行方向与实际要求不符可以将电机侧的三相电源任意交换两相即可。

④ 编码器检查：如果电梯运行速度异常或运行中发生抖动或通过操作面板观察到的系统输出电流太大或电机运行有异常声音，应检查编码器接线，确认 A、B 相是否连接正确。

⑤ 通讯检查：观察 MCB 主板的通讯指示灯 COP、HOP 是否正常（正常时指示灯快速闪烁）。

3. 井道自学习

确认开关架上的减速开关、限位开关、极限开关动作可靠，安装尺寸符合标准要求。

① 确保安全回路、门锁回路通。

② 将电梯置于检修状态，并能够正常检修运行。

③ 将电梯置于最底层平层位置，并保证下强迫减速信号有效。

④ 正确设定 F6-00（最高楼层数）、F6-01（最底楼层数），保证 F4-01 为 1。

小键盘外观如图 10-13 所示，通过主控板（MCB）上小键盘 UP、SET 键进行模式切换，进入到模式 F-7 的数据菜单后，数据显示为“0”，按 UP 键更改数据为 1，按 SET 键系统自动进行楼层自学习，电梯将以检修的速度运行到顶层后减速停车，完成自学习。自学习不成功，系统提示 E35 故障。如果出现 E45 故障，为强迫减速开关距离不够。

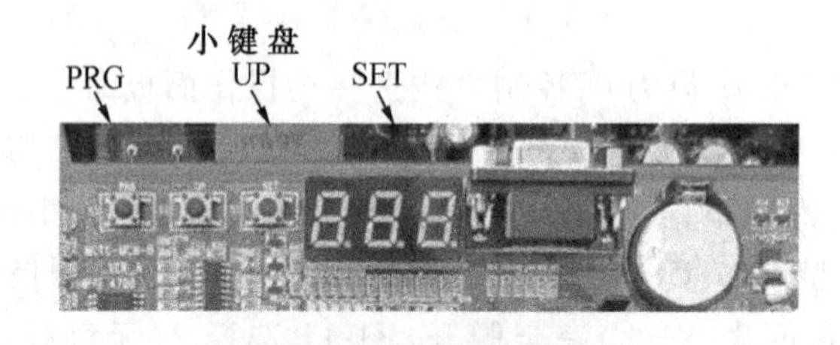

图 10-13　小键盘外观图

核对参数 F3-12～F3-15，F4-04～F4-65，观察写入的层高数据是否正确，核实上、下强迫减速开关位置是否正确。

如果平层插板或上、下终端减速开关位置被调整，则需重新进行井道参数自学习。

4. 称重装置调试

(1) 当系统配置有模拟量称重时

① 检查与确认。

确认称重传感器 0～10 V 电压信号与轿顶板（CTB）或主控板正确相连。根据称重传感器连接类型正确设置 F5-36（1：轿顶数字量采样；2：轿顶模拟量采样；3：主控板模拟量采样），确认 F8-01 为 0。

② 空载自学习操作方法。

空载学习时电梯位于基站位置，保证轿内空载；将称重传感器调整到适当的位置，以超载时称重传感器不碰到感应磁铁为宜；设置 F8-00 为 0，按下 SET 键，系统将空载数值自动记录到 F8-06 中。

③ 载荷学习操作方法。

载荷学习时电梯位于基站位置，轿厢内放置 n% 的额定载荷。将 F8-00 设为 n，按下 SET 键，系统将满载数值自动记录到 F8-07 中。例如，电梯额定载重为 1 000 kg，轿厢内放入 400 kg 重物，则重物对应电梯额定载重的百分比为 40%，设置参数 F8-00 为 40。

自学习完毕，如需使用预转矩补偿功能须设定 F8-01 为 1。

(2) 当系统配置有数字量称重时

① 检查与确认。

检查称重开关量的机械部件连接是否到位；检查满载、超载的开关量信号是否正确输入到轿顶 CTB 板相应信号输入点。

② 满载、超载学习。

将轿厢内置入 100% 额载的重物，调节满载开关量的位置，使得满载开关动作而超载开关不动作，系统识别此种状态为满载。

将轿厢内置入 110% 额载的重物，调节超载开关量的位置，使得超载开关动作，系统记忆此种状态为超载。

完成以上工作后，电梯准备开始快车运行。

5. 基本功能测试

在进行电梯快速运行试验之前，首先要将电梯慢速运行至整个行程的中间楼层，防止电梯运行方向错误，若有错误可采取紧急停车措施。

(1) 检查轿内和层站串行信号是否正常

主控板上 COP 和 HOP 指示灯分别指示轿外和轿内串行信号，如正常，指示灯应快速闪烁。

(2) 高速试运行

在电梯自动运行状态下，按下召唤按钮，这时候轿厢会自动运行到指定的楼层。首先进行单楼层测试，逐层向上(或下)运行，试完每一层；再跳过一层、跳过两层以同样方式运行，观察电梯在运行时有无异常现象发生，如果有问题，必须先排除后再进行下一步。

(3) 电梯自动运行各功能确认

① 轿内指令验证。

按下轿内操纵盘上的每一个按钮，除本层以外，其他按钮都能点亮。

电梯自动运行，正确响应轿内指令，在有指令的楼层准确平层并自动开门。每到一层，该层的按钮灯便自动熄灭。

确认轿内的开、关门按钮动作有效。轿内层站显示器显示与实际层楼数相符。

② 厅外层站召唤验证。

派一人在各层站按下每层的按钮，各按钮灯必须都能点亮。

当电梯自动到达本层时，相应方向上的按钮灯熄灭，不同方向按钮灯仍然保持亮着。此时，电梯自动平层，自动开门。

在前方无厅外召唤时，电梯应能在本层自动停车，换向去响应反方向的召唤，召唤灯熄灭。

本层开门功能验证：当电梯自动停在本层时，按下本层上(或下)层站按钮，除非在此前电梯已经有相反的运行方向，否则，电梯会自动重新开门。

观察厅外每个楼层显示器显示是否正确，并应该与轿内显示器的显示内容一致。

③ 门保护功能验证。

电梯在关门过程中，安装在轿门边上的左右两个门光幕被阻挡物隔断后，电梯会自动重新把门打开。

如果轿门用的是安全触板，当任意一个触板碰到阻挡物时，电梯也会自动重新把门打开。

④ 超载报警调整。

当电梯载重超过额定载重的105%～110%时，电梯超载保护装置应该起作用，使轿内超载蜂鸣器响，超载灯亮，电梯不关门，当然也不能运行。直到载重低于额定载重的105%～110%时，电梯才会自动恢复到正常运行状态。

⑤ 使电梯按正常运行程序运行，在轿内综合观察其启动、加速、运行、乘梯的舒适感、换速、停车时的平层精度、开关门噪声、制动可靠性等是否正常，以及停梯时到站钟是否响。电梯运行一段时间后，还要注意观察机房内曳引电动机的温升。

⑥ 轿顶板的输入类型按表10-4设置。

表10-4　轿顶板输入类型

功能码	名　称	出厂设定	最小单位	设定范围
F5-25	轿顶板输入类型选择	64	1	0～255

按位设定并定义轿顶控制板的各输入信号的类型：0：常闭输入；1：常开输入。

如某电梯需要将轿顶输入信号的类型按表10-5设置。

表10-5　BIT位定义

二进制位	参数	类型设置	二进制位	参　数	类型设置
BIT0	光幕1	常闭	BIT4	关门限位1	常闭
BIT1	光幕2	常闭	BIT5	关门限位2	常闭
BIT2	开门限位1	常闭	BIT6	开关量称重3(满载)	常开
BIT3	开门限位2	常闭	BIT7	开关量称重4(超载)	常闭

二进制表示为01000000，对应十进制数为64，则F5-25设为64。

例如：光幕1为常开时，二进制表示为01000001，对应十进制数为65，则F5-25设为65。

⑦ 外召状态显示。

当用户进入F5-32的菜单后，键盘上数码管的状态即表示了当前外召的通信状态。键盘上数码管从左到右依次为LED5、LED4、LED3、LED2、LED1，数码管的每一段定义如图10-14和表10-6所示。

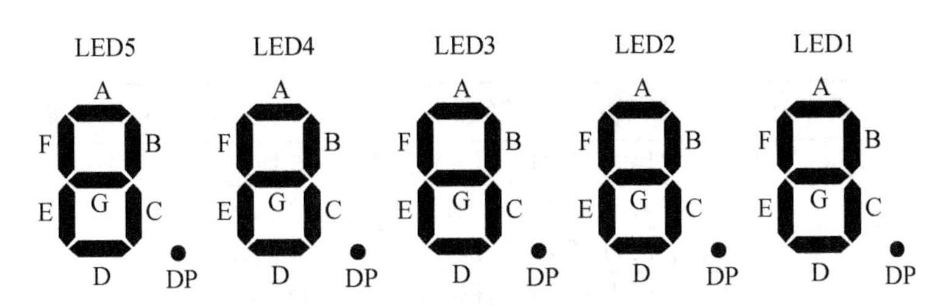

图 10-14　数码管排布示意图

表 10-6　F5-32 状态下数码管的定义

数码管序号	数码管段标记	数码管段“亮”的含义	数码管段“不亮”的含义
LED1	A	地址拨码为 1 的外召通信正常	地址拨码为 1 的外召通信异常
	B	地址拨码为 2 的外召通信正常	地址拨码为 2 的外召通信异常
	C	地址拨码为 3 的外召通信正常	地址拨码为 3 的外召通信异常
	D	地址拨码为 4 的外召通信正常	地址拨码为 4 的外召通信异常
	E	地址拨码为 5 的外召通信正常	地址拨码为 5 的外召通信异常
	F	地址拨码为 6 的外召通信正常	地址拨码为 6 的外召通信异常
	G	地址拨码为 7 的外召通信正常	地址拨码为 7 的外召通信异常
	DP	地址拨码为 8 的外召通信正常	地址拨码为 8 的外召通信异常
LED2	A	地址拨码为 9 的外召通信正常	地址拨码为 9 的外召通信异常
	B	地址拨码为 10 的外召通信正常	地址拨码为 10 的外召通信异常
	C	地址拨码为 11 的外召通信正常	地址拨码为 11 的外召通信异常
	D	地址拨码为 12 的外召通信正常	地址拨码为 12 的外召通信异常
	E	地址拨码为 13 的外召通信正常	地址拨码为 13 的外召通信异常
	F	地址拨码为 14 的外召通信正常	地址拨码为 14 的外召通信异常
	G	地址拨码为 15 的外召通信正常	地址拨码为 15 的外召通信异常
	DP	地址拨码为 16 的外召通信正常	地址拨码为 16 的外召通信异常
LED3	A	地址拨码为 17 的外召通信正常	地址拨码为 17 的外召通信异常
	B	地址拨码为 18 的外召通信正常	地址拨码为 18 的外召通信异常
	C	地址拨码为 19 的外召通信正常	地址拨码为 19 的外召通信异常
	D	地址拨码为 20 的外召通信正常	地址拨码为 20 的外召通信异常
	E	地址拨码为 21 的外召通信正常	地址拨码为 21 的外召通信异常
	F	地址拨码为 22 的外召通信正常	地址拨码为 22 的外召通信异常
	G	地址拨码为 23 的外召通信正常	地址拨码为 23 的外召通信异常
	DP	地址拨码为 24 的外召通信正常	地址拨码为 24 的外召通信异常

续表

数码管序号	数码管段标记	数码管段“亮”的含义	数码管段“不亮”的含义
LED4	A	地址拨码为 25 的外召通信正常	地址拨码为 25 的外召通信异常
	B	地址拨码为 26 的外召通信正常	地址拨码为 26 的外召通信异常
	C	地址拨码为 27 的外召通信正常	地址拨码为 27 的外召通信异常
	D	地址拨码为 28 的外召通信正常	地址拨码为 28 的外召通信异常
	E	地址拨码为 29 的外召通信正常	地址拨码为 29 的外召通信异常
	F	地址拨码为 30 的外召通信正常	地址拨码为 30 的外召通信异常
	G	地址拨码为 31 的外召通信正常	地址拨码为 31 的外召通信异常
	DP	保留	保留

⑧ 端子状态显示。

F5-34 表示主控板输入输出端子状态，键盘上数码管的每一段定义如图 10-14 和表 10-7 所示。

表 10-7　F5-32 状态下数码管的定义

数码管序号	数码管段标记	数码管段意义	数码管段“亮”的含义
LED1	B	上平层信号	上平层信号有效
	C	下平层信号	下平层信号有效
	D	门区信号	门区信号有效，处于平层位置
	E	安全回路反馈 1	安全回路通
	F	门锁回路反馈 1	门锁回路通
	G	运行输出反馈	接触器吸合状态
	DP	制动器输出反馈 1	制动器打开状态
LED2	A	检修信号	检修信号有效
	B	检修上行信号	检修上行信号有效
	C	检修下行信号	检修下行信号有效
	D	消防信号	消防信号有效
	E	上限位信号	上限位信号有效，处于上限位状态
	F	下限位信号	下限位信号有效，处于下限位状态
	G	超载信号	主控板端子超载输入有效
	DP	满载信号	主控板端子满载输入有效
LED3	A	上 1 级强迫减速信号	信号有效，处于上 1 级强迫减速区域
	B	下 1 级强迫减速信号	信号有效，处于下 1 级强迫减速区域
	C	上 2 级强迫减速信号	信号有效，处于上 2 级强迫减速区域
	D	下 2 级强迫减速信号	信号有效，处于下 2 级强迫减速区域
	E	上 3 级强迫减速信号	信号有效，处于上 3 级强迫减速区域
	F	下 3 级强迫减速信号	信号有效，处于下 3 级强迫减速区域
	G	封门输出反馈	封门接触器吸合状态
	DP	电机过热信号	电机过热

续表

数码管序号	数码管段标记	数码管段意义	数码管段“亮”的含义
LED4	A	门机 1 光幕	光幕挡住
	B	门机 2 光幕	光幕挡住
	C	制动器输出反馈 2	制动器打开状态
	D	UPS 输入	主控板信号有效
	E	锁梯输入	主控板信号有效
	F	安全回路反馈 2	安全回路通
	G	同步机自锁反馈	自锁接触器闭合
	DP	门锁回路反馈 2	门锁回路通
LED5	A	保留	
	B	运行接触器输出	运行接触器吸合
	C	制动器接触器输出	制动器打开
	D	封门接触器输出	封门接触器吸合
	E	消防到基站信号	消防到基站输出

F5-35 低 4 位数码管表示轿顶板输入输出端子状态，高位第 5 个数码管表示部分系统状态，键盘上数码管的每一段定义如图 10-14 和表 10-8 所示。

表 10-8　F5-35 状态下数码管的定义

数码管序号	数码管段标记	数码管段意义	数码管段“亮”的含义
LED1	A	光幕 1	光幕挡住
	B	光幕 2	光幕挡住
	C	开门到位 1	开门到位
	D	开门到位 2	开门到位
	E	关门到位 1	关门到位
	F	关门到位 2	关门到位
	G	满载信号	满载信号有效
	DP	超载信号	超载信号有效
LED2	A	开门按钮	信号有效
	B	关门按钮	信号有效
	C	开门延时按钮	信号有效
	D	直达信号	信号有效
	E	司机信号	信号有效
	F	换向信号	信号有效
	G	独立运行信号	信号有效
	DP	消防员操作信号	信号有效

续表

数码管序号	数码管段标记	数码管段意义	数码管段"亮"的含义
LED3	A	开门输出 1	开门输出
	B	关门输出 1	关门输出
	C	门锁信号	当前系统门锁通
	D	开门输出 2	开门输出
	E	关门输出 2	关门输出
	F	门锁信号	当前系统门锁通
	G	上到站钟标记	上到站钟输出
	DP	下到站钟标记	下到站钟输出
LED4	A	开门按钮显示	开门显示灯亮
	B	关门按钮显示	关门显示灯亮
	C	开门延时按钮显示	开门延时显示灯亮
	D	直达标记	直达有效
	E	保留	
	F	蜂鸣器输出	蜂鸣器输出有效
	G	保留	
	DP	节能标记	风扇/照明输出有效
LED5	A	系统光幕状态 1	光幕挡住
	B	系统光幕状态 2	光幕挡住
	C	外召锁梯输入	信号有效
	D	外召消防输入	信号有效
	E	满载信号	系统满载信号有效
	F	超载信号	系统超载信号有效

在调试高速运行期间，需要不断进行制动器的调节。

6. 快车运行调试

(1) 轿内指令测试

将电梯置于自动状态，通过小键盘快捷键 F1 功能组或专用控制面板功能码 F7-00、F7-01 键入单层指令，观察电梯是否按照设定指令运行。

(2) 外召指令测试

将电梯置于自动状态，通过专用控制面板功能码 F7-02、F7-03 键入外召上下行指令或每层进行外部指令召唤，观察电梯是否按照设定指令运行。

(3) 开关门功能测试

在电梯到站停靠等情况下，观察门能否正常开启，门保持时间是否符合要求；在电梯响应召唤即将运行等情况下，观察门能否正常关闭。

7. 舒适感调试

通过 F3 组参数调整电梯运行舒适感，使电梯运行舒适平稳，根据电梯运行的实际情况，由抖动、阶梯感根据速度曲线图判定修改相应的参数。整个 S 曲线的设定如图 10-15 所示。

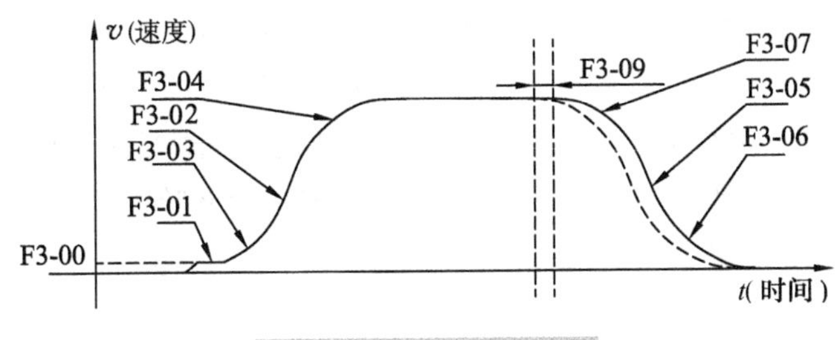

图 10-15　速度曲线图

电梯的舒适感会受到很多因素的影响。除了电气相关参数的调整以外，机械部件的规范安装也是电梯良好运行舒适感的前提。

10.3　WISH6000 自动扶梯与自动人行道控制系统调试

10.3.1　系统上电前检查

校验控制柜的机型、速度、输出电流等参数，要求和实际数据吻合。

扶梯安装完毕进入调试阶段，正确的调试是扶梯正常安全运行的保障。电气调试之前需要检查各部件是否具备调试条件，保证现场人身和设备的安全。

调试时应最少两个人同时作业，出现异常情况应立即拉断电源。校验控制柜的机型、速度、电流等参数，要求和实际数据吻合。

1. 现场机械、电气接线检查

在系统上电之前要进行外围接线的检查，确保部件及人身安全。检查内容包括：

① 检查器件型号是否匹配。

② 确认安全回路导通。

③ 确认扶梯上无人，并且具备适合扶梯安全运行的条件。

④ 确认接地良好。

⑤ 确认外围按照随机提供的图纸正确接线。

⑥ 确认每个安全开关工作正常、动作有效可靠。

⑦ 检查主回路各点是否存在短路现象，是否存在对地短路现象。

⑧ 确认扶梯处于检修状态。

⑨ 确认机械部分安装到位，不会造成设备损坏或人身伤害。

2. 电源检查

系统上电之前要检查用户电源。用户电源各相间电压应在 380V±7%以内，每相不平衡度不大于 3%。

系统进电电压超出允许值会造成破坏性后果，要着重检查，直流电源应注意正负极。

系统进电处缺相时不能动车。

3. 接地检查

检查下列端子与接地端子 PE 之间的电阻是否无穷大，如果偏小应立即检查进线电源或电机线是否有对地短路现象。

① R、S、T 与 PE 之间。

② U21、V21、W21、U22、V22、W22 与 PE 之间。

检查扶梯所有电气部件的接地端子与控制柜电源进线 PE 接地端子之间的电阻是否尽可能小(接地电阻小于 4 Ω)，如果偏大应立即检查接地是否良好。

10.3.2 调试

由于有三相 380 V 电压参与工作，所以在安全操作上应引起高度警觉和重视；在电源接通之前，必须先认真反思所做的准备工作是否充分。

1. 上电后的检查

检查基板上端子 CN2 的 24 V～COM 间的电压，在 DC24 V±0.5 V 内。

检查扩展板端子 CN1 的 DC＋、DC－端子间电压为 DC24 V。

依次合上控制柜内的空气开关。

测量各路电源电压是否正确，具体测量参数见表 10-9。

表 10-9　具体测量参数

测量部位	正确电压	备　注
OCB 的 1 和 2 脚	AC380 V	动力电压
101 与 102	AC220 V	
201 与 202	AC110 V	安全回路
01 与 02	DC110 V	制动器回路
301 与 302	DC24 V	
LIPS 的 Xa 和 Xb 脚	AC220 V	照明电压
XL 和 XN	AC220 V	
601 和 602	AC36 V	安全电压

2. 端子参数设定功能检查

端子功能组参数 F4、F5，决定系统接收的信号与实际发送给系统的信号是否对应，预期控制的目标与实际控制目标是否相同。

按照随机文件图纸检查所设定的各个端子的功能是否正确，以及端子的输入输出类型与实际是否相符。

通过功能码里 F7-11 和 F7-12 输入输出端子状态对应数码管的点亮、熄灭以及相应端子所设定的输入输出类型，可以确定相应端子信号输入输出状态是否正常。

此两组功能码用以查看扶梯一体化控制器的输入和输出状态。

WISH6000 系列扶梯控制柜所使用的一体化控制器中，操作面板有 5 位 LED 显示，从左至右分别为 LED5、LED4、LED3、LED2、LED1(灯亮代表该信号有效)。数码管的定义如图 10-14 和表 10-10、表 10-11 所示。

表 10-10　端子输入状态下(F7-11)数码管的定义

LED1	LED2	LED3
A:安全回路信号	A:制动器检测	A:上梯级遗失
B:检修信号	B:防逆转检测	B:下梯级遗失
C:上行	C:上光电	C:变频速度选择
D:下行	D:下光电	D:驱动方式选择
E:主机测速	E:节能选择	E:火警信号
F:触点粘连	F:左扶手测速	F:故障复位
G:驱动链	G:右扶手测速	G:停止信号

表 10-11　端子输出状态下(F7-12)数码管的定义

LED1	LED2
A:运行接触器	A:安全制动接触器
B:上行接触器	B:上方向指示接触器
C:下行接触器	C:下方向指示接触器
D:Y 运行接触器	D:蜂鸣器输出
E:三角运行接触器	E:加油输出
F:制动器输出接触器	F:故障输出
G:辅助制动器接触器	

通过功能码里 FB-21 对应数码管的点亮、熄灭以及相应端子所设定的输入输出类型,可以确定相应端子信号输入输出状态是否正常。

各个数码管的任一段都代表不同的含义(灯亮代表输入点或输出点有效),每段分别代表的含义已标出,与输入输出是一一对应的,具体如图 10-16 所示。

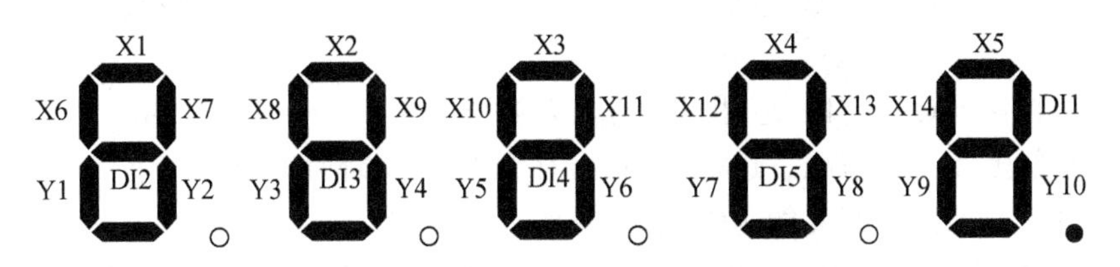

图 10-16　输入输出状态下的数码管显示

3. 电机调谐

电机的参数自学习必须在扶梯空载时实行。如发生异常情况,应及时断电。电机调谐的流程如图 10-17 所示。

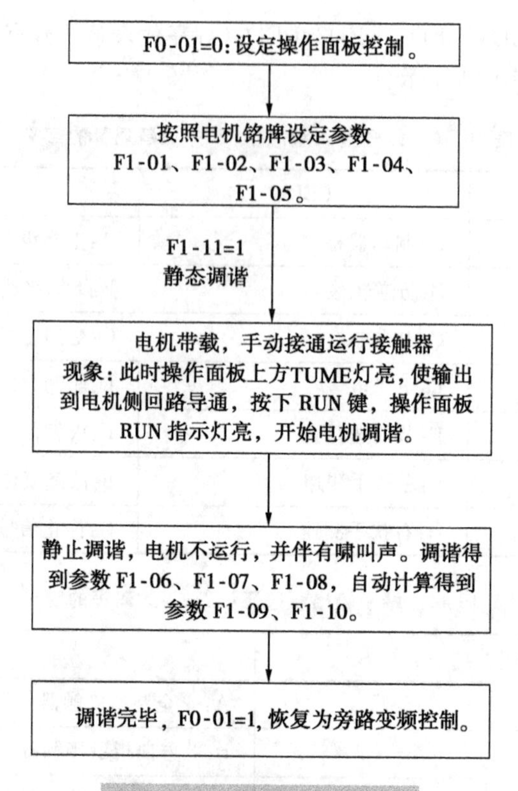

图 10-17　电机调谐流程图

选择键盘控制运行方式(F0-01＝0)，在电机调谐运行前，必须准确输入电机的铭牌参数 F1-00～F1-05，WISH6000 系列的扶梯一体化控制器根据此铭牌参数匹配标准电机参数。建议扶梯进行电机静止自学习，调谐出更准确的数据，进一步提高系统的控制性能。

电机参数自学习步骤如下：

① 先将 F0-01 设定为 0，控制方式选择为操作面板命令通道控制。

② 根据电机铭牌准确设定 F1-01、F1-02、F1-03、F1-04、F1 05。

③ F1-11 选择 1(静止调谐)，以手动方式接通运行接触器，然后按操作面板上 RUN 键，使电机自动运行，控制器会依次测量定子电阻、转子电阻和漏感抗 3 个参数，并自动计算电机的互感抗和空载电流。如果出现过电流现象，应将 F1-10 适当增加，但是不要超过 20%。

4. 检修试运行

扶梯进入检修试运行阶段，应严格执行安全操作步骤。

确认在梯级上无人的情况下进行，否则将有发生重大事故的危险。

确认扶梯安全回路各开关能正常工作、有效可靠动作。

上述工作完成以后，扶梯准备检修试运行。检修运行速度由 F6-09 设定，默认为 25 Hz。

(1) 安全保护装置和开关检查

本系统提供完备的安全保护装置和开关，它们共同构成自动扶梯(自动人行道)完整的安全回路，并且该安全回路可以直接切断主回路和制动器回路中接触器的线圈，确保安全可靠。

(2) 检修手柄上的急停开关检查

将检修手柄的插头插入控制柜检修专用插座上。再次确认检修手柄上的急停开关能正常工作、有效可靠动作。

(3) 上行、下行按钮和公共按钮检查

同时按动上行(或下行)按钮和公共按钮,自动扶梯只有在两个按钮同时按下时才作上行(或下行)运行。

(4) 运行方向检查

在按下检修方向按钮后观察实际运行方向是否与目的方向相符(电机飞轮上的方向标志是重要的判断标记),如果方向与实际不符可以任意交换电机侧电源中的两相。

(5) 接触器触点粘连保护

本系统的电机电源主回路和制动器控制回路中都具有两套独立的电气装置参与控制,为防止接触器的触点粘连,造成意外的事故,控制器一直检测这些接触器触点的吸合情况,如果出现异常情况,控制器会停止运行,并在操作面板上显示相应的故障代码。

(6) 超速保护和非操纵逆转保护

控制器通过主机测速开关实时监控驱动主机的转速,如果该转速超过设定转速的±30%(该值通过参数 FB-01 设定),立刻停车。

如果扶梯发生非操纵逆转(可通过专用的非操纵逆转保护装置检测),扶梯直接停止运行。

(7) 输出信号检查

仔细观察扩展板的各输出点的定义是否对应于控制柜相应的接触器,各接触器的吸合与释放动作是否正常。重点判断运行接触器、制动器接触器等。

(8) 传感器检查

主机测速传感器、左右扶手测速传感器、上下梯级遗失传感器的正常工作是扶梯正常运行的重要保证。

5. 快车试运行

扶梯进入快车试运行阶段,须再次确认梯级上无人,否则将有发生重大事故的危险。

合上总电源开关(空气开关)OCB、运行开关 F3C、F4C,通过一系列的保护开关触点,安全继电器 SC 合上,控制器就做好了运行前的准备工作。

需要扶梯向上时,将扶梯入口处的钥匙开关 SA-S(SA-X)旋到上方向处,制动器接触器 BY 吸合,制动器打开,制动器检测开关 SABOL,SABOR 动作,运行接触器 SW 吸合,主电机 MT 由变频驱动开始向上运行,当控制器频率加到变频切换频率(参数 F6-02 设置)后,运行接触器 SW 断开,上行接触器 U 吸合,主电机 MT 切换到工频运行。主电机 MT 向上运行。反之,下行以同样方式运行。

关闭扶梯时,按 STPS(或 STPX),控制器送出停机信号,运行接触器 SW(U、D)失电断开,BY 失电断开,DZT-L 制动器失电,主电机 MT 停止运行。

(1) 旁路变频节能运行介绍

需安装有光电探头或漫反射等乘客检测装置。

下面以旁路变频的“快—慢—停”循环为例,介绍扶梯的节能运行原理。

需要扶梯定为自动向上时,将方向钥匙开关旋到上方向处,制动器接触器 BY 吸合,制动器打开,运行接触器 SW 吸合,控制器上行信号输出,主电机 MT 作慢速(一般为 0.2 m/s 左右)上行运行。当乘客检测装置检测到有乘客从扶梯下部进入时,扶梯立即平稳加速至额定速度正常运行。当最后一名乘客从扶梯上部出口走出后 10 s(该时间可由参数 FB-09

设定)左右,扶梯自动转为慢速运行。当乘客检测装置在一段时间(可由参数 FB-10 设定)内又没检测到乘客乘梯时,扶梯开始进入停止运行等待状态。直到乘客检测装置再次检测到乘客进入时,扶梯进入下一个循环。反之,下行以同样方式运行。

① 变频非自启动(“快—慢”循环)

通过增加变频器来控制扶梯运行的速度,当梯上有乘客时,扶梯以高速运行(例如额定速度),提高客流量。当光电检测探头在一段时间内没有检测到乘客通过时,扶梯开始减速转为低速运行(例如 0.2 m/s,参数可调),此时一直处于待机运行中,即为非自启动节能。

变频非自启动控制时,无人时低速,有人时高速,时序图如图 10-18 所示。

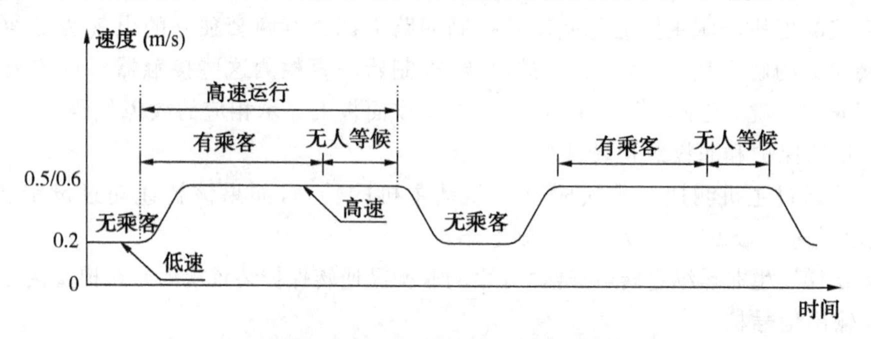

图 10-18　变频非自启动运行时序图

高速运行时间记为 TQ,可设置,设置方式根据所用控制器的不同而定(现有 PLC 和微机控制器两种),具体时间根据梯的提升高度和速度而定。

运行步骤如下:

a. 当扶梯上电停止等待,有方向(比如上行)开始运行时,扶梯以低速开始运行进入待机等待。

b. 下机房乘客检测装置检测是否有人通过,当有人通过时,控制器内部的高速运行时间计数器(记为 TC)清零,此时扶梯开始缓慢加速至高速运行。

c. 高速运行时间计数器(记为 TC)开始计数,当 TC<TQ 时,若此时又有人进入,TC 又清零重新开始计数。

d. 当有一段时间没人乘梯即 TC≥TQ 时,扶梯开始减速进入低速运行待机状态等待,即进入步骤 b 的状态,如此循环往复运行。

此种运行模式下,推荐的乘客检测装置主要通过安装在围裙板上的对射光电检测是否有人乘梯,安装位置如图 10-19 所示。

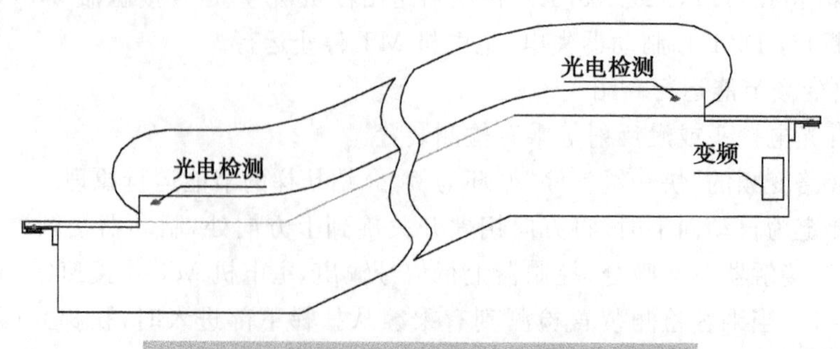

图 10-19　对射光电检测装置安装位置示意图

② 变频自启动("快—停"循环)

通过增加变频器来控制扶梯运行的速度,当梯上有乘客时,扶梯以高速运行(例如额定速度),提高客流量,当乘客检测探头在一段时间内没有检测到乘客通过时,扶梯开始减速转为低速运行(例如 0.2 m/s,参数可调),当乘客检测装置在一段时间内又没检测到乘客乘梯时,扶梯开始进入停止运行等待状态,即为自启动节能。

变频自启动控制时,变频控制,有人乘梯时高速运行,无人乘梯时慢速运行,长时间无人乘梯时停止,时序图如图 10-20 所示。

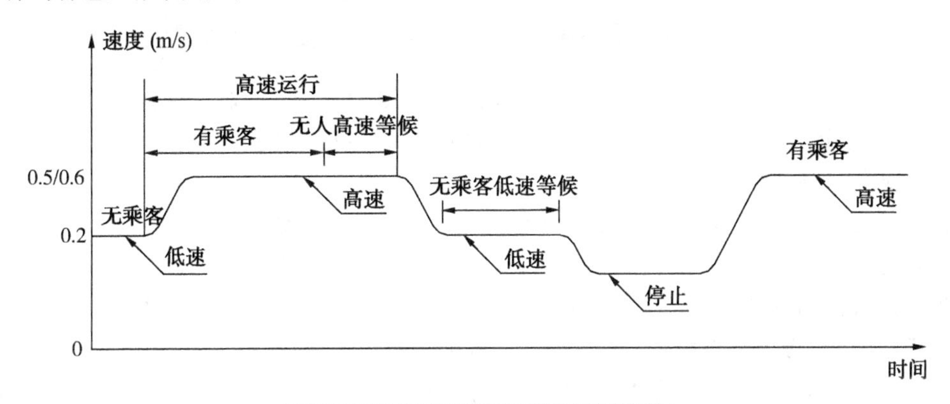

图 10-20　变频自启动运行时序图

高速运行时间记为 TQ,低速运行时间 TS,两个参数可设置,设置方式根据所用控制器的不同而定(现有 PLC 和微机控制器两种),具体时间数值根据梯的提升高度和速度而定。

运行步骤如下:

a. 当扶梯上电停止等待,有方向(比如上行)开始运行时,扶梯进入上行停止等待运行中。

b. 下机房光电检测装置检测是否有人通过,当有人通过时,控制器内部的高速运行时间计数器(记为 TC)清零,此时扶梯开始缓慢加速至高速运行。

c. 高速运行时间计数器(记为 TC)开始计时,当 TC<TQ 时,若此时又有人进入,TC 又清零重新开始计时。

d. 当有一段时间没人乘梯即 TC≥TQ 时,扶梯开始减速进入低速运行状态中。

e. 低速运行时间计数器(记为 TSC)开始计时,当 TSC<TS 时,若此时有人进入,TC 清零重新开始计时,扶梯加速至高速运行状态,又进入步骤 c 中。

f. 当一段时间内没人乘梯即 TSC≥TS 时,扶梯停止运行进入等待中,又重新回到步骤 b,如此循环往复运行。

此种运行模式下,推荐的乘客检测装置主要通过以下几种装置来检测有无乘客乘梯:

a. 光电漫反射,安装在扶手进出口处[如图 10-21(a)];

b. 光柱(圆形或方形),安装在盖板进口处[如图 10-21(b)];

c. 重量检测装置,安装在盖板下[如图 10-21(c)]。

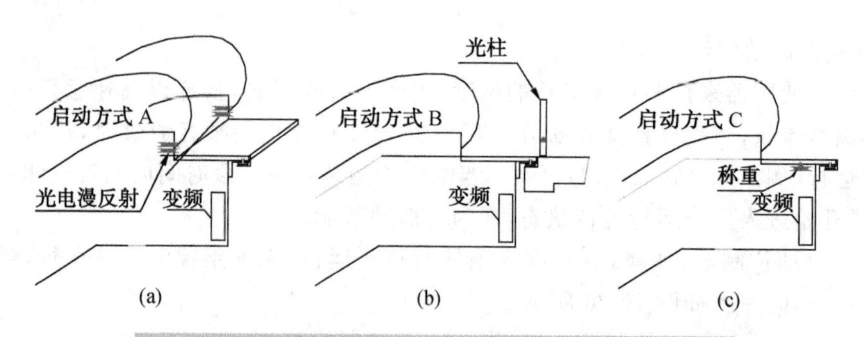

图 10-21 光电漫反射、光柱、称重装置安装位置示意图

以上变频自启动和非自启动方式的选择必须由专业人员(比如维保人员等)通过设置控制器的参数(FB-16)来实现,而不是通过外部的开关选择来设置。

(2) 安全回路的检查

快车试运行时,按下安全回路中的任何一个保护开关,自动扶梯停止运行。

(3) 运行指示灯的检查

根据选择的节能方式的不同,可实现"快—慢"、"快—慢—停"、"快—停"循环的工作模式。下面以"快—慢—停"循环方式为例介绍指示灯的工作情况。

在快车运行时,同方向指示灯以绿色滚动的箭头显示自动扶梯的运行方向。当长时间无人进入扶梯时,则扶梯进入慢车运行状态,指示灯仍旧以绿色滚动的箭头显示扶梯的运行方向。当再过一段时间仍没人乘梯时,则扶梯停止运行进入等待中,此时指示灯以绿色停止的箭头显示扶梯的运行方向。

另一端的方向指示灯则始终以红色横条显示,提示客户不可反向进入扶梯。如反向进入,蜂鸣器鸣叫提醒,并且扶梯自动以设定的方向运行 15 s(时间由参数 FB-11 设定),有效地阻止乘客继续进入。

(4) 功能测试

根据扶梯实际具备的功能,按照厂家提供的随机文件进行各种功能的测试,测试合格,即完成扶梯的调试。

思考题

1. 电气系统调试前的准备工作有哪些?
2. 电机自学习的目的是什么?
3. 电梯井道自学习的目的是什么?
4. 简述电梯及扶梯电气调试的步骤。

参考文献

[1] 刘剑,朱德文,梁质林. 电梯电气设计[M]. 北京:中国电力出版社,2006.
[2] 李惠昇. 电梯控制技术[M]. 北京:机械工业出版社,2005.
[3] 全国电梯标准化技术委员会. GB 7588—2003 电梯制造与安装安全规范[S]. 北京:中国标准出版社,2004.
[4] 全国电梯标准化技术委员会. GB 16899—2011 自动扶梯与自动人行道的制造与安装规范[S]. 北京:中国标准出版社,2011.
[5] 全国电梯标准化技术委员会. GB/T 21739—2008 家用电梯制造与安装规范[S]. 北京:中国标准出版社,2008.
[6] 全国电梯标准化技术委员会. GB/T 24807—2009 电磁兼容 电梯、自动扶梯和自动人行道的产品系列标准 发射[S]. 北京:中国标准出版社,2010.
[7] 全国电梯标准化技术委员会. GB/T 24808—2009 电磁兼容 电梯、自动扶梯和自动人行道的产品系列标准 抗扰度[S]. 北京:中国标准出版社,2010.
[8] 全国电梯标准化技术委员会. GB/T 10058—2009 电梯技术条件[S]. 北京:中国标准出版社,2010.
[9] 全国电梯标准化技术委员会. GB/T 10059—2009 电梯试验方法[S]. 北京:中国标准出版社,2010.
[10] 全国电梯标准化技术委员会. GB/T 10060—2011 电梯安装验收规范[S]. 北京:中国标准出版社,2012.
[11] 全国电梯标准化技术委员会. GB/T 20900—2007 电梯、自动扶梯和自动人行道 风险评价和降低的方法[S]. 北京:中国标准出版社,2007.
[12] WISH8000 电梯一体化控制系统快速使用指南. 苏州远志科技有限公司,2010.
[13] WISH8000(经济型)电梯一体化控制系统快速使用指南. 苏州远志科技有限公司,2010.
[14] WISH6000 扶梯一体化控制系统快速使用指南. 苏州远志科技有限公司,2010.
[15] 可编程电子安全相关系统在电梯、自动扶梯和自动人行道中的应用. 苏州远志科技有限公司,2010.
[16] 电扶梯节能一体化解决方案. 苏州远志科技有限公司,2010.
[17] NICE3000 电梯一体化控制器用户手册. 苏州默纳克控制技术有限公司,2010.
[18] F5021—32 位电梯串行控制系统使用手册. 上海新时达电气有限公司,2005.
[19] 顾德仁. 永磁同步变频调速技术在电梯驱动系统中的应用[J]. 中国电梯,2006(21):13-15.
[20] 顾德仁,卢战秋. 基于 PLC 的家用液压别墅电梯控制系统设计[J]. 中国电梯,2007

(7):54－56.

[21] 顾德仁,徐惠钢,郭文华. 基于 PLC 的电梯高精度位置控制的实现[J]. 微计算机信息,2007(7):61－62.

[22] 顾德仁. 基于 PLC 控制的电梯模型演示系统[J]. 赛尔电梯市场,2007(6):54－56.

[23] 顾德仁. WISH8000 电梯一体化控制柜在电梯改造中的应用[J]. 电梯,2007(8):76－78.

[24] 顾德仁. 一种较短周期的电梯现场工程师培养模式探讨[J]. 中国电梯,2008(16):58－59.

[25] 顾德仁,陆晓春. 基于 PLC 的自动扶梯多功能变频节能控制系统设计[J]. 变频器世界,2009(4):94－97.

[26] 顾德仁. 自动扶梯节能运行改造方案浅析[J]. 中国电梯,2009(9):18－23.

[27] 顾德仁. 距离控制技术在电梯控制系统的应用[J]. 电气时代,2010(9):120－121.

[28] 顾德仁. 浅析电梯和自动扶梯模块化改造方案[J]. 中国电梯,2010(15):60－63.

[29] 顾德仁. 曳引式家用电梯一体化控制系统的设计[J]. 中国电梯,2011(15):29－32.

[30] 顾德仁. 基于曳引式电梯的节能改造分析[J]. 中国电梯,2011(3):12－18.

[31] 顾德仁,石晶,孙美生. 基于台达 VFD-E 变频器的新型自动扶梯节能控制系统设计[J]. 中国电梯,2012(7):23－25.

[32] 顾德仁. 基于 ODS 的电梯产品管理及合同处理平台的开发[J]. 中国电梯,2012(20):38－41.

[33] 顾德仁,郭兰中,浦文禹. 一种电梯电气调试及实训考核装置的设计[J]. 中国电梯,2013(3):64－67.

[34] 陆晓春,祝瑞同,李文斌. 自动化电梯控制柜检测装置的设计[J]. 自动化应用,2013(3):58－60.

[35] 陆晓春,祝瑞同,李文斌. IED 电梯一体化控制系统设计[J]. 变频器世界,2013(4):95－97.